土力学原理十记

Ten Episodes for Soil Mechanics

（第二版）

沈 扬 等著

中国建筑工业出版社

图书在版编目（CIP）数据

土 力 学 原 理 十 记 =TEN EPISODES FOR SOIL
MECHANICS/ 沈扬等著. 一 版 —北京：中国建筑工
业出版社，2020.10（2023.7重印）
ISBN 978-7-112-25699-0

Ⅰ. ①土… Ⅱ. ①沈… Ⅲ. ①土力学 Ⅳ. ① TU43

中国版本图书馆 CIP 数据核字（2020）第 241482 号

本书以独特视角诠释和剖析了经典土力学原理的精髓，并结合实践案例和
典故进行讲解。全书共分为十章即十记，包括土性、有效应力、渗流、附加应
力、压缩、固结、强度、土压力、地基承载力、边坡的相关内容。本次修订在
第一版的基础上，新增了一些重要概念、原理和理论计算方法的剖析，并对各
章各节的工程案例和轶事典故予以了丰富。

本书面向土木、水利、交通、采矿类等从事岩土工程相关工作的科研、设
计人员和研究生，也可作为本科生学习土力学之后的提高辅导用书。

责任编辑：杨　允
责任校对：芦欣甜

土力学原理十记（第二版）
Ten Episodes for Soil Mechanics
沈　扬　等著
*
中国建筑工业出版社出版、发行（北京海淀三里河路9号）
各地新华书店、建筑书店经销
霸州市顺浩图文科技发展有限公司制版
北京同文印刷有限责任公司印刷
*
开本：787毫米×1092毫米　1/16　印张：15　字数：270千字
2021年1月第二版　　2023年7月第八次印刷
定价：60.00元
ISBN 978-7-112-25699-0
（36076）

谨以此书向黄文熙先生、钱家欢先生为代表的
河海大学岩土工程国家重点学科的第一代开拓者致敬

黄文熙 先生
（1909—2001）

钱家欢 先生
（1923—1995）

江苏吴江人，先后毕业于中央大学和密歇根大学，1937年抗战全面爆发前夕毅然返回祖国，任教于中央大学。1952年从南京工学院（东南大学原名）奉调参与肇建华东水利学院（河海大学原名），创设河海大学岩土工程学科（并任学科负责人）和中华人民共和国第一个高校土工实验室。1955年当选中国科学院首批学部委员，1956年调清华大学任教，兼任水利部水利科学研究院副院长。曾获国家自然科学三等奖等奖励，主编《土的工程性质》等著作。《岩土工程学报》第一至四届编委会主任。第三届全国人民代表大会代表，第二、三届全国政协委员。是公认的中国岩土工程学科的奠基人。

浙江湖州人，先后毕业于浙江大学和伊利诺伊大学香槟分校，1949年，中华人民共和国成立前夕，毅然放弃攻读博士学位，返回祖国，先后任教于之江大学、浙江大学。1952年从浙江大学奉调参与肇建华东水利学院，和黄文熙先生一起创设河海大学岩土工程学科。1956年黄文熙先生奉调北京后，接任学科带头人（直至1993年离休）。曾获国家科技进步一等奖等奖励，主编了中华人民共和国最早的土力学理论和试验教材以及《土工原理与计算》等著作。《岩土工程学报》第五第六届编委会主任。第六、七届全国人民代表大会代表。为河海大学岩土工程学科1988年位列首批国家重点学科做出卓绝贡献。

第二版　前言

　　《土力学原理十记》（第一版）出版，转眼已过五年，非常感谢业界同仁在此期间对本书予以的关注。特别令笔者不胜惶恐的是恩师龚晓南院士、谢定义教授、殷宗泽教授、李广信教授、钱力航研究员、沈小克大师、刘汉龙副校长、赵成刚教授、梅国雄教授、孙宏伟总工等岩土领域大家以及李杰教授、陈建兵教授等结构杰青前辈对本书的鼓励认可。网上还有一位素昧平生，化名"土盐"的同学，在"知乎"上对拙作各个章节的核心内容做了逐一点评，笔者感动之余，更催生了自我检视书中不足和改进完善的紧迫感。

　　应该说，五年前由于认知上的局限性和出版时的紧促性，使得原书部分内容留有可待完善和补充之处；与此同时，随着近年来在科研和教学一线上阅历的不断积累，笔者对土力学一些问题的理解又产生了新的想法，加上很多前辈、同仁的勉励，终克慵懒，再版本书，期望与广大读者进一步分享、交流土力学方面的所见、所思、所辨。

　　再版主要基于两个重点，一是理论重点，二是人文重点。对于前者，本版完善和新添了诸多重要概念、原理和方法的剖析。例如非饱和土压实性原理的揭示，附加应力引起地基塑性开展区范围的界定，超固结比原生定义的考证，基于位移协调土压力计算方法的说明，地基承载力理论确定方法体系化的阐述以及总应力边坡稳定分析法得失的辨析等。可以说，这些剖析也是笔者近年来对土力学原理不断信息重构和教学反思的心路轨迹再现，但求能协助读者有效明晰理论来龙去脉，辩证看待学科发展进程。

　　再说后者，笔者对各记典型工程案例和轶事典故进行了丰富，既让人文之水充分润泽科学的骨架，实现两者深度融合，谨作土力学老祖宗太沙基教授"与其说岩土工程是一门科学，不如说是一门艺术"的特别注脚；更加强了理蕴于事的实证性，如用千年佛像驻颜之方展现科学认知对瑰宝存世的关键效力，以有效应力原理起源之争展现科学求真对学科发展的砥柱功能，举维也纳工业大学四十年次固结试验之例展现科学实践对真理检验的核心作用。

　　应该说，本书无论是讲理，还是说事，都在努力展现学者们思维碰撞、推进土力学理论进步和技术应用的前行历程，也期望通过对这种历程的演绎打开读者的思维闸门，特别是能助力青年读者形成面对问题现象愿意主动穷理、探索、辨析、联想、质疑、反思的态度和热忱。当我们通过这种头脑思辨去走近科学时，便会发现揭示科学奥秘的钥匙就在眼前，理解原理的大门也已悄然开启。

不过，笔者也要强调一点，虽然本书有着较广的适用读者群，对学者或能作为理解、阐述土力学原理时的奥援，对工程师或能成为设计中选用规范适用性时的提示，对大学生或能成为其在学习土力学之后加深领会概念方法时的辅助，但断不建议尚未学过土力学的青年朋友，把这本书当作土力学教材的替代品来看。原因有二：其一是因为本书是对土力学原理知识提炼以后的精讲，叙事结构存在跳步，光看本书，无法掌握土力学的基础性和整体性；其二是因为本书的叙述框架是"道理＋故事"，好比是烧好了饭（原理），也提供了菜（故事），而初学者容易只受菜的吸引，直接上来把菜吃完了，饭却被搁置一边，甚至有的觉得菜好吃，而忘记了饭，丢了主食还怎么得了。所以看本书如果仅仅是为看故事，不敢说是买椟还珠，至少也未能领会笔者穷根究理的初心。而如果读者是在学习了土力学基础上再看本书，那便是带着问题的目的前进，这样就不会被故事带偏，最后必然也更能理解笔者将故事与原理相互印证、辩证统一的做法，体察此中的良苦用心了。

新版更迭，参照旧版，笔者也请自己在籍的研究生们一起协助著写工作。傅斯年先生有句话，历史考古应该"上穷碧落下黄泉，动手动脚找东西"，而笔者对土力学本源的探索也是十分爱刨根问底，所以成书过程中，要求团队上下对内容必须充分考据、论证，对行文一定仔细打磨、推敲。短短几行字，师徒来回改动十几遍甚至几十遍算是家常便饭，完成的稿子还要再给刚学过土力学的同学去看，如果不能使其理解，就必须拿回重改，如此扬弃往复，也是笔者团队自我升华的一次难得淬炼。

说到本版具体分工，分别是：第一记（冯建挺、李少宇）、第二记（梁晖、卞长荣）、第三记（芮笑曦、阳龙）、第四记（施文、卞长荣）、第五记（戚文成、冯建挺）、第六记（翁禾、马英豪）、第七记（施文、沈雪）、第八记（吴佳伟、王钦城）、第九记（邓珏、冯照雁）、第十记（沈雪、梁晖），冯建挺、施文两位同学还特别在全书校核和精心打磨配图工作上助力良多。

感谢夫人许俊红老师在全书校核中给予的灵感与建议。

本书出版得到了国家自然科学基金面上项目（51979087）和江苏高校哲学社会科学研究重大项目（2020SJZDAWT03）的资助，中国建筑工业出版社的杨允老师给予了一如既往的大力支持，在此也谨表谢忱。

限于著者的水平，书中难免存在一些不妥、疏漏之处，恳请广大读者批评指正（shenyang1998@163.com）。

　　本书付梓之日，适逢国家抗击新型冠状病毒肺炎疫情取得阶段性胜利之时，惟愿社会日日向好，谨祝祖国福运连绵！

沈扬

2020 年 5 月

第一版　前言

　　土力学是这样的一门学科，它沿袭了经典力学的思路，同时又展现着数学的精妙，而学科螺旋式的上升，很大程度是因为对土体奇妙特性的揭示永无止境。但也正是这样的复杂性，造成了很多学习者的疑惑，在他们的眼中，如果材料不能变形，那就是理论力学解决的范畴，如果可以变形，那么就应归属于材料力学、弹性力学或塑性力学研究的领域，亦或当材料变形的研究视角从单元体的变形扩展到杆件的变形时，则可由结构力学来应对。那么土力学究竟又是怎样的力学呢，在还没有理解土力学真谛的时候，一些非岩土工程专业的学生甚至已经把一个"伪力学"的帽子重重地加了在它的头上。

　　初学者之所以对土力学产生畏惧、迷茫或轻视，一方面源于他们对土力学架构下各部分内容割裂看待以及机械式的识别与记忆；另一个方面，则是因其一味把它理解为全新的课程，割裂了与传统理论知识间的实质性联系。孤立地看待问题，其实也很难找到学科真正的亮点特色所在。概括地说，存在问题的本源就是未明其理，所以迷茫。

　　这个"理"，主要是土力学的原理。土力学和其他力学一样，存在很多原理性知识，有些是土力学专属的：如有效应力原理、固结理论、渗流力理论等；也有些是借鉴或承接于传统经典理论的：如弹性力学理论、达西渗透定律、莫尔-库伦强度理论等；还有一部分则是土力学建模体系中大量唯物与唯象思想碰撞的结果，体现了这门学科中科学性与实践性的结合，也就是本质与实用之间的一种变通之理：如挡土墙土压力计算中的朗肯、库伦和太沙基方法、边坡稳定分析中的条分法、地基承载力中的各类极限承载力计算方法等。而交织在整个体系上的大量数学计算，其本质也都不应脱离物理含义，我们应坚持在大物理视野下看待土力学问题，才能学好这门实用的力学。

　　因此，本书的目的就是尽力讲通土力学中的理，是原理，是道理，是物理，也包括对土力学专有模糊哲学所体现大智慧进行一种诠释，以此帮助读者对土力学的战略架构能有更加清晰的了解，便于他们更有效地从战术上去攻克相关难题。

　　在全书内容架构上，一方面结合主笔人多年来科研和执教的经验，对近百年来土力学经典的原理精髓，以初学者更易理解的视角和笔法诠释出来，例如土中水的复杂性与趣味性，有效应力的多视角剖析，渗流力与孔压间的联系，沉降分层总和法的演变，固结方程的内涵剖析，土压力理论的多样化展示，地基承载力计算方法间的本质联系等；另一方面，也将主笔人在土力学原理方面的一些研究成果展示出来，与读者们讨论：这其中包括了渗流力的建模理解，有效应力定义的再解析，三轴不排水剪切试验中相关孔压系数的推导，土压力水土分算理论中三轴强度指标应用的尝试，以及有水边坡稳定分析中局部、整体水压法的提出与应用等。

拉格朗日曾说：一个数学家，只有当他能够走出去，对他在街上碰到的第一个人清楚地解释自己的工作时，他才完全理解了自己的工作。对于土力学这样的实用学科而言，更应做到在尽可能深入探究的同时，还能浅出地让更多的相关专业人员理解这些理论，并实现其充分应用。为此，本书从 2010 年开始酝酿，到如今收笔，可谓每一个篇章都是绞尽脑汁、咬文嚼字，努力强调土力学原理体系的逻辑性和连贯性、并兼顾严谨性与生动性。与主笔人一起"搜肠刮肚"的，还有主笔人的研究生们，他们协助参与了著写工作，具体分工是第一记（徐海东、尤延锋）、第二记（励彦德）、第三记（杜文汉）、第四记（陶明安、宋顺翔）、第五记（邱晨辰、杜文汉）、第六记（李海龙、徐海东）、第七记（葛冬冬）、第八记（王保光、沈雪、葛华阳）、第九记（朱颖浩）、第十记（王鑫），全记校核（葛华阳、刘璐）。本书得到了国家自然科学基金项目（51479060）和长江学者和创新团队发展计划（IRT1125）的资助，在此也谨表谢忱。

本书面向土木、水利和交通类从事岩土工程相关工作的科研、设计人员和研究生，也可作为本科生学习土力学之后的提高辅助用书。

限于著者水平，书中难免存在一些不妥之处，恳请读者批评指正。

著者
2015 年春节

目　录

第一记　土性记——因水而奇妙的土力学

1.1　妙手回春之源：黏性土的晶体结构

很多报考岩土工程专业研究生的同学，在填报导师和选择研究方向时，会不约而同地把地基处理作为首选，因为他们觉得从事这方面研究能早日接触实际，利于将来找到工作。但当他们真正进入课题组后会发现，师兄、师姐们要经常围绕试验室里那些常规平淡的三轴、压缩试验打转，而自己"奉命"学习的文献中亦有大量曾经在学习土力学时见到的土的基本特性内容。于是不免发出这样的疑问：难道这也是在为成为地基处理的人才做准备吗？纵使导师做了一通思想工作，降低了同学们对上述"打基础"工作作用的怀疑程度，多数人还是觉得这段提高的过程是枯燥且痛苦的。但是笔者想说，其实土的基本工程特性很有趣，关键看你怎么学，会不会学以致用。土力学界有一句老话，叫作"自从有了水，土力学就变得更复杂"，那么在本书开篇的第一记中，笔者不妨写得轻松一些，以土中水来揭示土体基本特性中神奇、淘气又有趣的一面。

药店里常有各类治疗腹泻的药，其中不少药的学名标注的是"蒙脱石散"。学过土力学的读者可能会说："且慢！蒙脱石？这不是黏土最基本的三种组成矿物之一吗？该不会是重名了吧？"不是重名，所谓的"蒙脱石散"就是以蒙脱石为原料配制而成的止泻良药。

那么蒙脱石怎么会有如此医用功效呢？如读者所知，典型的黏土矿物有三种：蒙脱石（montmorillonite）、高岭石（kaolinite）和伊利石（illite）。其中，蒙脱石是三者中强度最低，但吸水性最强的矿物，以蒙脱石为基本原料的止泻药正是依靠了其强大的吸水特性。为了寻求这种吸水性的机理解释，我们不妨拿出微观电镜，来看看蒙脱石的基本晶胞组成特征。图 1-1（*a*）是蒙脱石的基本亲水晶胞结构示意图，图 1-1（*b*）、图 1-1（*c*）是组成晶胞的两种基本结构单元：铝 - 氢氧八面体和硅 - 氧四面体示意图（为清晰起见，晶胞中没有把结构单元中的阳离子绘制出来）。

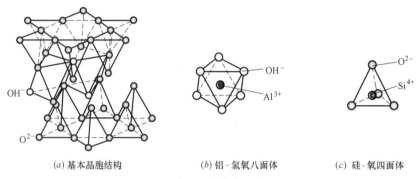

(*a*) 基本晶胞结构   (*b*) 铝 - 氢氧八面体   (*c*) 硅 - 氧四面体

图 1-1 蒙脱石的基本晶胞结构

　　从中我们可以看到，蒙脱石的晶胞是由两层硅 - 氧四面体和一层夹于其间的铝 - 氢氧八面体组成的 2：1 型层状硅酸盐矿物结构。晶胞外围是以负电性的二价氧离子为边界，两个晶胞表面因同性相斥作用会使得晶胞间距增大，加之一些晶胞中还存在内部正电荷的置换或缺失，如铝离子被性质相近的镁离子替代或发生丢失，将会导致晶胞间负电性增强、斥力会进一步增大，在宏观上就表现为土粒比表面积增大、土粒间孔隙增加，这种情况下，水分子较易侵入。又因为水分子具有极性，侵入孔隙后，不是到此一"流"，而是到此一"留"，水分子在土粒四周安营扎寨、扩大规模的同时，也进一步增加了晶胞间距和宏观孔隙。

(*a*) 高岭石   (*b*) 伊利石   (*c*) 蒙脱石

图 1-2 电镜下典型黏土矿物微观结构呈现

　　研究表明黏土矿物的晶胞结构表现为负电特性，比之于另外两种矿物：高岭石（层状结构，由硅 - 氧四面体和铝 - 氢氧八面体组成，如图 1-2（*a*）所示）

和伊利石（层状结构，虽然也是由两层硅-氧四面体和一层铝-氢氧八面体组成，但受到同像置换影响后，层与层之间会夹杂钾离子，中和了一定的负电性，如图1-2（b）所示），蒙脱石（图1-2（c））颗粒间的极性排斥力最大，这也就决定了由蒙脱石组成的土吸水性最强。

当病人感谢蒙脱石妙手回春的同时，岩土工程师们却在工程中"无语"地看着由蒙脱石所组成的土质。因为蒙脱石强大的吸水能力造成以其为主要组分的黏土拥有显著膨胀的特性，并诞生了名为膨胀土的特殊工程土。膨胀土干涸后开裂、吸水后鼓胀、干缩时裂隙发育、浸水时承载力衰减，性质极不稳定，会给建筑工程带来很大隐患。偏偏膨胀土在我国分布范围很广，4个直辖市（京、津、沪、渝）及其他12个省、自治区（疆、陕、冀、晋、鲁、豫、鄂、皖、苏、川、滇、桂）均有不同程度的分布。我国举世瞩目的大型水利工程——南水北调的东线和中线工程，其输水管线正好穿越膨胀土分布地区（图1-3），如果让膨胀土恣意胀缩，很可能会顶坏埋藏于土中的输水管线，造成管线开裂，调水也就成了泡影，因此对工程区域膨胀土地基的处理，刻不容缓。

(a) 局部区域俯视图　　　　　　　　　　　　　　(b) 管线铺设图

图1-3　南水北调工程景象图

讲到这里，不妨请读者先思考一下，应如何采取措施治理膨胀土呢？或许大家会说，只要能减少晶胞之间的间距，使得土体孔隙减少，水不就无机可乘了吗？说得很好，那么又如何减少晶胞间距呢？或许有人会说，要治本，就应该减少晶胞的负电特性，从根本上杜绝水膜的增厚——完全正确，学习土力学就应该这样层层剥笋，学以致用！在实际的地基处理工程方法中，就有一种叫作"石灰改良法"的膨胀土地基处理法是基于上述思路孕育而出的。具体来说，是在膨胀土地基中掺入一定量的石灰对其进行改良。石灰中含有 $Ca(OH)_2$，其解离出的 Ca^{2+} 会与黏土胶体颗粒中的 K^+、Na^+ 进行交换，增加晶胞的正电价，从而一定程度上中和了土粒带有的负电特性，减少了同性相斥，缩小了水分子可以"见缝插针"的空间，里面的水被挤出去，外界的水也进不来，膨胀土的胀缩特性也就得到了有效缓解。如此看来，蒙脱石在不同场合会不断转换福祸的角色，掌握好土力学，竟也有可能寻得根除生活病灶和工程顽疾的一剂良方呢。

1.2　千年佛像之谜：黏性土的稠度

前秦建元二年（东晋太和元年，公元 366 年），一位名叫乐僔的和尚来到位于今天甘肃西部的鸣沙山，又累又渴时，突然看到佛光万道。他把这看成是佛的启示，便于此开凿石窟，兴建佛像，后人因循而建，日益扩大规模，及至成为今天举世闻名的世界文化遗产——敦煌莫高窟（图 1-4）。

(a) 洞窟远眺　　　　　　　　　　(b) 45窟盛唐菩萨像

图 1-4　敦煌莫高窟景象图

莫高窟的彩塑佛像是中华民族诸多艺术瑰宝中的一朵璀璨之花，近代的工艺美术师在惊叹膜拜的同时，也开始积极地临摹仿制，就在他们即将完工时，棘手问题却接踵而至：新作彩塑极易产生裂缝。如果当年的工匠无法应对这样的问题，恐怕佛像也无法屹立千年。那究竟是什么使彩塑变得婀娜多姿，又是什么造成了"克隆"佛像的开裂，我们又能通过什么方法去解决呢？

要回答这些问题，不妨先带着疑问去重温一些相关的土力学知识。现实中，黏土根据含水率的不同，可处于三种稠度状态：流态、塑态和固态。如果土体的含水率过高，进入流态，则形如泥浆，变形脱缰，而承载力全无；反之，如果含水率过低，则进入固态，犹如土砖石瓦，强度很高，但无法变形，常发生毫无预兆的脆性破坏；只有当黏土具备一定"不高不低"的含水率时，方处于可塑状态，既有一定强度，又具有可控制的变形能力。彩塑佛像的成型正是利用了黏土在特定含水率范围内的可塑性，造就其曼妙身姿。

那么可塑状态究竟是如何形成的呢？一方面，由于吸着水膜的存在，吸附这些吸着水的相邻黏土颗粒彼此联结（吸着水联结）；同时，由于黏土颗粒很小，会表现出类似于胶体的性质，在一定的颗粒间距下（土中水膜不太厚的时候），自身会具有一定的聚沉性质；加之很多黏土包含盐类与胶体物质，也能提供一定胶结黏聚力，三管齐下，使得塑造佛像的土在保持各种"pose"的同时，不发生整体性破坏，反之若以不具备上述特性的砂土立一个沙墩，在风吹之下都可能迅速垮塌。另一方面，土粒之间胶结、咬合在一起，若没有润滑剂，要搅拌这一堆混合物该有多费力，土中的吸着水膜就充当了润滑剂的作用，原本"紧贴"在一起的黏土颗粒因为水分子的"入侵"而容易错动，宏观上就表现为黏土能被任意揉捏。如果水膜过厚，黏土颗粒的负电性也就控制不了这些多余的水分子，在它们的"脱缰"运动下，黏粒间的联结和胶结作用显著降低甚至消失，土体从可塑态变成了流动态，因此彩塑的含水率配比真是要恰到好处才行，从土力学的角度来说，就是要控制含水率处在液限与塑限之间，保证土体处于良好的可塑状态。

现在让我们回头看看之前所说的佛像裂缝问题，答案其实和 1.1 节所述内容有一定的联系。膨胀土吸水性很强，是因为颗粒间同性相斥，让水容易侵入，制作敦煌彩塑的主体原料亦是黏土，同样具备吸水性。反之，当水分丧失以后，土粒之间间距减少，造成宏观体积收缩。甘肃敦煌地处戈壁，四季干燥，昼夜温差大，气候异常带来的是水分蒸发、含水率降低，一胀一缩间，就会导致彩塑的开裂和破坏。因此，匠师们对敦煌彩塑进行处理时，不但要防止其膨胀，更要抑制其脱水收缩。

后来人们终于从古籍中找到了解决开裂的方法：先人以木架为骨、黏土为躯，同时在彩塑敷面的黏土中掺入一定量的砂，还放入了稻草、棉花。从我们专业的角度如何去解释呢？"掺砂子"，是因为砂土矿物结构不同于黏土，没有负电性所带来的胀缩特性，从而在保证佛像整体可塑性的基础上，抑制了黏土固有的开裂；添加的棉花、稻草之于彩塑就像钢筋之于混凝土，起到一种筋材联结的作用，是以保证了佛像虽屹立千年，仍熠熠生辉。我们的祖先在没有系统理论的时候，就从经验中寻找到了答案，而我们学习了相关原理后，更应努力学以致用，解决身边的实际问题。这不，看似枯燥无比的土力学中有关稠度的知识，不是还能解决艺术难题么？

另外说到稠度，读者很容易联想到用以区别稠度的界限指标——液限和塑限。对这个在土力学试验中不会缺席的常客，不知大家在进行操作时，是否产生过那么一丝困惑？——为什么根据建设部门制定的《建筑地基基础设计规范》

（GB 50007—2011）测定液限时采用的是 76g 圆锥入土深度 10mm 对应的含水率（以下简称 10mm 液限），而根据《土的工程分类标准》（GB/T 50145—2007）、《公路土工试验规程》（JTG E40—2007）等水利、公路部门制定的规范时却要采用 76g 圆锥入土深度 17mm 确定土的液限（以下简称 17mm 液限），而又根据最新出版的《土工试验方法标准》（GB/T 50123—2019），17mm 和 10mm 两种液限测定方法竟还可以并提兼用呢？

实际上，在新中国成立之初，中国规范中只有 10mm 液限——当时国家各个行业的标准、规范多从苏联引进，苏联规范中对地基土分类采用的是 10mm 液限，而塑限确定则采用搓条法。到了 20 世纪 80 年代，为了将在国际上较为通行的源于美国的液塑限分类法引入我国（最早将液塑限引入土力学稠度的研究即为美国哈佛大学的卡萨格兰德教授（A.Casagrande）（图 1-5（a）），又根据美国碟式液限仪试验结果等效确定了圆锥入土深度 17mm 液限的测定方法（等效依据为 17mm 液限状态下土体强度和采用碟式液限仪（图 1-5（b））测定液限时得到的土的平均强度较为接近），而对塑限试验，想着原理应该接近，最好能一起统一测定，遂摒弃搓条法，而改用了圆锥刺入土膏 2mm 深度时对应的含水率作为新的塑限标准。不过在建筑部门，液限指标往往与评价地基承载力有关，经验表明 17mm 确定液限进而辨识土的类型对承载力的确定存在安全隐患，于是在其领域的有关规范中仍保留了 10mm 液限的标准。

(a)卡萨格兰德教授 (b)碟式液限仪

图 1-5　卡萨格兰德教授和其发明的碟式液限仪

严格地说将碟式液限仪和锥式液限仪评价方法等效，特别是把塑限的确定也一并纳入锥式液限仪评价体系，存在一定的"牵强"，甚至说有些不合理。因为上述两种仪器在工作原理上是不同的：碟式仪是基于不同含水率的土样在振动作用下的性状存在差异，按照标准设备条件和试验方法测定的液限反映了土样在一定振动条件下与标准强度值对应的含水率；而锥式仪测定的则是在静力条件下圆锥沉入一定深度时的含水率，与之对应的强度可以求得液限。前者是振动作用，后者是（拟）静力条件；前者更注重土样状态，后者更侧重土体强度，所以在试验结果上二者不宜直接比较。尽管后来有研究指出，当土的液限在 40% ～ 70% 范围内（中等塑性土），两种方法测定的液限值比较接近；但对于低塑性土和高塑性土，二者测定结果差异较大，不能等效。所以现在也有观点认为上述的等效只是一种"有条件"的等效，并不通用，建议根据试验目的（如用于了解土的物理性质及塑性图分类时）可直接采用碟式液限仪来测定土的液限。

不论是对于佛像开裂问题的格物，还是对液限等效方法合理性的致知，无不需要读者们带着思辨的意识去看待土力学中的每一个知识点，只有这样才能做到不仅知其然，而且知其所以然，才能发现每个知识点中所蕴藏的奇妙、乐趣之处，真正做到学有所用。

1.3 盐撒西域之惑：土中自由水的渗透作用

在我国的西北部，例如新疆部分地区、甘肃河西走廊、青海柴达木盆地，近几十年来土体盐碱化的程度日益严重（图 1-6）。因为土壤含盐量太高（超过0.3%），使得当地农作物低产甚至不能生长，并逐渐演变为土地荒漠化，给生活在这里的居民带来了诸多不便。很长一段时间内问题的根源无法找到，现在人们终于发现，有些问题是修建水库选址不当帮了倒忙。

(a) 内蒙古自治区某处盐碱地　　　　　　　(b) 青海省某处盐碱地

图 1-6　我国一些省份的典型盐碱地灾害景象

众所周知，水库建设多是为了找水、蓄水，为生活在缺水地区的同胞解决用水困难问题。例如甘肃红崖山水库（亚洲最大的沙漠水库）、新疆小海子水库（西北地区最大的平原水库）。但是过多地建设水库，尤其是平原水库，会违背自然界的规律，如石河子蘑菇湖水库（图 1-7（a））以及塔里木河上的胜利水库、多浪水库，呼图壁河上的大海子水库、小海子水库等，这里的坝基多为第四纪松散土层，土壤渗透性太好，水分留不住，水在土中以重力水的形式形成渗流，迁移到别的地方。而这些地区地质条件中富含的盐分，就随着重力水渗流过程不断迁移。但是也许有人奇怪，新疆的地下水位并不高，盐分又是怎么聚集在地表的呢？那是因为，一者，虽然地下水位不高，但由于土中毛细水的作用会进一步把下部的盐分带到地表，加之新疆局部地区特有的地表高温条件下（吐鲁番地区一向被称为"火洲"），上升的毛细水很快被蒸发，而盐分则逐渐积累下来；二者，由于平原水库的建设改变了水的渗流路径，加剧了盐分搬运和上移的过程，因此激化了很多地区盐碱化的程度，真是好心办了坏事。既然这些地区不适于修建平原水库，当初为何要大力推进平原水库建设？那是因为在解放初期，由于交通困难、经济和技术力量薄弱，建造平原水库是一种因地制宜且多、快、好、省的措施，可迅速地解决发展生产对水利的迫切需要，并在一定时期内产生了巨大的经济和社会效益。但随着时间的推移，很多平原水库老化，局部坝基渗漏严重，坝后排水不畅，坝后土壤次生盐渍化严重，引发土地沙化，流域下游水量逐渐减少甚至枯竭。

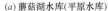

(a) 蘑菇湖水库(平原水库)　　　　　　　　　(b) 下坂地水库(山区水库)

图 1-7　我国新疆地区的两处典型平原水库和山区水库

为了应对上述次生灾害，同时更好地利用水资源，发展水电和灌溉，必须有计划地积极修建山区水库。2010 年 8 月 11 日，位于帕米尔高原塔什库尔干县，总投资 18.06 亿元的国家项目——下坂地水利枢纽工程（图 1-7（b）），开始并网发电。至此，南疆片区工业、农业用电紧张、生态科学补水的问题得到有效缓解。新疆下坂地水利枢纽工程是塔里木河流域近期综合治理项目中唯一的山区水库工程，也是自治区重点水利工程，其兴建可以代替塔里木河下游 16 座平原水库的蓄水，对促进地区经济和社会发展意义深远。

作为设计和科研人员，为国家建设而倾力奉献，责无旁贷，但是如果不了解科学规律，不循自然法则行事，即使怀揣报国之情和爱民之意，也可能会因为建筑规划、基础设计等出现失误而抱憾终生，吾辈当谨记慎之。

1.4　掘金西部之旅：黏性土的触变性

这次，让我们把目光聚焦到太平洋彼岸。1901 年的美国，西进运动已渐进尾声，哈米尔兄弟（24 岁的牛仔阿尔·哈米尔（E.Hamill）和 28 岁的推销员柯特·哈米尔（C.Hamill））（图 1-8（a））在阿巴拉契亚山地区拓荒掘进的洪流中尚无成就。当时，淘金热潮已然褪去，人们饥渴地改寻着另外一种看似不会枯竭的新宝库，即被称为"黑色黄金"的石油。哈米尔兄弟也随之改变生计，受退役的奥地利海军上尉卢卡斯（A.Lucas）雇佣到休斯敦附近的纺锤顶山上开采石油（图 1-8（b））。他俩和卢卡斯商讨的施工报酬是掘进 1m 深度得到 6.5 美元，那么按照合同掘进一口 360m 深的油井，雇主就要支付 2300 美元（相当于今天 11万美元的购买力）。虽然诱惑巨大，但是这些财富一度只能是空中楼阁，因为当地土质以砂土为主，钻孔后很容易发生坍塌。就在两人经过一次又一次失败即将选择放弃的时候，突然想出了一个看似怪诞的招数，居然止住了钻井塌孔。他们是如何实现的呢？答案来自奶牛。没有听错吧？没有，确实是奶牛！牛仔又干起了放牛的老本行，并在油井旁边挖了一个泥塘、蓄了水，然后让奶牛们在那里栖息，疯狂地践踏着泥塘，而塘中产生的泥浆被兄弟俩用来涂抹在钻井壁上，他们发现这些泥浆很快有了支护的作用，井壁不再有颗粒下落，塌孔的情况大大改善，钻井的深度也随之变深。终于，当掘进 2 个月后，钻井深度达到 330m 时（计划如果再掘进 30m 没油就放弃），黑色油柱冲天而起，高出地面达 60m，一个新的掘金时代拉开序幕！

砂土容易坍塌，而泥浆这种看似没有任何强度的东西却为什么能够帮助钻井呢？要回答这个问题，首先我们要对黏土的触变性做些了解。黏土颗粒之间通过电键联结形成一种机械结构，黏土本身的黏聚力特性在含水率达到一定程度的时候得到了发挥，在无外力作用时，泥浆呈现出稳定固态，而一经触动（如摇晃、搅拌、振动），泥浆即刻变为流体，形体随着贮藏它的容器形状的变化而变化，当扰动停止以后，它的强度又会慢慢恢复，土的这种特性被称为触变性。哈米尔兄弟用来涂抹钻井壁的泥浆就具备这样的特性。这类泥浆可以附着在土壁上，形成低透水性泥膜，一方面不但可以阻碍外部泥浆渗入地层，还能防止地下水浸出而稀释泥浆，另一方面又可以成为外部泥浆柱压力作用面，以抵抗地压来维护土壁稳定从而起到支撑钻井的作用，虽然强度不大，但防止砂土的塌落已是绰绰有余。看似很原始的小把戏，却带来了施工界的技术革命，这项如今被称作"泥浆护壁"的施工技术已经广泛应用于岩土工程的各个角落，同时随着岩土技术的发展，施工过程中为了提高安全性和可靠性，不断又有新的方法被应用于"泥浆护壁"技术的改良，这里就不做赘述了。

(a) 柯特·哈米尔　　　　　(b) 纺锤顶山上掘井挖油场景

图 1-8　美国休斯敦纺锤顶采油掘井大事件图景

当然，触变性带来的危害也可能是巨大的，挪威就发生过这样一件事情。1978 年 4 月 29 日，在里萨（Rissa）发生了 20 世纪挪威最大的一起滑坡。滑坡的土质是具有极端触变性的高灵敏度海相黏土（marine clay）。当时滑坡区域周围有开挖和打桩作业，施工人员堆积了近 700m³ 的土在波特那湖（Botnen Lake）的岸边。没曾想，周边的土体受到扰动，开始破坏，进而引起整体滑坡。滑坡开始于湖岸沿线，并且向后发展到内侧，短短 6min，引起了 0.33km² 区域场地的液化（相当于 47 个足球场），造成了 600 多万 m³ 的泥石流，滑坡长度达 1.5km，波及 7 个村庄。幸运的是，虽然当时有 40 个人被这场泥石流卷走，但只有一个人遇难，为什么呢？因为发生滑坡的是一种高触变性的土，当丧失强度滑坡以后，土体液化得像融化了的冰淇淋一样（本来黏土还有粘结能力，但是对超灵敏土而言，其黏聚力也已丧失），对于人体的冲击力不大。图 1-9（a）就是滑坡过后，一座少了地基而悬空在半山腰的房屋。如果房主事先知道这里的地基像冰淇淋一样易受扰动，胆子再大恐怕也不会在这儿选址造屋吧。

从上述正反两个例子了解了土体触变性特征后，我们再来看看土体触变性的细观机理究竟是什么：未受外界扰动时，黏土的结构为絮凝状的网架结构（由片状的黏土颗粒集聚形成），其内部孔隙很大，此时黏土各组构（如颗粒的相对位置、空隙大小、吸附阳离子和水分子的排列）处于一种相对的平衡状态。当土体遭受强烈扰动后，颗粒间会产生滑动位移，吸附阳离子和水分子的定向排列以及胶结物和空隙状态等会受到破坏，原来的平衡被打破，土的结构变成了（某种程度上）分散结构，削弱了颗粒之间的结构连接，导致结构强度降低，呈现流动的状态。当静置一段时间后，一些触变性较弱的黏土，其颗粒和水分子以及上述其他结构会重新调整排列，强度也会逐渐恢复。因此工程人员根据其这一特性，常把弱触变性黏土作为泥浆护壁的材料。而有些强触变性黏土，像流黏土（Quick clay）（图 1-9（b）所示的滑坡事故）或勒达黏土（Leda clay），看上去好像是固体，但如果探究其结构可以发现，土中水的质量占据了 80%，也就是含水率达到了 400%！此时，黏土的颗粒之间实际上主要就依靠水的表面张力暂时维持状态，若是这种黏土受到扰动却被要求立刻恢复"生机"，则实在勉为其难了。

(a) 里萨小镇海相黏土滑坡事故　　　　　　(b) 灵塞德小镇流黏土滑坡事故

图 1-9　挪威因高灵敏土破坏引发的两起典型滑坡事故

1.5　深坑天成之险：冻土的冻融特性

让我们把目光再转向位于俄罗斯西伯利亚北部的泰米尔半岛（Taimir Peninsula）。2013 年，当地驯鹿牧民在一年一度的季节转场途中发现他们经常往返的道路中间突然出现了一个深坑（图 1-10（a））。

这个深坑大约 4m 宽，100m 深，牧民们站在深坑的面前，犹如"沧海一粟"。牧民们说他们之前从未见过这个深坑，也不知道它是什么时候、什么原因形成的。不过幸运的是，当牧民们和他们的驯鹿在快要跌入坑内之时发现了深坑，才没有导致伤亡。无独有偶，这个深坑被发现不久，在西伯利亚西北部亚马尔半岛（Yamal Peninsula），一个被当地人称之为"海角天涯"的地方，一名飞行员在执行飞行任务时发现了一个长达 30m 宽的更大深坑（图 1-10（b））。由于当时正值俄罗斯因与乌克兰争夺克里米亚半岛遭受西方全面制裁之际，这些深坑的出现引起了国际社会的高度关注。当时各方对深坑的形成原因都一无所知，西方一些媒体便将深坑的形成与俄罗斯开展地下导弹试验，甚至与外星人活动联系在了一起，各种猜测甚嚣尘上。但是，随着科考的深入，上述猜测都被否决了。那么这些深坑到底是怎么形成的呢？

(a) 泰米尔半岛深坑   (b) 亚马尔半岛深坑

图 1-10　俄罗斯因冻土冻融所造成的深坑景象

原来，深坑的形成与西伯利亚北极大陆架遍布着的冻土层的冻融特性密切相关。所谓冻融，是指土层由于温度低于 0℃ 以下和高于 0℃ 以上而产生冻结和融化的物理地质作用和现象。西伯利亚北部因为其特殊的地理位置，一年中有超过一半的时间处于冬季，当地气温常常低至零下 50℃，天气极为寒冷。根据我们所学的初中物理知识可知，在这样的极寒环境下，土中的水会由液相转化为固相，又因为水的密度要大于冰的密度，所以结冰后会发生体积膨胀，冻结后的土体强度也会显著增大。但是，随着近年来全球气候变暖（西伯利亚地区变暖速率近似 2 倍于全球气候变暖的速率），使得原本填充在土颗粒间隙中的冰晶体发生融化，又由固相转化为液相，土中水于是会发生渗流，在水的渗流作用下，原本由固相冰填充的土颗粒间隙会逐渐减小，进而土体发生固结下沉，产生冻土的融沉现象。另外，由于冻土中固相冰融化速度较快，改变了冻土层内部的压力条件，使得原先在低温和高压作用下存在于冰丘缝隙中的气体得以从地下喷发出来，引发了地表爆裂，最终形成了牧民们所见到的深坑。

由上可以看出，因为冻土中的水容易因温度改变而发生两相转化，使得冻土对于温度变化极其敏感，极小的温度变化都有可能会引起冻土性质发生较大波动，从而引发工程和地质灾害。俄罗斯和加拿大作为全球"冻土家族"的前两名，冻土面积分别约为 1076 万 km^2（约占本国领土面积的 63%）和 490 万 km^2（约占本国领土面积的 49%），广袤的冻土面积给国家的经济建设增添了不少麻烦，也引发了较多工程问题，比如俄罗斯北部地区铁路设施因冻土的冻胀问题发生扭曲和变形（图 1-11（a）），加拿大西北部麦肯齐河的山体也曾因冻土消融而发生滑坡（图 1-11（b））。

（a）俄罗斯北部极地铁路设施破坏　　　　　　（b）加拿大西北部麦肯齐河山体滑坡

图 1-11　冻土冻融引起的典型工程灾害事故

我国的冻土面积也十分广阔，约为 215 万 km^2，这也给我国在冻土区的工程建设带来了不小的挑战。大家熟知的青藏铁路（图 1-12（a）），是世界海拔最高、线路最长的高原铁路，从青海省会西宁起，到西藏首府拉萨止，全线总里程 1142km，其中海拔 4000m 以上的路段长达 960km，最高点海拔达到了 5072m。青藏铁路作为我国西部大开发的标志性工程之一，曾因多年冻土、高原缺氧和生态保护三大问题而备受国内外关注。建设之初，专家们在经过长时间的勘察、讨论和分析后认为，青藏铁路建设能否成功的关键在路基，而路基成败的关键在冻土，因此解决冻土问题成了青藏铁路建设中的重中之重。

面对着这个世界级冻土工程难题，中国的工程师们又是如何解决的呢？为了避免因冻土融沉和冻胀等现象对路基造成损害，工程师们基于"主动降温、冷却地基、保护冻土"的主体思路，采取了如下的一些措施：第一种方法是采用以桥代路的方法，面对地质情况十分恶劣的冻土、河流、沼泽等地区或路段，选择以桥代路的方式将桥梁桩基置入地下冻土层一定深度以维持铁轨线路稳定；第二种是采用块石路基的方法，即在路基底部铺设体积较大的石块。夏季时，石块能为冻土层遮挡一定的太阳辐射；冬季时，高原冷风又能从石块中带走一些热量，然后再利用高原的低温，便能有效降低冻土层下部土体温度，保护冻土层的热稳定性；第三种方法是采用热棒，在青藏铁路沿线路基两旁铺设有两排碗口大小、高约2m的热棒（图1-12(*b*)）。整个热棒结构内部中空并在其中灌入大量的液氨。当冻土层土体受热而温度升高时，液氨便会吸热气化，当上升到顶部遇冷后又会液化释放热量，继而又流回底部，通过如此循环往复的液氨气化、液化作用便能够有效地将热量输出到外界，进而达到降低冻土层温度的目的。

(*a*) 列车疾驰在青藏铁路线上　　　　　(*b*) 青藏铁路沿线所设置的热棒

图 1-12　我国青藏高原铁路沿线景观

青藏高原曾被生物学家称作"人类生命的禁区"，唐朝贞观十五年（公元641年），文成公主由长安入藏，其间从西宁到拉萨就花了一年多的时间，而如今沿着青藏铁路从西宁去拉萨仅需一天半就能抵达。青藏铁路作为世界上穿越冻土里程最长的高原铁路，它的建成通车是无数炎黄子孙数十年如一日拼搏奋进之印记，在这背后集聚着几代人的呕心沥血和无私奉献。时至今日，我们依然可以看到众多铁路人在青藏铁轨的沿线默默地坚守，尽心竭力地为这条"天路"保驾护航。

1.6　结论结语

在阅读了大量有趣亦发人深思的故事后，让我们来总结一下本记中讲述的土体与水密切相关的性质，依次是：黏性土的晶体结构、黏性土的稠度、土中自由水的渗透作用、黏性土的触变性以及土的冻融性等。这些都是大学生在土力学第一章中必定要学习的"枯燥"知识。而笔者通过很多重大工程问题将上述知识所反映的土体宏观力学性质、现象及其所蕴含的微观机理解释综合呈现给读者，就是期望能启发大家，希望各位也能像一个高明的医者那样对工程问题实现标本的兼治。

英国著名的建筑大师雷恩爵士（C.Wren）（图1-13（*a*)）早先是一位和牛顿

齐名的杰出数学家。1666 年伦敦发生大火，为了恢复伦敦城往日的生气，他积极投身于建筑事业，依靠其坚实的数学基础，完成了圣保罗大教堂（图 1-13（b））等五十几个教堂以及其他公共建筑的设计与重建。

他去世以后，就被安葬于圣保罗大教堂唱诗班席位之下的地穴内。教堂的门口建有其墓碑，上面刻有拉丁文的墓志铭：Si monumentum requires, circumspice（如果你想找他的纪念碑，就请看看你的周围吧！）。一个人在离世后竟能获得如此崇高的赞扬与肯定，他的事迹是否能更加激发起我们作为工程类科研和设计人员的斗志呢？而从本记所讲的那些例子中不难看到，土力学在土木、交通、水利、地质等诸多工程中都有广泛应用，其使用范围之广，开拓意义之大，让我们会不时发出"不识庐山真面目，只缘身在此山中"的感慨。

(a) 雷恩爵士　　　　　　　　　　(b) 圣保罗大教堂

图 1-13　雷恩爵士和他设计的圣保罗大教堂

不过，楼阁非空中，基础很重要，为了实现自己的价值，也为了能给后世留下浓墨重彩的一笔，让我们现在就开始去打好土力学这个基础吧！

本记主要参考文献

[1]　钱家欢，殷宗泽. 土工原理与计算（第二版）[M]. 北京：水利电力出版社，1994.

[2]　S.Kramer.Giant Holes Found in Siberia Could Be Signs of A Ticking Climate Time Bomb [Z/OL]. [2016-3-12]. https://www.businessinsider.com/russian-exploding-methane-craters-global-warming.

[3]　高大钊. 岩土工程勘察与设计——岩土工程疑难问题答疑笔记整理之二 [M]. 北京：人民交通出版社，2010.

[4]　唐大雄. 工程岩土学（第二版）[M]. 北京：地质出版社，1999.

[5]　殷宗泽. 土工原理 [M]. 北京：中国水利水电出版社，2007.

[6]　中华人民共和国交通部. 公路土工试验规程 JTG E40—2007[S]. 北京：人民交通出版社，

2007.

[7] 中华人民共和国水利部.土的工程分类标准 GB/T 50145—2007［S］.北京：中国计划出版社，2008.

[8] 中华人民共和国住房和城乡建设部.建筑地基基础设计规范 GB 50007—2011［S］.北京：中国建筑工业出版社，2012.

[9] 中华人民共和国住房和城乡建设部.土工试验方法标准 GB/T 50123—2019［S］.北京：中国计划出版社，2019.

[10] 冯秀丽，周松望，林霖等.现代黄河三角洲粉土触变性研究及其应用［J］.中国海洋大学学报，2004，34（6）：1053-1056.

[11] 李生才，邓文樵.泥浆护壁机理的研究［J］.阜新矿业学院学报（自然科学版），1990，9（2）：11-15.

[12] 梁晓叶，王鹤亭.关于新疆平原水库的讨论［J］.灌溉排水学报，1984，8（3）：30-35.

[13] 柳莹.新疆平原水库下游盐渍化问题初探［J］.陕西水利，2013，（4）：130-131.

[14] 毛海涛，侍克斌，马铁成，王晓菊.新疆平原水库透水地基渗流防治的重要性和有效措施［J］.水利与建筑工程学报，2008，6（4）：6-10.

[15] 孙永福.青藏铁路多年冻土工程的研究与实践［J］.冰川冻土，2005，27（2）：153-162.

[16] 张国庆，雷晓云，潘婷.奎屯河流域水资源开发利用现状分析［J］.新疆农垦科技，2011，（2）：70-71.

[17] 张海彬.石灰改良膨胀土的理论与实践［J］.铁道建筑，2005，（10）：38-40.

[18] 赵永虎，韩龙武，米维军.多年冻土区铁路路基典型病害及防护技术研究［J］.中国铁路，2016，（6）：24-31.

第二记　有效应力记——土力学的半壁江山

2.1　唯物论下的唯象王国：有效应力原理的建模体系

1. 楔子

　　1937 年，以扬压力和一维固结理论的争论为导火索，时任维也纳工业大学教授的太沙基（K.V. Terzaghi）与同为该校教授的费伦恩格（P. Fillunger）打了一场震惊科学界的名誉权官司，后者由于过于激进偏颇的攻击言论和一些明显的立论错误而被学术委员会判定对太沙基教授进行了诋毁。然而偏执和自尊心极强的费伦恩格教授并不愿意道歉，一场科学史上罕见的"决斗"，终以费伦恩格夫妇的双双自杀而黯然收尾（图 2-1 呈现了"决斗"双方和相关报道）。

图 2-1　太沙基教授和费伦恩格教授（从左至右）以及费伦恩格教授夫妇自杀事件的报道

　　众所周知，有效应力原理被看作是经典土力学理论的半壁江山，现在比较通行的说法是太沙基在 1923 年提出了有效应力原理，但有调查结果表明，最早关于有效应力这个名词的提法，恰是出自上文所提到的费伦恩格教授。20 世纪

50 年代末，英国帝国理工学院斯开普敦教授（A. Skempton）（图 2-2（b））在寄给美国哈佛大学卡萨格兰德教授（图 2-2（a））的书稿（《土力学：从理论到实践》）中提到：费伦恩格教授曾于 1915 年在其所著《关于饱和多孔固体中液体的力学性质》的文章中对有效应力进行了揭示，并指出"不仅费伦恩格教授而且其他任何人都没有意识到这些结果（指有效应力）的充分意义"。不过作为太沙基教授长期搭档和助手的卡萨格兰德教授阅后大为光火，他无法接受斯开普敦教授给予费伦恩格教授的"荣誉"。他说："这样的做法会让读者误以为费伦恩格已经了解了一些关于有效应力的重要性，只是没有完全认识，但事实是费伦恩格宣称太沙基关于孔压和有效应力的概念都是荒唐的！因此我至少要求您将这句话中的'充分'一词去掉"。

(a) 卡萨格兰德教授 　　　　　　　　 (b) 斯开普敦教授
(国际土力学及岩土工程学会第二任主席)　(国际土力学及岩土工程学会第三任主席)

图 2-2　国际土力学界的两位开山宗师

当年泊松基于菲涅耳理论推导出的"泊松亮斑"，在泊松自己看来都是一个荒谬的结论，仅是拿它来表明菲涅耳理论与常识相违背并意图推翻光的波动说，而费伦恩格教授虽然提出了有效应力的概念，但他坚持认为土力学就是一个根本不应存在的"异端学说"。因此，我们讲述这样一个楔子，绝非否定太沙基在土力学上所作出的贡献，相反正因为他的天赋与努力，让土力学从材料力学的范畴中脱颖而出，但是我们也应看到，如同牛顿揭示万有引力更可能是受到实验员虎克先生的启发而不是苹果的点拨一样，重要科学理论从酝酿到诞生经历了反复的打磨、推敲，实在也不是一个轻松和凭借直觉能够解决的课题。

在有效应力原理的具体描述中，除了基于物理事实的基础，还有很多人为打磨的痕迹。这种综合了唯物与唯象的特征，既是有效应力概念的特色，又是我们在使用时十分值得注意之处。而引入上述一个"带血的楔子"，也正是想引起读者对于这个看似简单，实则富有大智慧的概念的重视，激发大家对之予以充分的审视。下面我们就对有效应力原理进行演绎与梳理。

2. 建模与定义——宏、细观层面有效应力定义的联系与区别

依循工程类科目学习的传统思路，有效应力这样的重要概念从出现的第一时刻就应赋予文字层面的严格定义，但更多的土力学教材是以图示法来说明这一定义，貌似"只可意会不可言传"。那我们就先来看图示法对有效应力含义的表达。

如图 2-3 所示，一个土体单元受力，单元体中实际有着无数的散体土颗粒，这些土颗粒相互接触联结构成了土骨架，如果 σ 是土体表面（注意是土体，而不是土骨架）受到的均布法向应力（作用面积为 A），则在土体内部，沿着任意土颗粒接触面分割出一个折面（例如左图中折线和右侧放大的上半部分图中折线所示部分，**折面绘制的前提是分割折面上土颗粒只能与土颗粒接触，水只能与水接触**）。设定此分割折面总面积为 A_o，其中土颗粒间的接触面积为 A_s，则折面剩下的面积 A_o-A_s 就是分割面上、下水面互相接触的面积。A_s 上的土颗粒接触力 N_s 沿着竖直方向的分量 N_{sy} 与 A_o-A_s 面上水压力沿着竖直方向的分量的合力应与 σA 平衡。

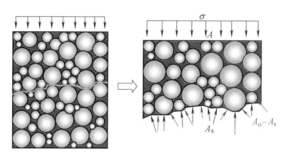

图 2-3 土体单元体中的受力情况分析

需要注意的是，土是由碎散土颗粒组成的多孔介质，是固、液、气三态共存的特殊材料。源于这一特性，土较其他单一状态的材料在力学性能上表现得更为复杂。在土力学的相关研究中，对于土体中的固体物质集成通常以"土骨架"为研究对象，并对这一概念有着严格的定义——土骨架是由相互接触与联结的颗粒构成的构架体，具有承担（有效）应力的能力，从物质上讲不包括孔隙中的水与气体。笔者也绘制了土体、土块、土骨架和土颗粒名词的图形化释义，如图 2-4 所示，便于读者辨识。

图 2-3 所示的折面上互相接触的水压力，可能各处不尽相同，但由于以单元

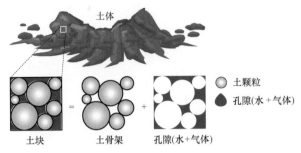

图 2-4　土体、土块、土骨架及土颗粒之间的关系

体作为分析对象，从宏观上看，这里仅是一个点力，因此可认为作用于 A_o–A_s 面上的孔压为常数 u，于是用 u 乘以水压接触面沿着竖向的投影面 $(A_o$–$A_s)_y$ 得到的 $u(A_o$–$A_s)_y$ 就是水压沿着竖直方向的分力。因此在土体竖向由力的平衡关系可得：

$$\sigma A = N_{sy} + u(A_o - A_s)_y \tag{2-1}$$

进而可有：

$$\sigma = \frac{N_{sy}}{A} + \frac{u(A - A_{sy})}{A} = \sigma' + \frac{u(A - A_{sy})}{A} \tag{2-2}$$

式中：σ'——有效应力。

对粗砂粒径以下的小颗粒，颗粒间接触面积相对于分割的整体折面而言非常小，因此 $(A$–$A_{sy})/A$ 可近似为 1，从而产生了最常见的有效应力表达式：

$$\sigma = \sigma' + u \tag{2-3}$$

一般工程中，认为土颗粒和水分子的模量都很大，不可压缩，土中变形以及破坏问题主要是由于土颗粒间的作用力引起土颗粒错动，进而导致土体骨架重组所引起的，而从宏观层面上说是由于土体中有效应力改变和剪应力产生所引起的。

请注意，本文建模中的分割面是沿着土颗粒接触面随意切取的，避免读者产生有效应力计算面需要直线分割的错觉。而有些书在解释有效应力原理的时候随便画分割线，甚至穿越土颗粒内部，从而出现了"接触面"面积很大的假象，引起概念混乱，甚至否定式（2-3）的适用性，是不正确的。当然如果土颗粒尺寸较大，例如在块石中，其粒间接触面积确实很大，有效应力的计算不能采用式（2-3），而要从式（2-2）出发进行修正，但这已不是本文所要讨论的内容了。

图示法表达了有效应力的两层含义：（1）有效应力建模时的计算受力对象是土体，而非土骨架（或土颗粒）；（2）有效应力具有鲜明的方向特征——有效应力方向与外界在土体表面上所施加的法向应力方向相反。也就是说，有效应力在作为"有效力"的产生之初，虽已有人工打磨的痕迹（比如式（2-2）中的 N_{sy} 是沿着竖直方向的一个分力），但在物理意义和数量关系上还是无懈可击的，而一旦变成式（2-3）后，"以全概偏"地用土体面积替代了实际土骨架的受力面积，不仅人造出了一个受力对象（土骨架）和受力面积对象（土体）不同的新概念"有效应力"，而且还使孔压所占权重偏大，进而导致计算的有效应力在数值上偏小。

而一些文献基于图 2-3 和式（2-3），将有效应力定义为：单位面积土体上外界法向应力与内部孔隙水压力之差。这种定义方式，也许不会对宏观数学计算产生直接干扰，但还不能真正揭示有效应力所蕴含的物理意义，甚至会导致初学者对概念产生误解和误用。这是因为此定义尚未对有效应力这一人造概念所带有唯物和唯象的两重意义予以充分揭示。

所谓"唯物"，是指有效应力的定义需要明确力的本源来自土颗粒间的互相接触，而且与宏观接触面上的法向力方向相反，一般认为这种力会引起的土体变形（剪应力也会引起变形），并导致土体强度变化（摩擦型材料体现）。

所谓"唯象"，来自两个方面：

首先，如前所述，当"有效力"向"有效应力"过渡时，就有了"作用面积"的引入。而这里的面积是虚拟面积，因为虽然力作用于土骨架（或土颗粒）上，但计算面积却是整个土体的面积。对于这个唯象，无疑使得计算得到的实际土颗粒作用面积上的力大大变小，但对于计算单位面积区域上土骨架所受的总有效力（有效应力的合力）是毫无影响的，反而为计算提供了极大便利。我们把这种并不会引起工程计算错误的唯象，称为共性唯象。共性唯象也可以看成是细观机理与宏观计算的协调与妥协，在土力学中，采用共性唯象来解决问题的，还有渗透系数、渗流力、变形模量的应用等。

其次，有效应力与外界作用力的法向力方向相反，而且是一个正应力（对应于剪应力的提法）。但这是从宏观层面来看的，就细观视角而言，这种正应力实际是由颗粒间的法向力和切向力共同组成，笔者称之为个性唯象。如不能明晰这点，则无法理解土体在等压固结条件下也会产生变形。因为在宏观层面，当等压固结时，土体的应力状态在剪应力和法向应力构成的坐标空间是一个点圆，即没有剪应力，似乎土体就应该不会错动，不会错动就没有变形，而事实上等压固结产生体积变形却是土体最常见的变形形式之一。如何解释这样的矛盾呢？如前所述，宏观层面作为正应力出现的有效应力在微观层面看只是颗粒接触力沿着外法向力作用方向的一个分量，它是由土颗粒作用面上的法向力和切向力共同构成，正是有效应力中"切向力"部分导致了土体的错动、变形。只不过，等向固结时，各个方向上的切向力密集和定向程度处于平衡，对均质土而言便产生了等向的压缩变形，而当宏观上也具有剪应力时（如偏压固结或者剪切时），**颗粒间各个方向上组成有效应力的切向力密集和定向程度明显不均衡，使得某个方向的错动占主导，进而引起土体剪切变形，乃至错动破坏。**

有效应力原理提出时的目的，可能是希望在有水的情况下，通过总应力和孔压的折减，使土体强度和应力应变关系仍可用无孔隙压力时适用的公式来表达。但为了更好地进行力学建模，其建模参数的内涵意义，即应力本身构成中宏观与细观力系之间的组合联系，也是不应被忽视的。

因此，基于上述演绎，笔者在本节的收尾处给出有效应力比较严格的文字定义：**所谓有效应力，是指在单位土体面积上，外法向力作用下，土体中某接触面上土颗粒之间的接触力（颗粒接触面上法向力和切向力的合力）沿着该法向方向的分力。**在上述表述中，除了强调采用"单位土体面积"这样的唯象含义外，还特别强调了颗粒间接触力应包括切向力。

2.2 阿基米德定律的启示：自重作用下土的有效应力表征

2.1 节的建模分析，帮助读者理清了有效应力所拥有的理论框架体系，便于拓展应用，但对初学者来说，要真正理解有效应力的应用方式可能还是有些困难。

为此，本节将更换角度，以只有土重，而没有外载荷的情况为前提，从大家都熟稔的高中物理知识来阐述有效应力概念及其应用所在。

图 2-5 所示的微元土单元浸没在水中，则距离土体顶面 h 距离处的灰色界面上的土的竖向有效应力，根据总应力减去该点的孔隙水压力的计算方法，应为：

$$\sigma_z' = \gamma_{sat}h - \gamma_w h = \gamma'h \qquad (2-4)$$

式中：γ_{sat} ——土的饱和重度；

γ_w ——水的重度；

γ' ——土的浮重度。

而这个面上竖向"有效力"F_1，即折线以上土体的浮重量，应是有效应力乘以整个土体横截

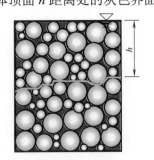

图 2-5 饱和土体自重作用
下的受力分析图

面积 A，即：

$$F_1 = \gamma' hA = \gamma' V \tag{2-5}$$

式中：V——土体体积。

如果换一个角度，读者置身于中学的课堂，当老师要大家求解灰色接触面上土颗粒间的竖向接触力大小该怎么做呢？我想，大家会很自然地想到，由接触面以上土骨架的重量扣除土骨架所受到的水压力的合力来算。由于有效应力原理适用的前提是土颗粒间的接触面积很小，因此这个"土骨架所受到的水压力的合力"，应该等于整个土骨架所受到的浮力（水的重度乘以土骨架的体积），如此，便轻易求得土颗粒间的实际竖向接触力 F_2，为：

$$F_2 = G_s \gamma_w V(1-n) - \gamma_w V(1-n) = (G_s - 1)(1-n)\gamma_w V \tag{2-6}$$

式中：G_s——土颗粒比重；

　　　n——孔隙率。

熟悉土力学物理指标的读者，可通过公式换算发现 $(G_s-1)(1-n)\gamma_w = \gamma'$，而且从概念上说，既然求得的都是颗粒接触面上沿着竖向的分量，式（2-5）和式（2-6）也应该相等。由此表明，**土体在自重作用下某点的竖向有效应力，也是土中的土骨架所受重力与浮力的合力（亦即是分界面上下土颗粒的竖向接触力）除以整个土体的横截面积**。这种通过阿基米德浮力定律来解释并求解有效应力的方式（图 2-6），使得新的力学知识与传统物理知识相结合，降低了理解新概念的难度。

图 2-6　饱和土中竖向有效应力降低的解析——阿基米德浮力定律的变奏曲

当然，有读者可能会问：从式（2-4）及式（2-5）看，有效应力建模时的分析对象是土体，而采用式（2-6）计算浮力时，却是以土骨架为分析对象，对象不同，却得到一个相同的结果，这是怎么回事呢？里面有没有巧合的成分存在呢？那我们就来分析一下两个研究对象间究竟有何差异。

以土体和土骨架分析时，所差异的就是前者多了"土中水"。既然土中水的重量是土中水的重度乘以自身的体积，土中水所受的浮力也是土中水的重度乘以自身的体积，两者大小相等，方向相反，那么在力的平衡上水的影响自然也就被抵消了。因此，在"土体"和"土骨架"两个视角下，得到一致的有效应力计算结果也是情理之中了。笔者亦用图示法展示了土体与土骨架有效重度的等价关系（图2-7），希望能帮助读者从直观上理解上述结论。

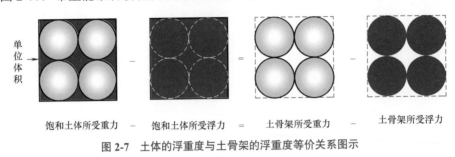

单位体积

饱和土体所受重力　－　饱和土体所受浮力　＝　土骨架所受重力　－　土骨架所受浮力

图2-7　土体的浮重度与土骨架的浮重度等价关系图示

由此，我们对于"土的浮重度"这一物理概念的认识，可理解为**单位体积饱和土中土体（或土骨架）所受重力和土体（或土骨架）所受浮力的合力**。而用土体或土骨架为对象，都可以解决土颗粒间接触力求解的问题，这对土力学中的建模计算非常重要，因为很多时候，究竟是采用土体还是土骨架作为研究对象，是决定建模是否准确和计算能否开展的关键前提，这将在2.3节以及后面几记中予以详述。

2.3　万能与万万不能：有效应力应用约定

由于有效应力的基本表达式体现的是总应力和孔隙水压力（以下简称孔压）间的关系，而孔压不是土骨架分析时的受力构成因素（具体解析土骨架分析时水的作用详见第三记渗流记），所以有效应力概念多数情况是在以土体为研究对象时才使用的。因此如要针对饱和土体建立力学本构的三大基本方程，除了几何方程不与有效应力发生直接联系以外，其他两个方程中的应力构成表述应有如下明确的约定：

首先，作为物理方程（例如广义虎克定律），凡涉及应力部分，都应明确表明为有效应力，这是因为计算变形所采用的模量都是土骨架模量，在此模量定义下，一切变形均由有效应力决定。

其次，作为平衡方程，可以以土体为对象，也可以土骨架为对象进行分析。

但两种研究对象下建模会存在一定区别。

• 若以土体为研究对象，则有效应力与孔压可同时出现，此时应以饱和土体为研究对象。当表示为总应力的方程形式时，基本方程为：

$$\begin{cases} \dfrac{\partial \sigma_x}{\partial x} + \dfrac{\partial \tau_{yx}}{\partial y} + \dfrac{\partial \tau_{zx}}{\partial z} = \dfrac{\partial (\sigma_x' + u)}{\partial x} + \dfrac{\partial \tau_{yx}}{\partial y} + \dfrac{\partial \tau_{zx}}{\partial z} = 0 \\[3mm] \dfrac{\partial \sigma_y}{\partial y} + \dfrac{\partial \tau_{zy}}{\partial z} + \dfrac{\partial \tau_{xy}}{\partial x} = \dfrac{\partial (\sigma_y' + u)}{\partial y} + \dfrac{\partial \tau_{zy}}{\partial z} + \dfrac{\partial \tau_{xy}}{\partial x} = 0 \\[3mm] \dfrac{\partial \sigma_z}{\partial z} + \dfrac{\partial \tau_{yz}}{\partial y} + \dfrac{\partial \tau_{xz}}{\partial x} - \gamma_{\text{sat}} = \dfrac{\partial (\sigma_z' + u)}{\partial z} + \dfrac{\partial \tau_{yz}}{\partial y} + \dfrac{\partial \tau_{xz}}{\partial x} - \gamma_{\text{sat}} = 0 \end{cases} \tag{2-7}$$

式中：z 坐标向下为正（即重力方向）。法向应力以压应力为正，拉应力为负。剪应力则以当其作用面上的法向应力方向与坐标轴正向一致时，剪应力方向与坐标轴正向一致时为正，反之为负；若剪应力作用面上的法向应力方向与坐标轴正向相反时，剪应力方向与坐标轴正向相反时为正，反之为负。

由于公式中的体力都是土体的体力，而不是土骨架的体力，因此才会出现以饱和重度来表示单位体积的土体重力，而即使有渗流，也不会有渗流力出现，其影响是通过水压力的变化来体现的（涉及渗流问题的剖析详见本书第三记）。

• 若以土骨架为对象，因为有效应力归根结底是土骨架受力，但是土骨架受力时，孔压不能出现，取而代之的是土骨架受到的浮力和渗流力，故而平衡方程可表述为如下形式：

$$\begin{cases} \dfrac{\partial \sigma_x'}{\partial x} + \dfrac{\partial \tau_{yx}}{\partial y} + \dfrac{\partial \tau_{zx}}{\partial z} - j_x = 0 \\[3mm] \dfrac{\partial \sigma_y'}{\partial y} + \dfrac{\partial \tau_{zy}}{\partial z} + \dfrac{\partial \tau_{xy}}{\partial x} - j_y = 0 \\[3mm] \dfrac{\partial \sigma_z'}{\partial z} + \dfrac{\partial \tau_{yz}}{\partial y} + \dfrac{\partial \tau_{xz}}{\partial x} - \gamma' - j_z = 0 \end{cases} \tag{2-8}$$

式中：j_x、j_y、j_z——分别为渗流力沿 x、y、z 轴方向的分量。

若只有沿着重力方向的一维渗流，可进一步表示为：

$$j_z = i_z \gamma_{\text{w}} = \frac{\partial h}{\partial z} \gamma_{\text{w}}, \ j_x = j_y = 0$$

读者可以自行推导出若无渗流，仅在静水条件下，即 $\partial u / \partial z = \gamma_{\text{w}}$ 时，式（2-7）和式（2-8）所表述的两种平衡方程会得到一样的形式。而有关渗流力的建模问题，将在第三记渗流记中做详细阐述。

2.4　结论结语

　　本记主要介绍了有效应力的严格定义、物理内涵、人造意象和基本使用规定。通过理解上述知识，不仅可以帮助我们深刻了解有效应力原理，还能使我们在面对岩土工程中的一些实际问题时，洞悉症结所在。

　　19 世纪 20 年代开始，美国加利福尼亚州圣华金河谷（San Joaquin Valley）的农民通过抽取地下水的方式满足灌溉农田的需要，获得了年复一年的大丰收，并使得这里一跃成为全美农业生产力最高的地区之一。然而随着时间的推移，过度抽水导致地下水位下降，不仅造成该地区地下含水层储水能力的永久性损失，对当地甚至整个加州地区的供水也造成了严重威胁，同时还引起了高达 8.5m 的地面沉降，大量渡槽、堤坝、桥梁和道路严重破坏。

　　产生这样的灾害，对没学过土力学的人而言，可能会比较费解：土体中的水抽走了，但是骨架还在，地表也不会下沉。但是，依据本记的知识，我们可以知晓这种理解是错误的，地面下沉的一个本质原因就是地下水下降导致土中有效应力增加，从而引发土体骨架变形。

　　如图 2-8 所示有一口水位到达地表的水井，我们取折线界面上的土体来分析地下水下降引起的沉降问题。

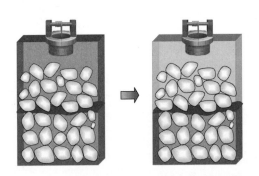

图 2-8　地下水位改变引起地表沉降的机理分析示意图

　　根据有效应力原理，该界面上的法向应力由有效应力和孔隙水压力共同承担，原来的有效重量应是折线界面上所有土体的浮重量，而当抽水过度，地下水降到折线界面以下时，折线界面上覆的有效重量，就由浮重量变成了天然重量，进而引起了界面上有效应力的增加，导致界面以下土体骨架产生压缩变形。而且由于地下水位的下降是大面积的，这种有效应力的增加沿着深度难以衰减，从而能够影响到很深的土层厚度，加之灌溉地区土体的压缩模量又较小，于是触目惊心、但又情理之中的巨大沉降，就此产生了。

过度开采地下水使得圣华金河谷的地面沉降问题成为"久病之症"，尽管美国政府从20世纪上半叶已经意识到地面沉降的危害，并相继采取了"北水南调"、水库排水等措施补充地下水，使部分地下水蓄水层得以恢复，地面沉降得以缓和。但仅20世纪60年代以来，与塌陷有关的维修就使美国国家水务项目和中央谷地项目损失了近1亿美元。此外，根据美国国家航空航天局和美国地质调查局的调查，直至2015年，圣华金河谷的部分地区仍在以每年高达0.6m的惊人速度下沉（图2-9）。一朝无节制的抽水，导致上百年的沉降"沉疴"，实在是代价巨大啊！

(a) Oroville大坝溢洪道塌陷　　　　(b) 美国地质调查局
　　　　　　　　　　　　　　　　监测历年地面沉降位置

图2-9　美国圣华金河谷区域沉降景象

无论是由于抽水导致地面沉降，还是通过补充地下水减缓地面沉降，我们都能从中悟出一个道理——土的性质不仅与土骨架有关，与孔隙流体（液态或气态）也息息相关，而这其中的奥妙很多源于有效应力原理。在这里，仅是列举了用有效应力原理分析地表沉降这一简单例子，实际上，有效应力原理作为土力学的基础，几乎所有的岩土工程问题都会用到它。所以，我们必须深入理解它的本质，牢牢掌握这一工具，方能解决更为深邃复杂的岩土难题。

本记主要参考文献

[1]　Reint de Boer. The Engineer and the Scandal [M]. Berlin: Springer-Verlag，2005.

[2]　United States Geological Survey. Land Subsidence in California [Z/OL]. [2017-3-16]. https://www.usgs.gov/centers/ca-water-ls.

［3］ Tony. NASA Data Show California's San Joaquin Valley Still Sinking [Z/OL].[2017-2-28]. https://www.nasa.gov/feature/jpl/nasa-data-show-californias-san-joaquin-valley-still-sinking.

［4］ 河海大学土力学教材编写组 . 土力学（第三版）[M]. 北京：高等教育出版社，2019.

［5］ 李广信 . 论土骨架与渗透力 [J]. 岩土工程学报，2016，38（8）：1522-1528.

第三记 渗流记——神龙见首不见尾

3.1 精悍概念不简单：渗流力的三重唯象定义

有一半以上的场景，土力学是在和水打交道，而作为土力学三大基本支柱问题之一的渗流，更是直接与水建立起了联系，凸显了土中水对实际工程影响的重要性。

如若抛开工程应用，单从机理分析渗流，其现象解释可从水力学的相关知识中找到端倪。土体中的土颗粒，发生渗流作用时（以层流为例），水流在其周围的流线如图 3-1 所示分布。根据流线可知，水流在土颗粒表面会产生沿着接触点切线方向的黏滞力，而单位土体内作用在（由土颗粒搭构而成的）土体骨架上的这些黏滞力的矢量和，从概念上说便是土力学中所描述的渗流力。

但是，由于实际土体中的颗粒大小、形态各异，颗粒间孔隙的分布、大小、形状不均，土颗粒构成的土骨架也格构不一，从渗流的机理出发理解渗流力概念或进行相关计算是比较复杂的，对于工程应用可能作用也不明显。为方便研究，并从宏观上理解渗流的影响，土力学中采用一种假想

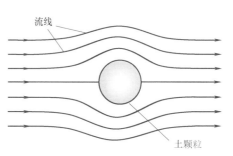

图 3-1 土体中土颗粒周围的渗流流谱示意

的"渗流模型"替代表示渗流发生时土体中土骨架的实际受力情况。而有些初学者会觉得涉及渗流的计算相当繁琐，一个重要原因是对"渗流模型"的源头概念

并非很清晰，因懵而怕，怕而生烦。因此我们有责任在土力学范畴中理清渗流定义的内涵，这包括了渗流力定义所蕴含的唯象成分，以及平时鲜有表述的一些前提约束。

哲学中常提到唯物论与唯心论两种世界观，从认识论角度就事物的现象而言我们会提到唯象论。唯象论常在物理研究中用到，用来解释物理实验过程中的一些现象，而这些解释并不能形成严谨的物理定义，仅是归纳出一些规律。

本节就先来说说渗流力概念中的唯象成分，它源自三个层面：

第一层唯象，源自受力对象和计算范围的不统一。传统定义中渗流力是指**"土中水发生渗流时，水对单位体积土块中土颗粒所施加的拖拽力"**。也就是说，作用在土颗粒身上的渗流力虽是一个体积力，但计算时并不是将力除以真正受力的土颗粒体积，而是以相对应的整个土块体积作为分母。这样的定义似乎很奇怪，但当我们联想到，有效应力、渗流速度这些概念也有类似的共通性时便可明白，以土块体积作为计算基数都是为了使工程问题的处理更加便利。因为当人们以宏观视角看问题时，受力对象都是笼统的土（块），而非土颗粒，对于一个本身就很小的单元体而言，这种采用唯象应力或体积力来解决工程问题的手段不会对实际结果造成很大影响。

第二层唯象，源自固、液同相接触的强制设定。从客观物理事实上说，土颗粒除了与相邻土颗粒极小的接触面以外，其他面上都是由水和其接触并发生作用的，从这个视角入手能更好地理解土颗粒所受到的渗流力的根源。然而实际渗流力计算建模时，如图3-2所示，人为设定了一种内外分界面的划分标准，即当以单元土块为建模对象时，土块与外界土块间的接触，只有内部土颗粒与外部土颗粒的接触，或内部水与外部水的接触，**而没有土颗粒与水的固、液异相接触。**

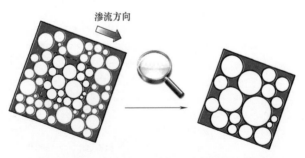

图 3-2 单元土块中的固、液相"单相接触"示意图

这种孤立的"单相接触"假定使得建模中"外部的孔压只作用在土中水的

身上"得以实现。尽管这只是人为规定，但在一个建模体系中是可以成立的。也正是有了这样单相接触的规定，我们才能以土中水为研究对象，通过解得水流动时所受土骨架对其的阻力，进而求得该阻力的反作用力——渗流力。

这种单相接触的处理方式，为土力学研究提供了计算和理解上的极大便利，先前在第二记关于有效应力的建模中（图 2-3），也得到过相似应用，当时采用此法，使得总应力等于有效应力与孔隙水压力叠加的基本解题原则得以成立。

第三层唯象，源自"拖拽力"这个人造的名词。**当以土块中土颗粒等固体物质的集合，即土骨架为研究对象时，受到水对其的作用力，从物理上说，应是水压对土骨架的压应力和水流动时土骨架对水施加黏滞阻力的反力（切向力）。但在建模计算中，实际是用土骨架所受的浮力和渗流力两部分来概括水流作用力的。也就是说，所谓的拖拽力应是动水条件（或者说渗流条件）比之静水条件，土骨架多受到的水流对其的作用力。**这层唯象在教科书中鲜有提及，但实际中是作为默认规则在使用的。

这种描述并未在物理上界定出渗流力中土骨架所受正压力或者切向黏滞力的不同权重（这对于土力学而言，是可以不予考虑与关注的，我们所要的就是一个综合效果），但使得我们在数学建模上可以清晰独立地使用浮力的概念，而且由此可知，渗流力并非一个完全客观存在的力，而是水对土骨架作用扣除了静水压力以后的综合效果。

最后，我们用渗流力的计算公式作为 3.1 节的收尾：

$$j=i\gamma_w \tag{3-1}$$

式中：j——渗流力，是一种体积力（kN/m^3）；

γ_w——水的重度；

i——单位体积土块中土骨架的水力坡降，是渗流方向单位距离水头损失，即：

$$i=dh/dL \tag{3-2}$$

式中：dL——渗流路径长度；

dh——dL 渗流路径长度上的渗流水头损失。

式（3-1）提示我们，如以土骨架作为研究对象，采用浮力和渗流力的表达方式来共同反映水流对土的作用，在形式上是非常简洁和清晰的，但由于在二维乃至三维渗流问题中，土中各点的水力坡降不同，给实际计算带来了困难。所以，工程中采用以土块（即土骨架和土中水的总体）作为研究对象，用孔压来反映水流综合影响的情况较多（具体可见第十记边坡记）。另外，在工程计算中，笔者建议将渗流（体积）力 j 和总渗流力 J（$=jV$）予以明确的名词区分，以避免这两个概念在应用时混淆。

3.2 动如参商不可见：孔压与渗流力的使用

1. 楔子

3.1 节的表述，明晰了渗流问题的受力框架，即当以土块为研究对象时，水压力并不作用在土块中的土骨架上，而仅作用于土块中的水上；当以土骨架为研究对象时，水可以作用在土骨架身上，但此时并不以水压力和黏滞力表示，而是以浮力和渗流力的形式出现。

然而笔者在教学过程中，虽然已对学生强调了渗流概念的特殊性，但发现还是有不少同学无法一下子消化相关内容。有时，部分同学为了计算流土的问题，把渗流力、孔压一股脑儿搬上建模的台面，好像在说"你要 5 个方程，我给你 6 个方程，随便挑吧"。这真是一个大错误。因此在 3.2 节中，笔者将对渗流计算时数学建模的规范性做进一步阐述。

阐述前，笔者需要再次强调，基于 3.1 节所提有关土体受力分析时固、液必须同相接触的强制设定，孔隙水压力（简称孔压）指的是研究土体与相邻土体接触面上水水作用的水压力，而不是土颗粒所受到的法向水压力。

接下来，我们对渗流计算数学建模的规范性进行说明。

由建模约定可知，**外部水与作为研究对象的土块中的水接触，因此从土块视角分析时，存在孔压；而从土骨架视角而言，土骨架仅与外部的土骨架接触，并受到土块中内部的水对其的作用力，只可能表现出有效应力、浮力以及渗流力这样的受力体系。换而言之在以土块或土骨架为分析对象时，是不能同时出现渗流力和孔压的**。这也就是前一记，有土体和土骨架受力两类公式的由来（式（2-7）和式（2-8））。

不过初学者可能还会产生以下两个新疑问：

（1）以土块作为分析对象的时候，不出现渗流力，那么渗流的作用，或者说渗流力的大小究竟是通过什么来体现的呢？亦或说渗流是怎么影响土中孔压或有效应力的变化呢？

（2）实际工程中，究竟是以土骨架还是以土块为研究对象为好呢？

我们先来解释第一个疑问。

2. 孔压渗流，土中不见

笔者借用图 3-3 所示的矢量图和几个最简单的一维渗流情况，来说明一下渗流力的幕后作用。

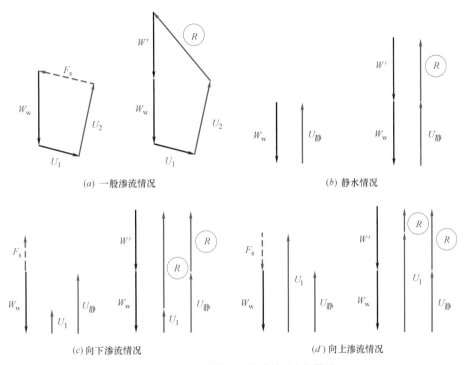

(a) 一般渗流情况   (b) 静水情况

(c) 向下渗流情况   (d) 向上渗流情况

图 3-3　几种渗流情况下土块的受力矢量图

图 3-3（a）的左、右两图分别是一般渗流条件时，单元土块中的水和土块所受力的矢量图。U_1 是渗流方向土块两侧的孔隙水压力（下称孔压）合力；U_2 是与渗流方向正交的方向土块两侧的孔压合力；F_s 是土块中的土骨架对土块中水流动时的总阻力，大小与渗流力 J 相等（方向相反）；W_w 代表土块中水在静水条件下所受的力，即土块中水所受到的重力与其对土骨架所施加浮力的反作用力（因为土块中土骨架所受到的浮力正是土中水对其施加的）之和；W' 是土块中的土骨架在静水条件下所受的力，即土块的有效重量。而此时在土块受力矢量图中的 R，应是土块外的土骨架对土块中的土骨架的作用力，为了给其一个名称，我们不妨称其为**有效力**，显然 R 并非理论分析中 U_1、U_2、F_s、W_w 等诸多力合成而来的"合力"概念，而是客观上实际存在的力。

当我们以静水条件为基准，即如图 3-3（b）进行分析时，此时没有渗流，F_s 和 U_1 均为 0。土块中的水仅受到竖直方向上的水压差 $U_静$（**可以理解为是土块受**

到的孔压），依据图 3-3（b）左图，其值应与 W_w 相等，即等于整个饱和土块所受到的浮力；进而由图 3-3（b）右图可见，在以土块为研究对象时，外界土骨架对土块的作用力 R 就等于土块的有效重量 W'（饱和重量与浮力之差）。

如果形势改变，发生竖直向下的一维渗流，如图 3-3（c）所示，则此时渗流力的反力 F_s 应向上，为了与 F_s 和 W_w 平衡，所需要的向上水压差 U_1 较之静水下的 $U_静$ 变小了，显然这就是渗流力所引起孔压变化，而在土整体的受力分析图中，由于孔压差 U_1 的减小，用以平衡饱和土块重量的粒间有效力 R 却增加了。

以此类推，读者完全可以自行分析出图 3-3（d）所示向上渗流时，由于渗流力的增加，引起了孔压差 U_1 较之静水下的增加，进而导致有效力 R 的减小。而流土破坏也就是 R 减小到 0 时的一种特殊情况。

通过上述几个简单的一维渗流情况，我们便可清楚看到，**渗流力作为一个"垂帘听政"的幕后角色，通过孔压的变化而导致了有效应力的改变**。我们再重申一下，尽管物理上，土骨架周围是有水压的，但是在实际计算建模中，孔压只在土块整体受力和土块中水受力的时候可以出现，渗流力只在土骨架受力和土块中水受力的分析中可以出现，而有效应力则可以在土骨架受力和土整体受力分析中出现。换而言之，如以固体为对象直接建立两两参数间的数量联系，渗流力和孔压是不可能同时出现的。杜甫有一句诗叫"人生不相见，动如参与商"，说的是友人亲朋因为客观条件永不相见，魂驰梦想，读来不觉一阵哀怨忧伤。但在力学建模中，有些参量在一个方程中确实不能同时出现，如果强行拉郎配，那也将成为悲剧。因此，就渗流力与孔压而言，还是让他们成为图 3-4 中的牛郎织女，永远分离在天河的两边吧。

图 3-4 牛郎织女一样的孔压与渗流力

3. 孔压渗流，各行其道

接下来，我们要解决楔子中提出的第二个问题，即在实际工程中，是以土骨架还是以土块为研究对象呢？

以土骨架为研究对象，当采用有效应力和渗流力，而以土块为对象时，应采用有效应力和孔压。谁的适用性更强一些呢？也许说万能的有效应力有点夸张，但总体来看这个唯象化了的人工概念，普适性可能更强。就本记所涉及的渗流问题而言，只要渗流力能够解决的，有效应力也可以解决。

我们来看以下一个例子。很多书中会提到如式（3-3）表述的临界水力坡降公式：

$$i_{cr}=（G_s-1）（1-n）\tag{3-3}$$

式中：i_{cr}——无黏性土体发生流土的临界水力坡降；

　　　G_s——土颗粒比重；

　　　n——土的孔隙率。

这是表层（或者是上覆无有效压重时）无黏性土发生流土时的临界水力坡降计算公式。该式基于土骨架分析，利用渗流力与土骨架的有效重量平衡得到。在满足表层（或者是上覆无有效压重时）的情况下，该式可谓建模直观、计算简便，但其实际应用的能力却十分有限。因为该式以土骨架为对象进行分析，而其所受的接触力，仅仅是土骨架自身的一个重力，如果被研究的土骨架上覆还有土，亦即该研究点不在土块的表面位置，或者上部还有其他有效压力的时候，其临界水力坡降要比上述简化公式求得的解大得多，而且没有定型的公式可套用。而当我们以土块为对象进行分析时，只要将土块上部的有效压重计入总应力，以分析面上有效应力是否为零来判别流土发生与否即可。

反过来说，即使是鉴别表面土体是否发生流土的问题，也可以采用有效应力来判别。可能有读者会觉得奇怪，表面土的有效应力始终是零，怎么能用有效应力来分析是否发生流土呢？出现这样的误解，在于对这个"表面"概念理解的还不透彻。

如果"表面"真是指光秃秃的土块顶部，当然没有水力坡降的分析意义，这里的"表面"是指土块中有深度趋近于无穷小的地方。

具体分析过程如下，取土体中深度趋近于零的位置一个微元土体作为分析对象（图3-5），这个微元土体底部所受的竖向总应力为：

$$\sigma=dW/A=\gamma_{sat}\Delta h\tag{3-4}$$

设该土块底部所受孔压为 u，则根据有效应力原理，发生流土的条件是竖向有效应力 $\sigma'=0$，即此时：

$$u=\sigma-\sigma'=\gamma_{sat}\Delta h\tag{3-5}$$

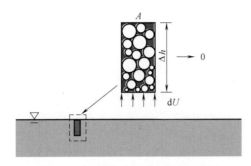

图 3-5 对于微小土块的有效应力分析

若发生的是自下而上的一维渗流，则 u 可具化为：

$$u=\gamma_{\mathrm{w}}\Delta h+i\gamma_{\mathrm{w}}\Delta h \qquad (3-6)$$

连列式（3-5）和式（3-6）可知，使得土块发生流土的最小水力坡降为：

$$i=\gamma'/\gamma_{\mathrm{w}} \qquad (3-7)$$

式（3-4）～式（3-7）的各式中：

  $\mathrm{d}W$ ——所取微元体土块所受重力；

  γ_{sat} ——所取微元体土块的饱和重度；

  A ——微元体底面积；

  Δh ——微元体高度；

  u ——孔隙水压力；

  i ——因渗流引起的水力坡降；

  γ' ——所取土块的浮重度。

显然式（3-7）与式（3-3）等价。由此可见，从有效应力的角度，同样能够求解得到临界水力坡降，只是从物理意义上说，式（3-6）中的 $i\gamma_{\mathrm{w}}$ 此时并不表示渗流力，而是代表渗流导致的单位渗流路径上的孔压损失。

3.3 结论结语

本记主要解析了渗流力建模中的唯象成分，以及孔隙水压力和渗流力的联系与区别。只有明晰渗流问题内在物理含义，才能比较顺利地解决相关工程问题。

阿联酋王国的海滨城市迪拜，是闻名世界的旅游胜地，特别是其七星级的帆船酒店吸引着世界各地的旅游爱好者。但在 20 世纪末，建造这座 56 层（高达 321m）、可与埃菲尔铁塔比肩的地标性建筑却没有想象中那么容易。为彰显阿联酋旅游文化，迪拜的穆罕默德酋长选中了以帆船为外形的酒店设计理念，并要求把这艘"帆"建在海上。最终酒店选择建造在离海岸线 270m 远的人工小岛上，为此建造团队首先填埋出一座人工小岛（图 3-6）。同时，为了显示出"帆"是"漂"在海上的意境，还要在小岛中央再挖出一个基坑，使得建筑物的底部看上去与海平面齐平。但这样就可能会出现海水回向人工岛中央渗流的问题，如果解决不当，人工岛周围的海水将从基坑底部渗入，海水所具有的巨大压力将使基坑底部产生剧烈的管涌和流土现象，进而导致毁灭性的工程灾难。

(a) 人工岛地基吹填   (b) 人工岛地基加固

图 3-6 阿联酋帆船酒店地基施工实景

为解决这个难题，设计师可谓绞尽脑汁。首先，他指挥建筑工人把一段段巨大的钢桩打入海底以构成一座支护钢墙；其次置换钢墙里的部分砂与海水，并在填充层中打入 250 根直径 1.5m、深 45m 的钢筋混凝土基础桩，这样内部便形成帆船酒店的基坑；最后，设计师要求工人向坑底注入水泥，用以防止在开挖基坑时，人工岛周围的海水渗透涌入（图 3-7）。在整个工程设计、施工过程中，钢材用量、水泥注入量以及各种材料的选择都是设计师精确计算以后方敢实施。

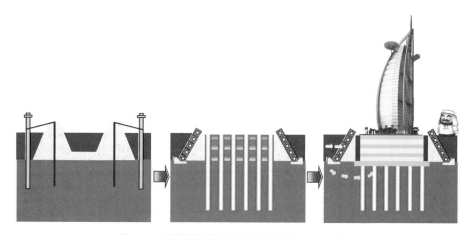

图 3-7 阿联酋迪拜帆船酒店地基防渗施工示意图

我们可从式（3-2）和式（3-3）中找到以上设计施工的原理思路：一方面，基坑周围打入钢墙、在基坑底部注入水泥，即在效果上等同于增大土骨架比重 G_s、减小土的孔隙率 n，以及提升有效压重，由此增大了渗流的临界水力梯度；另一方面，基坑周围打入的钢墙增加了渗流路径，也减小了实际的水力坡降 i。一涨一消，实现了有效防止海水渗透破坏的目的。当然，我们在此仅是根据渗流基本原理进行分析，在真正设计时还需要考虑施工地质、海水侵蚀度、基础类型等多种复杂因素的影响，实施起来比设计过程更具有挑战。

再复杂的岩土工程问题，都有一个万变不离其宗的土力学原理在其中作为龙骨支撑。通过本记的阅读，希望能帮助读者揭开渗流问题的层层"面纱"，摸清相关概念的"龙骨"所在，以免大家徜徉在土力学的世界里时，因为遇"水"而停滞不前甚至迷失了基本航向。

本记主要参考文献

[1] 钱家欢. 土力学（第二版）[M]. 南京：河海大学出版社，1995.

[2] Shen Yang，Du Wenhan. Explanation of Phenomenological Characteristics in Seepage Force Concept System[J]. Applied Mechanics and Material，2014，580-583：614-618.

[3] 河海大学土力学教材编写组. 土力学（第三版）[M]. 北京：高等教育出版社，2019.

第四记 附加应力记——土力学计算的序曲

4.1 附加应力的关注缘起

如何算附加应力，可能是读者开始接触土力学理论后碰到的第一个有一定计算量的问题。就力学的一般范畴而言，研究对象的受力（或应力）分布规律是计算变形以及开展强度、稳定判别的依据。地球中的土体，在没有人类活动以前已经具有了初始的应力场，我们一般称其为自重应力场，其对土体变形等性状的影响多数情况下已趋于稳定。对一个已经稳定的应力场（或者叫前提应力场），人们更多关注的是地基中土体新增或减少的应力变量对建（构）筑物及其下部基础与地基的影响，这个应力变量从概念上理解就是附加应力，其推演分析可以看成是土力学应用的序曲，拉开了土体强度和变形计算的大幕。

本记只突出应力问题本身，既不涉及水，也不将其与变形挂钩，对于比较复杂的附加应力计算理论，也更多是从概念上对其来龙去脉做一个主线型的解释，为的是使读者能较为全局地看待附加应力，知道在工程中该把这枚棋子放在哪里，以及如何正确运用。

因此本记将重点讲述两个问题：

（1）土中自重应力和附加应力的产生及相关计算过程；

（2）工程界通行的地基附加应力计算方法中存在的问题，有哪些特殊的情况需要特别关注。

读者应能记起，在中学里大家以弹簧为例，学习过弹性体的变形计算。弹簧的变形与其受到的外力成正比，如果弹簧在 F_1 荷载下已产生变形，则对应于另一个 F_2 荷载，只要用荷载增量 $\Delta F = F_2 - F_1$ 除以弹簧的模量 K，就可以得到弹簧在新荷载下的增加变形。而这个增加变形对应的荷载便可视为附加荷载（转化到应力层面便是附加应力）。

上述问题具化到实际工程中，在建造建筑物前，地基中土的自重应力早已存在，一般的天然地基在自重应力作用下已完成地基变形，只有建筑物荷载引起的附加应力才能导致地基发生新的变形。地基中应力改变的这一过程，可用图 4-1 所示的一组故事来演示。

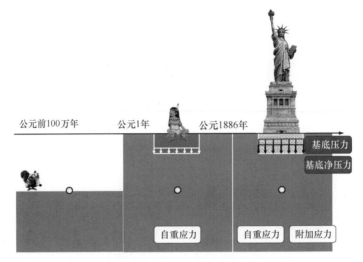

图 4-1 土体中自重应力与附加应力的产生过程

公元前 100 万年的冰河世纪，小松鼠斯克莱特在拾捡掉落在地上的坚果，因为其没有上覆荷载，此时坚果所在空心点处的地基土的自重应力为 0。公元 1 年，当印第安女孩茜拉出现在这片土地上时，由于经历了数十万年的地质沉积作用，地基填土早已覆盖到了图示的高度，此时空心点处的自重应力应该是上覆土体的重度与覆盖层厚度的乘积。而时光进一步推进到公元 1886 年，美利坚合众国为了纪念百年的建国历史，在这片土地上安放了由法兰西共和国赠送的自由女神像。此时，自由女神像及其基础将荷载传于地基，具化看，就是在基础底面处施加于地基一个基底压力。这个基底压力会对空心点产生新的应力，导致地基产生新的变形。不过严格地说，在附加应力计算过程中，由于原来基础部分有填土，填土作用已然包括在自重应力中，所以要把基底压力扣除填土自重，得到基底净压力（也称之为基底附加应力），只有基底净压力在圆点处产生的应力才是对该点真正的附加应力。其是地基变形计算和稳定性分析中的重要计算依据。

作为从事了多年设计的工程师，自然可以清楚地知道地基中应力计算的逻辑顺序，但对初学者而言，还是有必要充分领悟附加应力这个概念，才能感知到它对地基沉降计算与稳定分析所带来的重要影响。例如第五记中利用 e-p 与 e-lg$p$ 曲线进行地基沉降的计算，首先就是要明晰计算的应力起点与终点。地基上原本没有建筑物，那么地基中的自重应力就是应力计算起点，对应一个初始孔隙比，而自重应力与建、构筑物引起的附加应力总和则是应力计算的终点，对应了压缩后的孔隙比。

土体中附加应力的关注缘起大体就是集成这样的思想，只是在地基当中，土体并不是弹性体，而一般被看成是弹塑性体，其压缩特性随着土体埋深与土质不同会有变化，应用的范围也会更加广泛和复杂。

4.2 附加应力计算中的怪点

随着计算机的推广应用，传统角点查表法在附加应力求解上的技巧光环已经渐渐褪色，但它在基本概念层面对于应用者的启发以及参数设置与选取上的重要意义仍然弥足珍贵。对于一般工程问题，地基表面外力在地基内部所产生的附加应力的计算，通常首先借助弹性力学的布辛涅斯克法来求解竖向集中力作用下弹性半无限空间中应力的理论解答，然后基于等代荷载法的基本原理，进一步求得基底角点下某深度处引起的附加应力。对于在实际基底面积范围内或外任意点下的竖向附加应力，则可利用上述解析解逐个计算每个矩形角点下某深度的附加应力 σ_z，再按叠加原理求得该计算点附加应力 σ_z 的最后结果。该种方法，一般称为"角点法"。

在实际计算中，若假设基底各点压力呈线性分布，有关附加应力计算的问题似乎变得没有难度了。然而按照布辛涅斯克法求解，由于其数学解和实际物理材料特性间存在矛盾，而使得角点法计算出的附加应力中出现了一些奇异怪点，即所谓"数学上可以有，物理上真没有"的情况。例如根据基底附加应力查表计算结果发现，基底处基底内点与边点会出现应力突变，全然不符合刚性基础基底压力连续线性分布的设定。为了理清附加应力计算理论中存在"异状"的根源，笔者将从布辛涅斯克解的假设原理、角点法的具体应用以及基底附加应力的真实情况三个方面展开分析。

1. 布辛涅斯克解中的假设前提——圣维南原理

目前大多数土力学教科书中关于集中荷载下土中应力的布辛涅斯克解，往往直接给出各应力分量的表达式，忽略了介绍导致后面出现一系列怪异现象的前提假设——圣维南原理。这个由布辛涅斯克（图4-2（a））的恩师，法国科学家圣维南（图4-2（b））于1855年提出的弹性力学基础性原理，主要思想为：分布于弹性体上的小块面积（或体积）内的荷载所引起的物体内的应力，在离荷载作用区稍远的地方，基本上只同荷载的合力与合力矩有关，荷载的具体分布只影响荷载作用区附近的应力分布。人们在数学上给出完全满足边界条件的解答异常困难或是对物体表面某一部分区域面力分布不清时，往往需要引入圣维南原理。

(a) 布辛涅斯克　　　　　　　　　(b) 圣维南

图 4-2　利用师徒理论共解一问题

在弹性力学求解过程中，应力边界条件为：

$$\left(\sigma_z\right)_{z=0,r\neq0} = 0 \tag{4-1}$$

$$\left(\tau_{zr}\right)_{z=0,r\neq0} = 0 \tag{4-2}$$

式中：z ——计算点距地面深度；

r ——计算点距集中力的水平距离。

此外，还有这样的应力边界条件：在集中力附近的一小部分边界上，有一组面力作用，它的分布不明确，但已知它等效于集中力 P，于是得到等效的边界条件转换而来的平衡条件：

$$\int_0^\infty \left(2\pi r \mathrm{d}r\right)\sigma_z + P = 0 \tag{4-3}$$

2. 角点法的应用问题

基底压力分布形式十分复杂，但由于基底压力都是作用于地表面附近，根据弹性理论中的圣维南原理可知，其具体分布形式对地基中应力计算的影响随着深度的增加而减少，达到一定深度后，地基总应力分布几乎与基底压力分布形式无关，而只决定于荷载合力的大小与位置。因此，在目前的地基计算中，允许假定基底压力按线性分布的材料力学方法。

而对于矩形基础下的附加应力分布，最大的怪点恐怕是出现在基础底部，也就是基底以下竖向坐标 $z=0$ 的地方。举例说，在一个均布荷载 p 的作用下，根据布辛涅斯克解，基底处的附加应力应该都是 p，唯独边上非角点是 $0.5p$，而角点上只有 $0.25p$，这种突变显然是不合理的。究其原因，在于角点法是基于矩形均布荷载引起的土中附加应力的公式而提出的，而该公式则是对集中荷载下土体应力的布辛涅斯克解的积分。由前面的分析，我们知道，布辛涅斯克解中引用了圣维南原理，其应力边界仅积分满足，而不能精确满足，故其得到的基础边缘附加应力解答与求解前的线性假定并不吻合，更与实际基础边缘应力情况不同，这一切也就在情理之中了。

所以在工程实际应用中，基底面 $z=0$ 处的附加应力须直接应用基底净压力，而不能查表计算。另外，对条形基础而言，就是直接套用公式也无法计算 $z=0$ 处的附加应力，因为此时采用布辛涅斯克解会产生奇异无解点，所以在条形基础的应力查表中没有深度为 0 的点，而是以很小的深度（例如 0.05 倍的基础宽度）作为应力计算的起点。

3. 基底应力的真实情况

在角点法计算土体应力问题中，通常假定基底压力呈线性分布，然而基础下的真实应力分布究竟是怎样的呢，本节来做进一步的了解。

多数土力学教科书往往直接给出刚性基础下的接触面压力分布形式，部分教材会进一步就砂土与黏性土的基础边缘应力的差异问题给出简单解释，例如由于砂性土没有黏聚力，表面土体不能承受压力，故基础底部边缘压力为零，而对于黏性土而言，由于黏聚力的存在，其表面土体仍能够承受一定程度的荷载，故其基础底部边缘压力不为零。但很多初学者还是会对"刚性基础下黏性土地基的基底压力分布形式在上部荷载较小时为马鞍形，而随着荷载的增大，又变为抛物线形"感到困惑。那我们就从理论上给出这一现象的力学解释。

在求解基底应力之前，如图 4-3 所示，我们需要依据布辛涅斯克位移解，得到集中荷载 P 下，离作用点水平距离为 r 处的地面沉降 s_r 的表达式：

$$s_r = \frac{P}{\pi r}\frac{1-\mu^2}{E} \tag{4-4}$$

式中：μ ——土的泊松比；

E ——地基土的弹性模量（或者说地基土的变形模量）；

r ——地基表面任意点到集中力作用点的距离，$r = \sqrt{x^2 + y^2}$。

对于局部荷载作用下地基表面的沉降，则可利用式（4-4），由叠加原理积分求得（图4-4）。

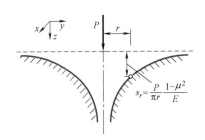

图4-3　集中荷载作用下地面沉降

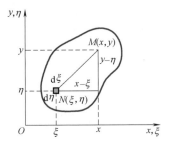

图4-4　任意分布的局部荷载

设荷载面积为 A，在面积范围内 $N(\xi, \eta)$ 点处微面积（$\mathrm{d}\xi$，$\mathrm{d}\eta$）上的分布荷载为 $P_0(\xi, \eta)$，该微面积上的分布荷载改由集中荷载 $P = P_0(\xi, \eta)\mathrm{d}\xi\mathrm{d}\eta$ 代替。于是地基表面上与 N 点距离为 $r = \sqrt{(x-\xi)^2 + (y-\eta)^2}$ 的 M 点的沉降 $s(x, y, O)$，可由位移公式积分得：

$$s(x,\ y,\ O) = \frac{1-\mu^2}{\pi E}\iint_F \frac{P_0(\xi,\eta)\mathrm{d}\xi\mathrm{d}\eta}{\sqrt{(x-\xi)^2 + (y-\eta)^2}} \qquad (4\text{-}5)$$

由公式（4-5）可知，若应力分布已知，就可以求得地基的沉降；反过来，若沉降已知又可以求出应力分布，因此，按弹性理论公式计算地基沉降与基底的接触应力分布有关。例如，对刚性基础，因为基础刚度大，基础本身不变形，在中心荷载作用下迫使基础平面下各点的沉降相等，据此可以反算出反作用与基础底面的压力分布形式。现以圆形基础为例进一步说明这一问题。

图4-5（a）表示一圆形刚性基础，直径为 $2a$，中心荷载为 P。

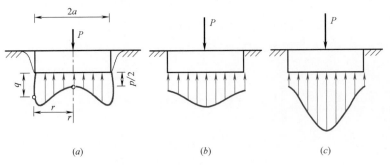

（a）　　　　　　　　（b）　　　　　　　　（c）

图4-5　圆形刚性基础的反力与沉降

边界条件为：基础底面范围内的沉降是一个常量，基础底面平均压力 $p = \dfrac{P}{\pi a^2}$，代入公式（4-5）积分得沉降为：

$$s_{r \leq a} = \frac{\pi}{2} pa \frac{1 - \mu^2}{E} \tag{4-6}$$

基底反力分布公式为：

$$q = \frac{p}{2} \frac{1}{\sqrt{1 - \left(\dfrac{r}{a}\right)^2}} \tag{4-7}$$

从公式（4-7）可见，基底反力与坐标 r 的位置有关：对 $r=0$，即圆形刚性基础中心处的基底反力有：

$$q_{r=0} = \frac{p}{2} = \frac{P}{2\pi a^2} \tag{4-8}$$

对 $r=a$，即刚性基础边缘处基底反力有：

$$q_{r=a} = \infty \tag{4-9}$$

由于土体强度有限，土中应力并不会无限增大，当应力增大到土体发生屈服破坏后，应力重新分布并转移至能够承受更大荷载的内部区域，故内部应力会比理论值大一些，使得基底压力分布趋近于图 4-5（a）中虚线所示的马鞍形（中央小而边缘大）。当作用荷载继续增大时，边缘土体的屈服破坏导致其内力不会继续增加，但中部应力会继续增大（在本记 4.4 节中指出基础中部土体的应力水平比边缘大，能够承受更大的剪应力），基底压力重新分布而呈抛物线分布，如图 4-5（b）所示。若作用荷载继续增大，则基底压力分布会继续发展成钟形，如图 4-5（c）所示。

4.3 应力泡的魔术

常言道"管中窥豹，可见一斑"。就附加应力而言，其在地基中分布影响的范围是非常广泛的，如果只是以一个孤立的点来看待问题，恐怕会盲人摸象，不明真相。因此本节就转而谈谈应力分布的全局特征——应力泡的特色，来让读者对应力分布有一个更加整体的认识。

图 4-6 是条形基础下有均布荷载时的地基中附加应力等值线分布图，也就是

通常所说的应力泡。

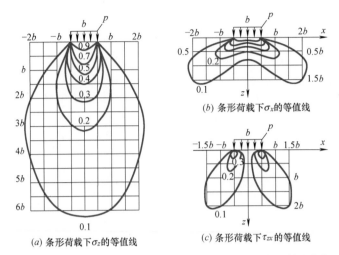

(a) 条形荷载下 σ_z 的等值线

(b) 条形荷载下 σ_x 的等值线

(c) 条形荷载下 τ_{zx} 的等值线

图 4-6 附加应力等值线（等值线的数值为附加应力与 p 的比值）

在地基沉降计算理论中的影响深度通常是以附加应力与自重应力比为 0.1 时对应深度所确定的。由图可知，竖向附加应力的影响深度大约为 $6b$（b 为条形基础宽度）；水平方向的附加应力分布在受荷表面下比较浅的 $1.5b$ 范围内，所以基础下地基的侧向变形主要发生于浅层；而剪应力在条形基础边缘下其值最大达 $0.32p$，因此基础边缘下的土更容易发生剪切滑动，而出现塑性变形区，这几种应力分量分布的情况，在研究天然地基的应力状态时应予以充分考虑。

通过不同基础形式下应力泡深度的比较，还可以探知基础形式对于附加应力的影响。当基础宽度 b 一定，长度 l 是宽度的两倍时，竖向附加应力影响深度接近 $2.36b$，而当 $l=b$ 时，竖向附加应力的影响深度只有 $1.76b$。

不过，读者切莫因此而走入一个误区，以为相同宽度的基础，其长度越长，对地基稳定越不利，产生的沉降越大，其实不然。例如当同样的荷载作用在 $2b×b$ 的基础上时，基底应力仅是 $b×b$ 基础的一半，则每一计算土层的附加应力都减半，而计算深度只增加了 0.34 倍，因此地基沉降反而较小。

从图 4-6（a）的应力泡，我们可以看到，对于竖向附加应力，是一个近似椭球形的等值线，亦即荷载中心点正下方是竖向应力影响最深之处，在此正下方，随着深度增大，竖向附加应力是逐渐减少的。但是在偏离荷载中心点处，竖向附加应力并不完全与深度呈单调递减关系，如图 4-7 所示，m 点下随深度的不断增大，呈现的就是竖向附加应力先增加后减小的情况。

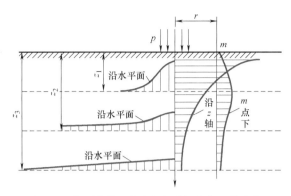

图 4-7　条形荷载下土中竖向附加应力 σ_z 的分布

4.4　最大塑性开展区深度的应力解读

按塑性开展区深度确定地基承载力的过程中（具体见第九记），多依据弹性理论求出地基任意点附加主应力，并假定静止侧压力系数 $K_0=1$，由此得到地基中任意点自重应力与附加主应力和的表达式，再应用极限平衡条件推求塑性区边界方程，从而通过限定塑性开展区的最大深度获得地基承载力公式。

而由弹性理论，在条形均布压力作用下，地基中任意点的附加大小主应力为：

$$\begin{matrix}\Delta\sigma_1\\\Delta\sigma_3\end{matrix}=\frac{p-\gamma d}{\pi}\left(2\beta\pm\sin 2\beta\right)\qquad(4\text{-}10)$$

式中：p——条形基础下基底压力；

　　　d——基础埋置深度；

　　2β——计算点与基础两侧连线的夹角，称为视角。

由于仅有视角一个变量，因此，土中凡是视角相等的点，其附加主应力也相等，这样土中主应力的等值线将是通过荷载分布宽度两个边缘点的圆弧，见图 4-8（a）。

附加大、小主应力的方向分别位于 2β 的角平分线方向和与之正交的方向，可见它们的方向是随位置而变化的，与地基自重应力主方向不一致，为此，若假定了静止侧压力系数 $K_0=1$，则地基中任意点的大小主应力为：

$$\begin{matrix}\sigma_1\\\sigma_3\end{matrix}=\frac{p-\gamma d}{\pi}\left(2\beta\pm\sin 2\beta\right)+\gamma\left(z+d\right)\qquad(4\text{-}11)$$

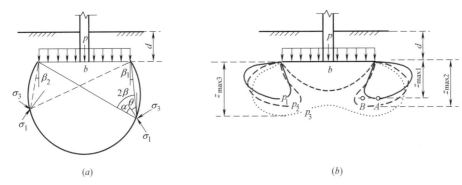

图 4-8　均布条形荷载作用下土中附加主应力及塑性区

当任意点达到极限平衡状态时，可得塑性区的边界方程为：

$$z = \frac{p - \gamma d}{\pi}\left(\frac{\sin 2\beta}{\sin \varphi} - 2\beta\right) - \frac{c}{\gamma \tan \varphi} - d \qquad (4\text{-}12)$$

式中：c，φ——基底以下土的黏聚力，内摩擦角。

该式表示在基底荷载 p 作用下，地基土的塑性区边界上任意点的坐标 z 与 β 间的关系，也称塑性界线方程。

如果 d、c、φ 已知且固定，而 p 分三种情况（$p_1 < p_2 < p_3$），则根据式（4-12）可绘出三种情况下地基中塑性区的边界线，如图 4-8（b）所示。当荷载较小时，塑性区是分布在基础边缘的两块独立区域；随着荷载的增长，塑性区逐渐向轴线靠拢，直至趋向连通。不过需要指出，塑性区能否真正连通，取决于塑性开展区深度的允许界限值，如采用我国《建筑地基基础设计规范》（GB 50007—2011）中确定地基承载力公式所借用的塑性开展区深度——四分之一基础宽度（即 $z_{\max} = b/4$）时，不论 b 如何扩大，引起 $z_{\max}$ 有多大提升，地基中的塑性区亦只会为两块独立区域，永远不会连通。

均布条形荷载作用下，土中附加主应力的应力泡特征与竖向附加应力基本一致，借助之前竖向附加应力分布特征分析，我们可以发现，在相同深度下，距离基础中线越近，其附加主应力必然是越大，然而在以上推求塑性区边界线过程中可知，最大塑性开展区深度（图 4-8（b））并不在基础中心线附近，而是在附加主应力相对较小的基础边缘部位，这又是为什么呢？

塑性开展区界定采用的是莫尔 - 库仑破坏准则，土体的破坏与否不仅与其所受最大剪应力的大小有关，还与其平均主应力状态有关。我们选取图 4-8（b）中 A、B 两点应力状态来加以说明。从图 4-9 可见，A 点应力莫尔圆正好与强度

包线相切，处于临界破坏状态。其右
侧的 B 点承受着更大的主应力，但因
其应力莫尔圆向右推移，导致产生破
坏的剪应力水平相应提高，而此时 B
点实际承受的最大剪应力达不到极限
应力状态下的剪应力水平，即其莫尔
圆并未与强度包线相切，也就不会破
坏。由此可见，主应力状态的大小并
不与实现塑性开展区的极限状态有必然联系。

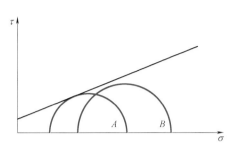

图4-9　莫尔 - 库仑破坏准则下土体
应力状态分析

可能有读者还存在另一个角度的误解，对边界方程求 z 对 β 的导数，并令
其等于零，可得塑性开展区最大深度处的视角与内摩擦角关系为：

$$2\beta=\frac{\pi}{2}-\varphi \tag{4-13}$$

那么在基础中心以下某个深度处必然也存在满足该条件的点，因此该深度
亦应代表最大塑性开展区深度，但这么想岂不是与前面最大塑性开展区不在基础
中心点下的现实矛盾了么？

其实这种误解源于对相关概念的断章取义，只看到了 β 的大小可能满足最
大塑性开展区深度的数值要求，但忽视了最大塑性开展区深度处 β 与 z 还要满足
的莫尔 - 库仑极限平衡准则方程。换而言之，满足式（4-13）仅仅是确定为塑性
最大开展区的必要条件，绝非充分条件。

4.5　结论结语

本记中，笔者就地基附加应力计算过程中奇异怪点的数理解释、应力泡的
特征以及最大塑性开展区深度的应力解读等内容进行了介绍，以期能解答读者在
地基设计分析中的一些疑惑，帮助大家更好地利用土力学中的附加应力理论解决
工程实际问题。

闻名世界的比萨斜塔是意大利优秀的文化遗产，享有"中世纪七大建筑奇
迹之一"的美誉。隶属比萨主教堂建筑群的钟塔，始建于 1174 年，高 54.5m，
直径 16m，为 8 层圆柱形建筑，全部用大理石砌成。1360 年完工时，塔顶中心
点已经偏离垂直中心线 2.1m。虽然这座罗马式建筑在地震和战火中顽强地存活
了下来，但是，几百年来由于渣土、黏土所形成的地基的不稳定性使得比萨斜塔

塔身的倾斜不断加剧；更有好事的建筑师为了确认塔基艺术造型的风格年代而对地基进行雪上加霜的愚莽开挖，导致积年之下塔体最大倾斜时塔尖到塔基中心的水平投影距离达到 5m 之多。1990 年，因担心斜塔有坍塌危险，有关部门决定对其进行关闭维修。

为防止比萨斜塔倒塌，意大利政府成立"比萨斜塔拯救委员会"，并向全世界征集"扶正"和延缓比萨斜塔倾斜速度的办法。经过 8 年的精确设计和充分准备后，拯救委员会选择了一个从原理上说非常简单的纠偏办法，那就是从比萨斜塔的北侧地基下抽出部分渣土使斜塔的倾斜自然北移，亦被称为掏土法或地基应力转移法。其原理是通过掏出建筑物倾斜较小一侧的软弱基土，使得引发地基沉降的附加应力在局部范围内得到解除，人工实现了地基中土体附加应力的"乾坤大挪移"，使得原来空洞部分土体承担的附加应力转移到周边土体上，导致周边沉降较小侧的土层附加应力增大，进而增大了该侧的沉降量；而原沉降较大一侧的地基土则保持不受扰动，使建筑物在自重的作用下逐渐纠正到正常位置，达到纠偏和限沉的效果。

当然想法容易，做起来却要小心翼翼，如图 4-10 所示，比萨斜塔的抽土工程从 2000 年 2 月 13 日开始，工程队将 41 条抽土管深深地插入 20m 深的比萨斜塔的北侧塔基下，以每日 100kg 的抽土量进行作业；与此同时，几条钢索绕捆住斜塔的二层，向北拉住塔身，斜塔内的 120 台精密仪器从各个角度和高度严密监视斜塔的动静。

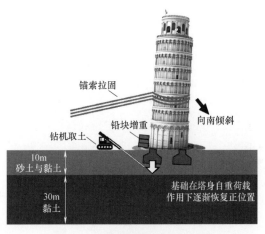

图 4-10　比萨斜塔纠偏加固示意图

2002 年，塔顶中心点偏离垂直中心线的距离比拯救前减少 43.8cm，已基本恢复到 18 世纪末的水平，足以确保它在 200 年内不会有倒塌的危险。

德国建筑大师密斯·凡德罗（M.Van der Rohe）曾说："当技术实现了它的真正使命，它就升华为了艺术。"试想如果没有将附加应力理论应用于比萨斜塔的纠偏处理，或许几十年后的人们就无缘再看到这座宏伟的艺术瑰宝。当阅读到第四记后，期待大家已能渐渐明白：土力学究竟是一门"很土"的"伪力学"，还是一个能够涅槃升华为艺术的技术学科，很大程度上取决于我们对其真谛理解程度的深浅。读者朋友们，你们说，对吗？

本记主要参考文献

[1]　钱家欢，殷宗泽.土工原理与计算（第二版）[M].北京：水利电力出版社，1995.

[2]　顾晓鲁，钱鸿缙，刘惠珊，汪时敏.地基与基础（第三版）[M].北京：中国建筑工业出版社，2003.

[3]　胡中雄.土力学与环境与工学[M].上海：同济大学出版社，1997.

[4]　徐芝纶.弹性力学（第三版）[M].北京：高等教育出版社，2002.

[5]　中华人民共和国住房和城乡建设部.建筑地基基础设计规范GB 50007—2011[S].北京：中国建筑工业出版社，2012.

[6]　刘祖德，叶勇.比萨斜塔的最新动向及纠偏方案探讨[J].土工基础，2000，14（1）：53-56.

第五记　压缩记——奇异的土体弹簧

5.1　压气还是压水：土体压缩的本质

　　土体的变形包括体积变形和形状变形两部分，其中体积变形与现实工程中沉降问题关系更为密切，具体会涉及压缩和固结两个方面。压缩研究的是土体体积变形的最终效果，固结则研究了土体体积变形过程中的"点滴故事"。我们常说，做事既要看重结果，也要看重过程，解决工程中土的沉降变形问题就很好地映射了这个人生哲理。

　　压缩的根源，主要来自土体孔隙中气的挤压或排出，以及水的排出。虽然二者都以塑性应变居多，但排气一般能很快完成（虽不能排净），排水则历时较长，因此一般性的施工碾压问题主要针对的是排出土中的气（指常规静力碾压，不包括动力强夯的排水），而需要耗时的固结问题则是以孔隙水的排出为研究对象。

　　本记将主要谈论压缩问题，有关固结，留待第六记中去讲述。而本节的重点是对土体受外荷载作用下的排气压缩问题做出解释说明。对非饱和土，在外荷载作用下，土中气体虽然排出较快，但排出量有限，其程度受外界压实能、含水率，以及颗粒组成等多种因素影响。这些影响因素中，比较容易理解的是压实功的高低与所获得土样密实程度之间的单调递增关系，而含水率在排气压实中所扮演的角色则是比较令人费解的。

　　从图 5-1 所示的黏性土击实前含水率（图中横坐标 w）与击实后干密度（图中纵坐标 ρ_{d}）的关系曲线得知，含水率对压实效果的作用是先积极后消极。当含水率较小时，黏土的干密度随含水率增加而增大，即土获得的压实程度越大；而当干密度随含水率的增加达到某一值后，含水率的增加反而使干密度减小，即土所获得的压实程度降低。

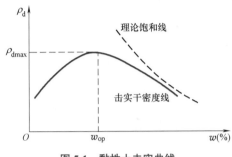

图 5-1　黏性土击实曲线

　　对于黏土的这种击（压）实特性，一般可有如下解释：对相同击（压）实功，在低含水率下，虽然理论上土颗粒间可压缩气体空间较大，但实际压缩效果却依赖于颗粒活动，当缺少水的润滑作用时，颗粒间相互作用的摩阻力大，较难错动，因此颗粒间的空气较难排出，土体密实度不高。随着含水率的增加，水对土颗粒的润滑作用渐趋明显，土颗粒间的摩阻力减少，相对滑动越来越自由，原来封闭在土颗粒间的气体较易排出，在击（压）实作用下土颗粒的定向排列越来越规则，土体密实度增高。而当含水率过高时，水的润滑作用已然发挥到了极限，即便土颗粒的相互作用变得再小，水膜的增厚导致包在其中的封闭气泡也难以排出；而且增厚了的水膜也会影响到土颗粒定向排列。在击（压）实作用下，包在水膜和土颗粒间的气泡只是短暂的体积减小而后体积又有所回弹，从而吸收了本该作用在土骨架上的能量，因此随着含水率的增加，土体密实度逐渐减小。在这个过程中，会存在某一含水率能使水膜有利一面和不利一面叠加后的正效应发挥到最大值，这个含水率就是工程上所说的最优含水率，相应所获得的干密度即为最大干密度。

　　不过上述的分析，实际上对高含水率导致击实效果较差的一个更直观原因未能够予以解释。对此，笔者结合图 5-2 所示的土体处于三种不同饱和程度下，固、液、气三相的比例关系图给出说明。从图可见，随着土体饱和度的提高，孔隙中气体所占份额即允许土体变化的余地自然减少，这无疑也会导致击实干密度的下降。从图 5-1 的击实曲线看，高含水率下击实后的干密度值都已经逼近了理论饱和线（该线实际上也可以叫作理论最大干密度曲线），能被压实的余地确实所剩无几。因此对高含水率而言，土体已接近饱和状态，孔隙含气量较少，它本身的可压缩性就比较低。由此可见，如果仅仅认为是水膜增厚对颗粒错动重组的阻隔作用而造成击（压）实干密度下降就有些片面了。

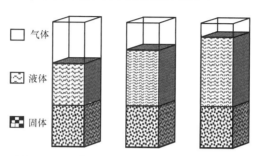

图 5-2 不同饱和程度下土中的固液气比例关系

　　对黏土而言，最大干密度大小和制样方法有关。黏土制备，有烘干、风干和湿法三种制样方法。干法制样（烘干、风干）是使黏性土失水后再补水，达到试验所需的各个含水率测点；而湿法制样是在原土样的基础上从当前含水率直接加水，不经过失水又加水的过程。有资料显示，以烘干、风干、湿法三种不同方法制备试样，对其进行击实试验时，得到的最大干密度会依次减小，最优含水率会依次增大。此现象在液限较高的黏性土中尤为明显，粉质黏土次之。

　　为什么制样方法会对黏粒含量高土的最优含水率产生显著影响呢？让我们以高液限红黏土为例作一解释，这类土体具有含水率高、孔隙比大、塑性强、压缩性低等特点，工程上常将其作为一种特殊土对待（图 5-3）。其最大干密度大小与被压土颗粒中的吸着水存在密切相关。

(a) 红黏土电镜扫描图　　　　　　　　(b) 美国德克萨斯州红黏土地貌

图 5-3 红黏土的微观结构和宏观景象

　　细看红黏土的微观结构，它是以黏土粒团作为基本颗粒单元，在其外围"包裹"着铁、硅的水合氧化物（$Fe_2O_3 \cdot nH_2O$，$SiO_2 \cdot nH_2O$ 等），粒团间通过胶结连接成整体，其矿物表面胶结物是由易生成氢键连接的一层氧或一层羟基组成。这些氢键改变正常水中电子分布，容易使水分子与同层分子或下一层分子形成附加键。通过附加键联结在胶结物表面的水分子形成一个扩散层，即为吸着水。这些胶结物中联结的吸着水会对土的液塑限、击实特性和强度等产生较大影响。但当温度达到105℃左右时，铁、硅的水合氧化物中的吸着水大量蒸发，吸着水与颗粒间的结合力与分子结构受到破坏，失水后不完全可逆，补水后水膜厚度不可完全恢复，导致吸着水层变薄。烘干补水后其土颗粒粒团变小，结构更紧密，因此使用烘干法制备黏性土试样得到的最大干密度最大，最优含水率最小。而对于风干法制备的黏性土样，其风干过程往往在常温下进行。在风干作用下，尽管其胶凝团不断失水缩小，扩散层变薄，但是分子结构受到的影响较少，一旦吸水膨胀仍有胶凝特性，具有一定的可逆性。因此风干法得到的试样最大干密度和最优含水率在这三种制样方法中均处于居中的位置。

在解释了含水率高低对黏土密实程度的影响后，我们再来看另一个问题。由图5-1可知，击实曲线与理论饱和线间没有重叠，换言之，单靠击实永远无法实现土体饱和。这会带来什么实际问题呢？

以饱和扰动黏土试样制备为例，一般而言，这类试样的制备法通常包括击样法、击实法和压样法。如果试验者根据土体理论饱和含水率来配备干土和水，会发现击实后实际得到的试样密实度要比期望值低，且土样并不饱和（如图5-4所示，期望实现点1的状态，以相同含水率配备的土体在实际击实后却得到点2的密实度）。事实上，若想获得期望的饱和密实度，则备样时提供的试样含水率应比理论饱和含水率小一些，如为实现图5-4中饱和点1相应的含水率和干密度，先要配相应于点3的含水率，如此击实后的土体干密度才能达到预期值，但此时试样仍未能饱和，点3到点1的这段含水率提升只能通过浸水饱和法、真空抽气饱和法等其他方法予以实现。正所谓"退一进二"，方得始终。

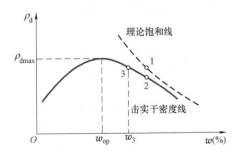

图5-4 黏土理论最大干密度曲线与实际击实后干密度曲线

对此可能会有读者困惑，为什么要得到一个高含水率、高密实度的饱和土样，"无法"通过高含水率、低密实度的试样击实来实现，却"能够"通过对低含水率、高密实度试样浸水而予以达成呢？

让我们先来分析一下前者的"无法"：在较高含水率下，通过击实后（达到一定干密度）土体内会留存一定量的气体，而且这部分气体处于与大气隔绝的密闭状态，无法通过击实将其全部"赶走"。这种情况下还试图通过击实作用重塑土骨架来驱赶封闭气泡实现土体饱和，所要消耗的能量非常高，难度极大，而且它也仅会让土颗粒产生更高程度的定向排列，却无法使土体发生永久的体积变化，因此也就无法通过提高干密度从点 2 到达饱和点 1。相对应地，如果实际工程中需要在含封闭气体的黏土地基上进行施工，要格外的小心，因为它的存在会阻塞土内渗流通道，使土的透水性减小；同时在外力作用下，封闭气泡还会产生压缩，一旦外力卸除，气泡又会膨胀，这导致了土的不稳定变形和黏性增加，延长受力变形后达到稳定的时间，进而影响上部建（构）筑物的安全。例如美国密西西比河三角洲地区（冲积三角洲）（图 5-5），由于该地区土中含有大量的腐殖质，在微生物分解作用下会不断产生气体，使得该处土体中含有较多封闭气泡，这最终导致了此处的建筑物即使在建成多年以后依旧可能产生较大沉降，给当地居民的生产、生活带来了很多困扰。

(a) 美国密西西比河三角洲地区局部景观　　　　　(b) 新奥尔良市建筑平均每年下沉9mm
　　　　　　　　　　　　　　　　　　　　　　　（紧邻密西西比河三角洲地区）

图 5-5　美国密西西比河冲积三角洲以及与其紧邻的城市建筑常年下沉

接下来，再看看后者的"能够"：在较高的干密度下，通过浸水饱和等方法实现液相和气相的"置换"，从而完成土体的饱和。这个过程所需消耗的能量较低；而且，在利用水的流动作用完成两相置换的过程中，对初始土颗粒分布状态影响极低，土骨架几乎未受破坏，这种情况下能够相对容易地完成气体和水体的交换工作，实现土体饱和，即完成了图 5-4 所示的由点 3 至饱和点 1 的目标。

由上可知，即使最终目标一致，但若不能采取正确、合理的方法，纵然再多付出，最终结果仍是徒劳无功；反之，如果能参悟事理，善用巧力，即使有所迂回，最终也会水到渠成，如心所愿。

以上对黏性土排气问题进行了阐述，由彼及此，大家也许会认为排气压实，在渗透性好、缺少水膜黏滞性的砂土中会比较容易实现。事实真的如此吗？有研究结果表明，水在砂土压气中的作用实际上更难单调呈现。从图5-6所示某一典型砂土的干密度与含水率关系曲线可见，干密度与含水率之间呈波浪型变化关系。这是因为含水率较低时，无黏性土中水的毛细作用会促成土粒间形成假黏聚力，导致土粒间移动阻力反而较干土时增大，不易被压实；直到含水率上升到一定程度，毛细作用消失时，孔隙中水的润滑作用才开始显著发挥，促成颗粒间的密实；若含水率继续升高，且又不具备排水条件的时候，土中瞬间增加的孔压又会消耗颗粒的动能，导致击实效果减弱。因此砂土在随含水率增加过程中，其干密度会呈现出波浪的变化态势，这种情况下再去确定最优含水率也就变得更为困难，其工程意义也不大了。

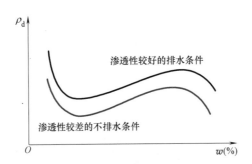

图5-6　击实条件下砂土的含水率与干密度关系曲线

曾有学生说，"土力学像工程地质和结构力学的综合体，是识记和计算两个阴影的恐怖叠加"，我想，之所以说这个话，一定程度上是因为计算前对很多概念、原理还没有理顺。这不，一个看似简单的土中排气问题，却因土中三相物质的共存变得变幻莫测。因此笔者才会在推出排水沉降计算的重头戏前，帮大家"顺顺气"，将压气问题的基本现象予以理清。

5.2　一个变模量的弹簧：沉降计算的核心

比之土中气，工程中更多关注的则是土中水的压缩排出问题。这种压缩如果从抽象化的模型角度而言，可理解为是外力（有效应力）作用下由土体骨架充当的"弹簧"所产生的变形。不过这个"弹簧"有点奇异，它的模量会随有效应力的变化而变化，而且压缩后基本不能恢复。既然地基各点的自重应力和附加应力通常沿着地基深度而改变，土的模量又是随应力改变的变量，那么地基沉降——这个作为基于地基中各点所受有效应力而产生的沿地基深度方向应变的累计值——在计算中的难度与复杂性就可想而知了。

目前在工程中最为普遍的沉降计算思路都是基于分层总和法开展的，即把整个地基分割成有限层土，各层所算竖向压缩变形的线性叠加则构成了地表沉降。理论上说，各层变形的"线性叠加"问题，只是考验工作者的解题耐性，沉降计算最为关键的是应该如何识记和应用计算单层土体变形的那些平行计算思路。因此笔者在本节将重点阐述如何掌握一系列单层压缩计算公式中的核心思想，为读者们开展沉降计算助一臂之力。

在土力学教材中，常涉及的单层土体竖向压缩变形计算公式有式（5-1）～式（5-5）所示的几种形式：

$$S = \varepsilon_z H \tag{5-1}$$

$$S = \frac{\Delta p}{E_s} H \tag{5-2}$$

$$S = -\frac{\Delta e}{1+e_0} H \tag{5-3}$$

$$S = \frac{a_v}{1+e_0} \Delta p H \tag{5-4}$$

$$S = \frac{C_c}{1+e_0} \lg\left(\frac{p+\Delta p}{p}\right) H \tag{5-5}$$

式（5-1）～式（5-5）中：

S ——无侧向变形条件下的土体压缩量；

ε_z ——土体的竖向应变；

H ——被压缩土层的厚度；

Δp ——竖向附加应力增量；

E_s ——压缩模量，土体在无侧向变形下，竖向应力与竖向应变之比；

Δe ——压缩前后孔隙比改变量；

e_0 ——压缩前土体的天然孔隙比；

a_v ——压缩系数；

C_c ——压缩指数；

p ——计算压缩变形的初始有效固结应力。

我们只要能将一个分层中的压缩变形计算方法理清，即把式（5-1）～式（5-5）这几个式子的使用规则讲清楚，相信对分层总和法的使用就不再畏惧。

式（5-1）是个本生式，它是符合应变乘以变形体初始厚度来求解变形的最基本物理形式解答。万变不离其宗，其他所有的变形方法归结起来都是在实现式（5-1）的意图。只不过由于每层土的应力、模量条件不同，致使相同厚度下求得的应变也不同，因此才会有必要采用分层叠加。而且就算在均质的单层土中，应变也不可能是直观变量，需要换算求解得到。因此，式（5-1）虽然好懂，但适用性差。根据力学的常识，既然应变是应力与模量相除后的结果，人们自然会转而求助于式（5-2），通过模量来求解变形。

式（5-2）在工程中用得较多，勘察报告中多将土体压缩模量（E_s）在所设土层范围内设定为常数，如此，每层上计算的重点便变为了对附加应力值 Δp 的求解，但是必须承认这仍是一个相当"理想化"的式子。因为不仅附加应力 Δp 通常会沿土层深度呈非线性分布，E_s 也会随应力大小变化，只有在土层厚度较薄的时候，附加应力可以取土层上、下两面附加应力值的平均值，而模量也近似认为在土层中不再变化。另外，如果基于室内试验结果来计算土层变形，E_s 也不是一个可以直接测定的参量，需转化求解。如能有方法直接体现应变，或提出模量求解的公式将更为便捷，于是就产生了式（5-3）和式（5-4）。

在说式（5-3）之前，要明确一点：对一般地基沉降问题，我们多将地基看成是一维压缩体，即试样在外荷载作用下仅发生竖向应变，而侧边受限无应变，从而认为试样的体应变与竖向应变相等。因此式（5-3）中 $\Delta e/(1+e_0)$ 表示的既是试样的体应变，又是试样的竖向应变。比之式（5-1），其明确了竖向应变的求解方式是通过附加应力施加前后的孔隙比变化和初始孔隙比大小求得。因此可通过室内试验的 $e\text{-}p$ 或 $e\text{-}\lg p$ 压缩曲线去标定相关应力与孔隙比间的关系，进而求解应变。可以说公式的可操作性更进一步，且比式（5-2）又精确许多。

式（5-4）是式（5-3）略微取巧的一种变体。即将孔隙比的改变值转换为附加应力与压缩系数的乘积。这样的式子是基于压缩系数 a_v 假设为常数来求解的。比之压缩模量 E_s 假设为常数，该式可以适当考虑到一些计算土层初始孔隙比的影响，整体上和式（5-2）的计算精度差不多。

式（5-5）则是类比于式（5-4），基于 $e\text{-}\lg p$ 坐标体系求解变形的变体。其思路与式（5-4）几乎一致，只是此时压缩曲线的斜率由压缩系数 a_v 改为了压缩

指数 C_c，由于在高压条件下，e-$\lg p$ 的曲线斜率 C_c 接近常数，如此比之式（5-3）要便捷，而比之式（5-4）不仅便捷还要精确许多。

在解释了常用的单层沉降计算各类公式用途和注意事项后，我们再把工程中要将土层变形计算分层累计而得沉降的各种原因归纳如下：

（1）因土体性质不同而分层。一个地基中可能包含不同种类、性质的土层，自重应力会因为土性的不同而在土体中呈折线段分布。由于每一单层中，自重应力是假设线性分布的，所以只有进行足够多的分层计算，才能提高沉降计算时的自重应力估算精度。

（2）因应力非线性分布而分层。附加应力在土层中呈非线性分布，由于传统方法中，每一计算单层内的附加应力是假设线性分布的，所以只有进行足够多的分层计算，才能提高沉降计算时的附加应力估算精度。

（3）因土体压缩性随应力水平非线性变化而分层。即使假设地基土是均质的，且地基中附加应力也因地表外荷载是大面积作用而沿着深度不发生变化，但地基土的压缩性总会随土中应力水平的变化而呈现非线性变化，而每一计算单层内的压缩指标（如压缩模量或压缩系数等）是假设线性分布的，所以只有进行足够多的分层计算，才能提高沉降计算时土的压缩指标估算精度。

也许就第三点而言，有读者会认为，在 e-$\lg p$ 法中，压缩曲线出现直线段，求得的压缩指数 C_c 是一个常数，怎么会是非线性呢？哎呀，你恐怕被 e-$\lg p$ 法的易容术给迷惑了，下一节我们就对 e-$\lg p$ 和 e-p 两种方法的区别与联系进行剖析，进而破解这个谜团。

5.3　易容术的能与不能 :e-$\lg p$ 法和 e-p 法的相似与差异

5.2 节中提到式（5-4）和式（5-5）分别是用 e-p 和 e-$\lg p$ 法表述的分层沉降计算方法的单层结果，由于 e-$\lg p$ 法的 C_c 在高压下能近似为一常数，所以备受工程界的青睐（其实该法的好处还远不止于此，于下表述），尽管如此，近似为常数的方法中亦还有不少注意事项需要工程师们使用时注意。比如，e-p 和 e-$\lg p$ 法并不是解决地基沉降的"两兄弟"，恰恰相反，它们其实是同一个"人"，e-$\lg p$ 法是 e-p 法转换纵坐标轴单位"易容"的结果。本节，笔者将对"易容"影响作出详细评估。

与 e-p 法相比，"易容"后的 e-$\lg p$ 法具有真实、方便、全面三个优势，我们将分别对这三个优势展开论述，并点明该方法的相关注意事项。

（1）先说真实：对于送到实验室的土，即使是原状土也可能受到不小扰动，其压缩曲线与土体现场的原位压缩曲线有很大差异，而利用室内试验的 e-$\lg p$ 曲线，可推求原位土体的大体压缩曲线（相关做法请读者参见各类土力学教材），使得土体压缩性的研究更为贴近实际，但 e-p 曲线却做不到这点。与真实性相比，e-$\lg p$ 曲线部分线段线性的计算作用可能倒是其次。

（2）再说方便：由室内 e-$\lg p$ 压缩曲线推求得到的现场 e-$\lg p$ 压缩曲线通常为几段直线，非常便于计算相应的变形量。这可能也是很多读者第一眼就喜欢上 e-$\lg p$ 法的原因。但对于这个直线问题，笔者还需要特别说明两点注意事项，避免读者进入误区。

第一，对应于 5.2 节末尾的疑问，土体压缩的非线性会因为压缩曲线换了一个对数的"马甲"而消失吗？单从曲线形式上来看，如果土体的初始孔隙比相同，则 e-p 曲线法在每一级应力步长增量中反映压缩非线性的是变化的压缩系数 a_{v}；而 e-$\lg p$ 曲线的每一级应力步长增量中，C_{c} 是一个常数，看上去 e-$\lg p$ 法像是线性的，但"易容"不可能将物理意义上非线性的本质消除，那么此时的压缩非线性体现在哪里呢？为方便说明，让我们再借用一下 5.2 节中提过的几个求沉降的表达式：

$$S = -\frac{\Delta e}{1+e_0}H \tag{5-3}$$

$$S = \frac{\Delta p}{E_{\mathrm{s}}}H \tag{5-2}$$

$$S = \frac{C_{\mathrm{c}}}{1+e_0}\lg\left(\frac{p+\Delta p}{p}\right)H \tag{5-5}$$

无可争议，不论是 e-p 法，还是 e-$\lg p$ 法，式（5-3）都是求沉降的基本表达式。而式（5-2）中的压缩模量 E_{s} 是在 e-p 曲线中得到的，通过 5.2 节的分析，我们知道 E_{s} 随应力大小而变化，是非线性的，在 e-p 曲线中，土体压缩的非线性就体现在 E_{s} 上（图 5-7（a）为 e-p 曲线，虚线 M_1M_2 的斜率表示压缩系数 a_{v}，并可以进而得到压缩模量 E_{s}）。

而在式（5-5）中，压缩指数 C_{c} 是通过 e-$\lg p$ 的曲线斜率求得的常数（图 5-7（b）为 e-$\lg p$ 曲线，该曲线的斜率即为压缩指数 C_{c}），但这并没有规避掉土体压缩的非线性，同时出现在式（5-5）对数的真数分子和分母中的初始固结应力 p，就是这种非线性存在的直接证明，只要 p 不同，即使附加应力增量 Δp 相同，所得到的对数值也不会相同。由此看来，无论怎样"易容"，土体沉降的计算始终逃脱不了非线性的命运。

第二，e-lg$p$ 曲线中直线段的特点只在高压条件下才会出现。而在工程实践中，最大试验压力不大于 1000kPa 左右的中、低压压缩试验通常用 e-p 曲线表示，最大试验压力达到 3200kPa 甚至更高的高压压缩试验通常用 e-lg$p$ 曲线表示。由于高压压缩试验周期长（每个土样一般需 10 ～ 13d），往往难以在实验室短时间内完成大量高压压缩试验，也正是由于 e-lg$p$ 法较 e-p 法的试验和分析成本代价较高，使其在实际工程中的应用拓展受到一定限制。

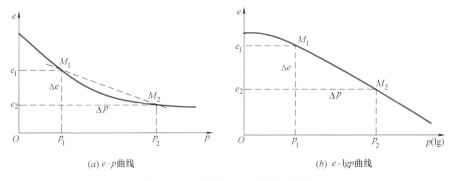

图 5-7　e-p 曲线、e-lg$p$ 曲线对比图

（3）最后说全面：我们可根据 e-lg$p$ 曲线，推求土体的先期固结应力（多用卡萨格兰德法，可见众多土力学教材），利用其与现有固结应力的比值关系，判别土体处于何种应力状态，正常固结（图 5-8（a））、超固结（图 5-8（b））、还是欠固结，并可根据室内压缩曲线绘制出相应的现场压缩曲线。若土体处于超固结状态

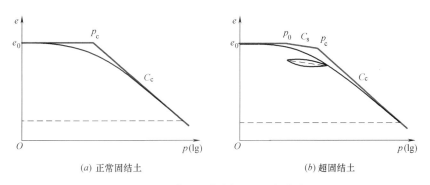

图 5-8　室内压缩曲线与现场压缩曲线

（这是对现场而言，不是对实验室的回弹再压缩曲线而言），其压缩曲线会呈现三段直线（图 5-8（b）），导致的结果会使 e-p 和 e-lgp 反映出的计算差异更大。

此外，关于全面性，笔者还要再强调两个"标准"请读者特别注意：

其一，关于超固结土、正常固结土和欠固结土的评判标准。

超固结比——先期固结应力与现有有效应力之比，只能用来判别土体是否为超固结土，而不能根据其区分出正常固结土和欠固结土。如果采用先期固结应力和现有固结应力之比来判断各类状态，则可分别对应大于、等于或小于 1 的比值，来实现超固结、正常固结和欠固结三种土的鉴别。有关这一比值和超固结比概念之间的差异性辨析将于 5.5 节中作详细阐述。

其二，关于采用 e-lgp 法计算超固结土沉降中孔隙比的选取标准。

可能有读者会对 些著作中提出的 e-lgp 法超固结土分段计算沉降的公式有些疑义。如图 5-9 所示，从 e_0 到 e_2 段的沉降量可以分为两段来计算。

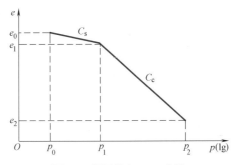

图 5-9　超固结土 e-lgp 曲线

其计算公式有如下两种：

$$s = \frac{C_s}{1+e_0} \lg\left(\frac{p_1}{p_0}\right) H_0 + \frac{C_c}{1+e_0} \lg\left(\frac{p_2}{p_1}\right) H_0 \qquad (5\text{-}6)$$

$$s = \frac{C_s}{1+e_0} \lg\left(\frac{p_1}{p_0}\right) H_0 + \frac{C_c}{1+e_1} \lg\left(\frac{p_2}{p_1}\right) H_1 \qquad (5\text{-}7)$$

式（5-6）和式（5-7）中：

C_s——现场再压缩指数；

e_0——初始孔隙比；

p_1——折点处平均有效应力；

p_0——先期固结应力；

H_0——土层初始厚度；

C_c——现场压缩指数；

e_1——折点处的孔隙比；

p_2——待测点平均应力；

H_1——对应 p_1 应力时土层厚度。

超固结土的压缩变形分为两段：第一段是土中应力状态小于先期固结应力时产生的压缩量，第二段是土中应力状态超出先期固结应力时产生的压缩量。上述两公式，争议点在于第二段压缩计算时的孔隙比选取上，很多著作采用式（5-6），而从直观理解，似乎式（5-7）更为合理，是不是式（5-6）搞错了？那就让我们做一个简单推演，证明这种担心完全没有必要。

从 p_1 到 p_2 的竖向变形 S_1 可表达为：

$$S_1 = \frac{e_1 - e_2}{1 + e_1} H_1 \tag{5-8}$$

而 H_1 亦可表示为：

$$H_1 = H_0 - S_0 \tag{5-9}$$

式中：S_0——土层从初始压缩到曲线拐点处的竖向变形量，并有：

$$S_0 = \frac{e_0 - e_1}{1 + e_0} H_0 \tag{5-10}$$

将式（5-9）和式（5-10）带入式（5-8），得：

$$S_1 = \frac{e_1 - e_2}{1 + e_1} H_1 = \frac{e_1 - e_2}{1 + e_1} \left(H_0 - \frac{e_0 - e_1}{1 + e_0} H_0 \right) = \frac{e_1 - e_2}{1 + e_0} H_0 \tag{5-11}$$

对比式（5-8）和式（5-11）可见，式（5-6）与式（5-7）完全等价，而且采用式（5-6），不需考虑中间折点的过程变量，更为简单。这也提示我们，在对公式有了充分理解之后，可以进行大胆的使用，利用其帮助我们找到通向"罗马"最便捷的道路。

本节用了大量篇幅讲述了 e-$\lg p$ 法的优势，看起来 e-p 法好像已经可以"谢幕"了，但事实并非如此。如前所述，由于得到标准、真正、有实用意义的 e-$\lg p$ 曲线的试验和分析成本较高，加之在工程界进行沉降计算时通常会使用压缩模量 E_s，而这只能通过 e-p 曲线形式来求解，所以 e-p 曲线还是有其用武之地。接下来，笔者就要介绍我国规范中采用 E_s 进行分层总和法地基沉降计算的理论思想。

5.4 简约而不简单：理论分层总和法的进化之路

上文提到，由于天然地基实际上由不同性质的土层组成，因此工程上常采用分层总和的思想来计算地基沉降。目前，对于地基沉降的计算大致有两种方法可供选择，分别是一般分层总和法（大多数本科土力学教材介绍使用的方法，将每一分层的土体所受应力视为线性，下文简称"一般法"）和《建筑地基基础设计规范》（GB 50007—2011）推荐法（该规范于 2012 年正式施行，下文简称"规范法"）。本节将对这两种方法进行比较，找出其中的联系与区别，进而说明沉降计算思路的演变过程。

先从比较熟悉的一般法入手，其计算地基沉降的公式如下：

$$S = \sum_{i=1}^{n} S_i = \sum_{i=1}^{n} \frac{1}{E_{si}} \frac{(\sigma_{zi})_{\pm} + (\sigma_{zi})_{\mp}}{2} h_i \tag{5-12}$$

式中：　S ——地基的最终沉降量；

　　　　S_i ——第 i 分层土的沉降量；

　　　　n ——地基分层数；

　　　　E_{si} ——第 i 分层土的压缩模量；

　　　　$(\sigma_{zi})_{\pm}$ ——第 i 层上表面处的附加应力；

　　　　$(\sigma_{zi})_{\mp}$ ——第 i 层下表面处的附加应力；

　　　　h_i ——第 i 分层土的原始厚度（$h_i \leqslant 0.4b$，b 为基础宽度）。

很多土力学教材在介绍分层总和法时均采用此法计算地基沉降，该法的采用意味着假设附加应力在单一计算土层中线性分布，该层的代表性附加应力大小为土层上、下表面处附加应力的平均值。正因为如此，一般法对于土体的分层和应力分布的简化达到了一种很"一般"的程度，和现实情况有较大差距，所以其计算结果误差较大。

为弥补一般法的不足，规范法在确定附加应力和压缩模量选取方面建立了新的数学模型。虽然计算思想较为复杂，但比之一般法严谨许多。

要想了解规范方法的计算思路，我们不妨从变形计算的本源说起。对工程中的地基而言，地基中的微元土块竖向压缩量为：

$$ds = \varepsilon_z dz = \frac{\sigma_z}{E_{si}} dz \tag{5-13}$$

根据微积分思想，可得第 i 层土的完整压缩量：

$$S_i = \int_{z_{i-1}}^{z_i} \mathrm{d}s = \int_{z_{i-1}}^{z_i} \frac{\sigma_z}{E_{si}} \mathrm{d}z \qquad (5\text{-}14)$$

式（5-13）、式（5-14）中：

$\mathrm{d}s$ ——土块微元体压缩量；

$\mathrm{d}z$ ——土块微元体厚度；

σ_z ——作用在土块微元体上的附加应力；

S_i ——第 i 土层压缩量；

z_i，z_{i-1} ——基底至第 i，i-1 土层底部的距离。

一般法在计算变形时对上述附加应力 σ_z 计算予以了简化，即利用土层上、下两表面处的附加应力平均值对其进行大致求解，舍弃了积分式，而规范法则坚定地利用式（5-14）的微积分思想直接进行压缩量的求解，虽然过程较为复杂，但使结果更加准确而符合实际。

为了获得式（5-14）的积分解答，必须对 σ_z 的表达式予以具化，我们一般采用布辛涅斯克解，建立附加应力 σ_z 与 z（计算点距基底的深度）、l（基础长度）、b（基础宽度）相关的表达，如下式所示：

$$\sigma_z = \frac{1}{2\pi}\left[\arctan \frac{n}{m\sqrt{1+m^2+n^2}} + \frac{mn(1+n^2+2m^2)}{(m^2+n^2)(1+m^2)\sqrt{1+m^2+n^2}} \right] p_0 \qquad (5\text{-}15)$$

式中：m ——第 i 层下边界深度与基础底面短边一半的比值，$m=2z/b$；

n ——基础底面长边与短边的比 $n=l/b$；

p_0 ——基础底面附加应力。

记：

$$\sigma_z = p_0 f\left(\frac{2z}{b}, \frac{l}{b} \right) \qquad (5\text{-}16)$$

所以，对于某一层的压缩量为：

$$S_i = \frac{p_0}{E_{si}} \int_{z_{i-1}}^{z_i} f\left(\frac{2z}{b}, \frac{l}{b} \right) \mathrm{d}z \qquad (5\text{-}17)$$

式（5-17）中出现了 z_i、z_{i-1}、$2z_i/b$、$2z_{i-1}/b$、l/b 共计 5 个参数，换句话说，要用 5 个参数"查表"得出第 i 层土的压缩量。如果公式到此为止，这种"查表法"还不如直接计算来得痛快。其次，就算皱着眉头去查表，还没有哪本书上出现过"5 维"表格可供查阅。2 维的纸张还是作为"2 维表格"的载体实在一些。

因此真要查表，则必须给式（5-17）降维，把它降到 2 维。

我们比较容易想到的是：

$$S_i = \frac{p_0}{E_{si}} \int_{z_{i-1}}^{z_i} f\left(\frac{2z}{b}, \frac{l}{b}\right) dz = \frac{p_0}{E_{si}} \left[\int_0^{z_i} f\left(\frac{2z}{b}, \frac{l}{b}\right) dz - \int_0^{z_{i-1}} f\left(\frac{2z}{b}, \frac{l}{b}\right) dz \right] \quad （5\text{-}18）$$

该式把式（5-17）的原积分式拆解成两部分，虽然拆解后的两个定积分式子的积分上限不同，但是计算形式相同。我们以其中一个为例继续计算。记：

$$A_{0i} = p_0 \int_0^{z_i} f\left(\frac{2z}{b}, \frac{l}{b}\right) dz \quad （5\text{-}19）$$

式（5-19）中有 z_i、$2z_i/b$、l/b 共计 3 个参数，对于化简到 2 个参数的目标还有一步之遥。对于这步，规范法的化简方式如下：

$$A_{0i} = p_0 \int_0^{z_i} f\left(\frac{2z}{b}, \frac{l}{b}\right) dz = p_0 z_i \int_0^{z_i} \frac{b}{2z_i} f\left(\frac{2z}{b}, \frac{l}{b}\right) d\frac{2z}{b} \quad （5\text{-}20）$$

于是对于式（5-20）的求解，只要基于两个参数，$2z_i/b$、l/b 来查表求解基本式的解答，再乘以 z_i，就能求得任意的一个 A_{0i} 了。

记：

$$\overline{\alpha}_i = \int_0^{z_i} \frac{b}{2z_i} \bullet f\left(\frac{2z}{b}, \frac{l}{b}\right) d\frac{2z}{b} = \frac{A_{0i}}{p_0 z_i} \quad （5\text{-}21）$$

式中：$\overline{\alpha}_i$——基础底面计算点至第 i 层底面范围内平均附加应力系数，通过 $2z_i/b$、l/b 查表确定得到。

再将式（5-20）和式（5-21）带入式（5-18）得：

$$s_i = \frac{p_0}{E_{si}} \left(z_i \bullet \overline{\alpha}_i - z_{i-1} \bullet \overline{\alpha}_{i-1} \right) \quad （5\text{-}22）$$

理论计算沉降量为：

$$s' = \sum_{i=1}^n s_i = \sum_{i=1}^n \frac{p_0}{E_{si}} \left(z_i \bullet \overline{\alpha}_i - z_{i-1} \bullet \overline{\alpha}_{i-1} \right) \quad （5\text{-}23）$$

规范法计算地基的最终沉降，就是基于式（5-23），再利用经验系数修正而得：

$$s = \psi_s s' = \psi_s \sum_{i=1}^n s_i = \psi_s \sum_{i=1}^n \frac{p_0}{E_{si}} \left(z_i \bullet \overline{\alpha}_i - z_{i-1} \bullet \overline{\alpha}_{i-1} \right) \quad （5\text{-}24）$$

式中：　　　　s'——理论计算沉降量；

　　　　　　ψ_s——沉降计算经验系数（基于基底附加应力和变形计算范围内压缩模量的当量值查表求得）；

　　　　　　p_0——对应于荷载效应准永久组合时的基础底面处的附加应力；

　$\overline{\alpha}_i$，$\overline{\alpha}_{i-1}$——基础底面计算点至第 i 层和第 $i-1$ 层底面范围内平均附加应力系数（查表得）。

通过以上分析，读者应该能对规范法推荐公式中所带有的看似古怪的系数，背后隐藏着的内涵有所了解了。

"规范法"在计算每一分层的压缩量时，并不是像一般法那种"刀削斧劈式"的线性数学模型，而是运用了微积分的思想，使结果更加接近真实情况。虽然推导过程比一般法复杂，但在实际运用中只需查个表，再做些简单运算便能得到结果，还能保证得到的结果符合工程要求，从这个角度而言，规范法比一般法更具有实用性。

到这里，相信大家对理论分层总和法进化思路已经有了大致了解。从一般法到规范法，思想上看似是从大致的求平均值到计算复杂的微积分，实际应用上却实现了精确性和实用性层面的进化。正如生命的进化是为了生存，计算方法的进化是为了更便捷的应用。既然生命的进化之路是永无止境的，那么规范法又能否再向前一步呢？

让我们倒一下带，从式（5-19）开始换一个思路进行化简，得到下式：

$$A_{0i} = p_0 \int_0^{z_i} f\left(\frac{2z}{b}, \frac{l}{b}\right)\mathrm{d}z = \frac{p_0 b}{2}\int_0^{z_i} f\left(\frac{2z}{b}, \frac{l}{b}\right)\mathrm{d}\frac{2z}{b} \tag{5-25}$$

令：

$$K_i = \frac{1}{2}\int_0^{z_i} f\left(\frac{2z}{b}, \frac{l}{b}\right)\mathrm{d}\frac{2z}{b} \tag{5-26}$$

式中：K_i——矩形面积上均布荷载作用下中心点下沉降系数，根据 $2z_i/b$、l/b 查表确定得到。

再将式（5-25）式（5-26）带入式（5-18）得到第 i 层土压缩量为：

$$S_i = \frac{bp_0}{E_{si}}\left(K_i - K_{i-1}\right) \tag{5-27}$$

理论计算沉降量为：

$$S' = \sum_{i=1}^{n} S_i = b\sum_{i=1}^{n} \frac{p_0}{E_{si}}(K_i - K_{i-1}) \qquad （5-28）$$

仔细对比式（5-23）和式（5-28）这两个计算式，捧着书本的你也许会恍然一笑，然后说道："规范法，你想多了。"的确，沉降量的大小和地基深度有关，但不必刻意把 z_i 从积分式子中剥离出来。从最后得到的计算式中我们可以发现：规范法在计算沉降的时候除了查表外，每算一层，都还需要再乘以与该层深度有关的变量 z_i，也就是说变量可谓是"内外兼备"；而式（5-28）的变量只存在于表格中，最后只需要乘以一个统一的常量 b 便可以得到结果，由此又简化了计算过程。显然，优化后的规范法与"规范法"比起来更简单一些。

以上便是对理论分层总和法进化过程的说明。先是对两种常用的地基沉降计算方法进行了比较，然后又对规范法进行了优化。从中可以看出，计算方法的"进化"历程是，思想方法越来越复杂，精度越来越高，但计算式仍然要力求简化，这种"简约而不简单"的境界，需要通过人们思维的不断螺旋式上升，真正理解原理之后才能实现吧。

5.5 人造概念追本源：超固结比概念再说明

5.3 节曾提到，超固结比（Overconsolidation Ratio，简称 OCR）只能判别土是否处于超固结状态，而不能直接判别其是否处于欠固结状态（因为正常固结和欠固结土的超固结比同为1），因此还特意引入了先期固结应力和现有固结应力之比，用该比值来完成区分三类不同固结状态土的使命。可能有读者看到这，脑海里会冒出很多问号，超固结比怎么就不能判别三类土了呢？

2019 年河海大学《土力学》（第三版）教材出版后有外校的学习者向笔者（因为笔者也是该教材的执行负责人）提出过一个内涵相同的问题："为什么河海大学的教材中介绍欠固结土的 OCR 等于 1，而有些教材却是小于 1 呢？"首先笔者要声明，欠固结土的 OCR 等于 1 并非本版所创，早在 1988 年由钱家欢先生（毕业于伊利诺伊大学香槟分校，师从国际土力学界泰斗派克教授（R. Peck））主编的河海大学《土力学》教材（第一版）中，就有"超固结比即为先期固结应力和现有有效应力之比"，以及"欠固结土的 OCR 值等于 1"的表述，并沿用至今。而钱先生所提关于超固结比的定义源自太沙基教授和其导师派克教授共同编著的《工程实用土力学》（《Soil Mechanics in Engineering Practice》）一书。

超固结比的概念衍生于 1936 年卡萨格兰德教授通过作图法确定先期固结应力之时，并在《Soil Mechanics in Engineering Practice》（2nd Edition，1967）书中给出的 OCR 明确定义为 σ'_p / σ'_{v0}（σ'_p 表示先期固结应力，σ'_{v0} 表示有效上覆应力），据上而断，OCR 定义的分子和分母上都应该采用有效应力值。由此定义，也不难得出欠固结土同正常固结土一样，OCR 均为 1。所以河海大学教材有关 OCR 定义无疑是准确、合适的，其不仅在数值上没有错，在概念上更没有问题。

那么关于欠固结土 OCR 值的争论为什么会有呢？其实翻看各类文献就会发现，这并非谁明显搞错了一个数学问题，而是目前各类教材上关于超固结比的主观定义就不同。国内土力学教材 OCR 的定义主要分两种：一种将其定义为先期固结应力和现有有效应力的比值（以下简称为定义 1，河海大学土力学教材就用此义）；另一种则将其定义为先期固结应力和现有固结应力的比值[1]（以下简称为定义 2），而这一种，其实也就是本书在 5.2 节所引入的新比值。虽然对于欠固结土，定义 2 得到的值确实小于 1，因此可以用来区别三类土，但是作为超固结比的定义其明显是被改造的，且笔者认为，定义 2 从超固结比的使用内涵上来说，并不适合把它还叫作超固结比，应换名以示区别，原因有二：

其一，定义 1（超固结比原生定义）和定义 2 的初始"职责"就有很大不同。定义 1 诞生之始服务重点就是超固结土（从其名称亦能窥见一斑。这类土结构密实，具有较高的承载力，见图 5-10），主要是用它来判断超固结程度。当然，后来学者也利用定义 1 特征来判别土体是否为超固结土（与正常固结土进行区分，并将先期固结应力不高于当前有效上覆应力的土统称为正常固结土，于是欠固结土也算为正常固结土的一种特殊群体）。而从逻辑属性上来看，是先有的超固结比概念，而后才有的区别超固结土和正常固结土的功能。与之相反，定义 2 更像是带着一种"特别"使命孕育而生的，从提出一开始便已明确其"职能"是为了更好区分三类土，尤其是完成欠固结土的鉴别，因此从逻辑属性上看，是先有的区别超固结、正常固结、欠固结土的功能，而后才有的定义。那么既然超固结比本身是一个人为定义出来的概念，与其对它进行改造，颠覆其原有概念的固有作用和意义倒不如重新定义一个物理量，亦即赋予定义 2 所反映的物理量以一个新的名称更为合适。

其二，超固结比的原生定义还具备反映有效应力状态对土体结构变化影响程度的"功能"。

---

[1] 国内还有部分教材或文献将现有有效应力和现有固结应力称之为实际有效自重应力和计算有效自重应力，或者称之为上覆土层自重应力和当前作用压力，其在本质上均属于现有有效应力和现有固结应力的概念。

(a) 中国川西海子山超固结土   (b) 英国伦敦超固结黏土隧道

图 5-10　世界各地一些典型超固结土风貌和工程

　　首先，从土体有效应力状态变化的时间"点"来看，若欠固结土和正常固结土在某一"瞬时"的现有有效应力相同，则从土力学基本规律出发可以认为此刻这两类土体的应变、强度等性状应基本一致。具体举例来说，对某一正常固结土（假设土体初始有效应力为50kPa）一分为二，分别按如下两种加载路径开展试验：第一种，通过填土方式使土体有效应力增至100kPa，并完成土体固结；另一种，亦通过填土方式使土体固结稳定，只是稳定的有效应力增至200kPa。对于后者，当土样的有效应力增至100kPa时，仍处于欠固结状态，还会在自重作用下继续发生固结。但就100kPa的这"一刻"而言，它的性状（如孔隙比、强度特征）应和前者完成100kPa正常固结的土体是基本一致的（因为二者的现有有效应力状态相同，尽管后者还存在100kPa的超静孔隙水压力有待消散，但根据有效应力原理，超静孔压并不会对土体变形、强度产生明显影响）。所以，仅就这一"点"来说，决定土体当前状态的是实际受到（包括已经受到过）的有效应力（完成时或现在时），而不是即将受到的有效应力（将来时）。映射到欠固结土中，正好是其现有有效应力和现有固结应力概念上的差别。

　　再者，以土体有效应力状态变化的时间"线"来看，很多研究表明，对于超固结土，如果施加荷载使得土体的现有有效应力逐渐增加至先期固结应力水平（即进行再压缩过程），土体仅会发生微小的压缩变形，且这种变形只涉及颗粒间接触处的轻微滑移而不涉及土颗粒结构的改变；而如果进一步地通过施加荷载使得土体的现有有效应力超过之前的先期固结应力后（即进入正常压缩阶段），土体便会产生显著的压缩变形，土颗粒也会重新分布甚至部分土颗粒可能会发生破碎，以抵抗增加的有效应力。在高黏结性土中，这种重新分布更为明显，一是为了能够适应额外增加的有效应力，二是为了补偿因超过原先先期固结应力而引起的土颗粒间黏结力的破坏。据上分析，对于超固结土，随着荷载增大，它会先后经历再压缩和压缩两个过程，对土体结构亦有不同程度的影响，而对于正常固结土和欠固结土，土体无回弹，荷载作用下它们都是直接进入压缩过程，引起土体结构改变。

上述两种分析都说明了实际受到的有效应力在"点"或"线"上都决定了土的性质。采用定义1（即原始超固结比定义，其内涵为：历史上受到过的最大有效应力与现在时刻实际在经受的有效应力之比）恰好可以将正常固结和欠固结土中"一致的有效应力可产生接近的土体性状"这一特征通过相等的应力比值体现出来；而采用定义2（其内涵为：历史上受到过的最大有效应力与未来时刻将要受到的最大有效应力之比）就会使得正常固结和欠固结土在相同现有有效应力状态下具有两个不同比值，这会让研判者产生有效应力不决定土体性态的误解。

灯不拨不亮，理不辩不明，在专业学习和实际工作中难免会遇到一些概念混淆而引发的困惑，我们不妨借鉴一下上述逐本溯流之法，也许能有助于穷究其理，找到概念的木本水源，进而理清看似混沌的问题。

5.6　结论结语

本记主要对土力学压缩相关理论知识中的一些机理难点和计算要义进行了梳理，并就沉降计算的工程规范与基本原理间的联系与差别做了剖析，希望能有助于读者熟练地运用相关的公式方法来计算地基沉降问题。

地基沉降问题除了一直是土力学的理论研究课题外，更是实际地基基础工程中需要解决的难题之一。大量重要的建、构筑物（如房屋、土坝、桥梁等）在设计时都需要尽可能地准确估算地基沉降；此外，能否有效控制沉降亦是高速公路、铁路建设成败的关键因素之一，尤其在高速铁路建设中对地基沉降的控制更是达到了"苛刻"的要求。

以2010年建成通车的郑西高速铁路（郑州到西安）为例（图5-11），作为世界上第一条大范围穿越湿陷性黄土地区的高速铁路，全线铺设无砟轨道，对沉降要求非常严格（工后沉降不超过15mm、不均匀沉降不超过5mm）。除此以外，工程师们在建设过程中还必须克服由湿陷性黄土所带来的极大挑战。西北有一种常见面点——锅盔，未遇水时，很是瓷实，用手掰都费劲儿，一旦浸入汤汁，不消几分钟，立刻绵软、松散，而湿陷性黄土和锅盔性质很像，干燥时强度很高，但浸水后，土的结构会迅速破坏进而导致地基崩塌下沉，给上部建(构)筑物带来严重危害。要在这样"不稳定"的地基上建高速铁路，还要满足如此严苛的沉降要求，且国际上尚无成熟工程经验可供参考，对于中国的设计师来说真是巨大的挑战。

(a) 穿梭在黄土地区郑西高速铁路　　　　　　(b) 郑西高速铁路无砟轨道推轨施工

图 5-11　郑西高速铁路运营图和前期建设过程铺设无砟轨道图

对此，科研人员先对该地区高铁沉降变形组成部分（见图 5-12）进行详细分析，确定了此处高铁沉降变形主要包括三个部分：基床及基床以下路堤压缩变形、地基压缩变形、地基湿陷变形，其中控制地基压缩变形是工后沉降控制的重中之重。

所谓地基压缩变形，是指地基在自重应力以及上部荷载（主要包括路基荷载、列车和轨道荷载等）作用下产生的下沉，从产生位置说主要包括两个部分：地基加固层（或称之为地基处理层）的压缩变形和地基下卧层的压缩变形。

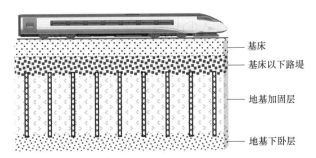

基床
基床以下路堤
地基加固层
地基下卧层

图 5-12　湿陷性黄土区高铁路基组成示意图

地基加固层的压缩变形主要是由地基土固有的工程性质和外部所采取的地基处理方法所决定，其沉降计算可以采用复合模量法：考虑到该区域一般是由桩体和桩间土体两部分组成，属于复合地基范畴，在计算中，为了简化计算常将加固区视作一个整体，用假想的均质复合地基土体"代替"真实的非均质复合土体；然后再引入复合地基土体的"复合模量"（可由室内试验得到，也可以由材料力学和弹性力学方法确定），最后再根据有关参数采用上文所介绍的分层总和法计算加固区土体的压缩量。

　　而对于地基下卧层（地基加固层以下部分），其会在上部加固层土体自重增加较大或上部荷载传至下卧层顶面的附加应力较大时产生一定的压缩变形，该变形主要跟其自身土体性质以及上部采取的地基处理方法有关。对于地基下卧层的沉降计算，则可采用应力扩散法：计算时亦是将上部复合地基加固区看成一个整体予以考虑。而有关其沉降的计算方法在土力学教材中有较为详细的介绍，本记不再赘述。

　　由上分析，我们不难明白，在计算该地区的地基沉降时需要分别考虑各层地基土的沉降变形。可以说，对地基的分层认知，是认识、计算或测定地基压缩变形的前提。

　　针对该处黄土地区地基土的特殊工程性质，设计人员因地制宜地采取了不同的地基处理方法。如对湿陷性黄土较浅地段主要采用了强夯法、换填水泥改良土法；而对于湿陷性黄土较厚的地段则是主要采用了水泥土挤密桩法、CFG 桩法、柱锤冲扩桩法进行处理。上述这些地基处理方法的采用从原理上说主要是显著提高了被处理层的土体模量，从而能有效控制郑西高速铁路的工后沉降，为其成功运行提供了重要的技术支撑和保障。

　　郑西高铁经过近 10 年的使用检验，路基运营状态始终良好，其工后沉降完全满足高速铁路在运营期的技术要求，标志着我国湿陷性黄土地区高速铁路沉降控制技术体系的构建取得了重大成功。如今，湿陷性黄土地区高速铁路的施工和通行已在我国中西部地区全面铺开（图 5-13），高铁的运营极大地提升了这些地区交通运输能力，也为中国整体经济社会的可持续发展注入了强大活力。

(a) 石太高速铁路　　　　　　　　　　　　　　(b) 大西高速铁路

图 5-13　我国部分湿陷性黄土地区高速铁路

　　郑西高铁成功建设、取得令世界惊叹的成绩，既离不开我国科研人员在技术层面的刻苦钻研，也离不开他们对土力学基本原理的深刻认知。因此，笔者在撰写本记时，也力求从更多视角协助大家深入认知土体压缩知识，了解相关沉降变形问题的症结所在，巧用土力学之"匙"打开一把把的明日工程之"锁"。

本记主要参考文献

［1］ T. Lambe，R. V. Whitman. Soil Mechanics[M]. New York：John Wiley & Sons，1969.

［2］ K. Terzaghi，R. B. Peck. Soil Mechanics In Engineering Practice（Second Edition）[M]. New York：John Wiley & Sons，1967.

［3］ J. Wierzbicki. Analysis of Changes in Overconsolidation Ratio in Selected Profiles of Non-lithified Deposits[J]. Architecture Civil Engineering Environment，2009，（3）：77-84.

［4］ 郭继武.地基基础设计禁忌与疑难问题对策 [M]. 北京：中国建筑工业出版社，2013.

［5］ 沈扬，张文慧.岩土工程测试技术（第二版）[M]. 北京：冶金工业出版社，2017.

［6］ 唐大雄.工程岩土学（第二版）[M]. 北京：地质出版社，1999.

［7］ 中华人民共和国住房和城乡建设部.建筑地基基础设计规范 GB 50007—2011[S]. 北京：中国建筑工业出版社，2012.

［8］ 陈学军，齐运来，卢丽霞等.不同备样方法对桂林红黏土最优含水率及最大干密度的影响 [J]. 安全与环境工程，2013，20（5）：136-139.

［9］ 屈耀辉，李奋，庄德华等.湿陷性黄土区高铁路基沉降控制综合技术研究 [J]. 重庆交通大学学报（自然科学版），2017，36（3）：54-59，64.

［10］ 汪江，王炳龙，周彦文，张海佳等.高速铁路软土路基沉降计算方法探讨 [J]. 地下空间与工程学报，2016，12（1）：196-204.

第六记　固结记——一维固结不简单

6.1　解释不了的现象：人造"固结度"的得与失

1. 楔子

　　土力学之父太沙基教授是美籍奥地利裔人，20 世纪 30 年代后期开始任教哈佛大学并定居美国。不过早在 20 年代，他就有过一段短暂的美国求职经历。当他怀揣科技的"淘金梦"，来到普渡大学求职时，却因为普渡大学对他的工作并不感兴趣而陷入迷惘。沮丧之际，太沙基突然受到了麻省理工学院斯特拉顿校长的关注。1925 年，一封来自麻省理工土木与环境工程系系主任查尔斯教授言辞无比恳切的邀请函寄到太沙基面前，聘请他担任该系一名特殊讲师。据说，太沙基能够被麻省接受的一个重要原因就是，当时麻省理工的大礼堂（图 6-1）一直在发生沉降，令校方非常担心，他们寄希望于从事基础工程研究的太沙基能够为他们解决这个难题。

图 6-1　麻省理工学院的标志性大礼堂

　　而太沙基也不负众望，利用他广泛从事工程地质和岩土工程等实践工作中总结出的理论知识，预测大礼堂的沉降将趋于稳定，直到近一个世纪后的今天，大礼堂仍然作为学校标志性的建筑稳固地矗立在校园里，无疑证明了他的结论是何其正确。

展示土力学强大的威力，太沙基不仅为自己谋取了一份工作，更重要的是其理论在实际应用中受到了学界肯定。而这个被用于解决连麻省理工学院领导们都头疼问题的方法，便是太沙基一维固结理论的雏形。

虽然太沙基运用他的一维固结理论帮助麻省理工解除了忧虑，但是理论毕竟与现实有所差距，在本记中，笔者将先和读者一起分析太沙基一维固结理论与现实的差异所在。

2. 抽丝剥茧，溯本求源

什么是土的固结？一般认为，固结就是土体中孔隙内的水被排出，进而引起孔隙体积减小，造成土体宏观体变的现象与过程。孔隙水的排出从机理上可分为两部分：其一为需要经历孔压变化，引起有效应力不断提高而实现的主固结过程；其二为孔压无明显变化，即在有效应力不变条件下孔隙水亦可缓慢排出的次固结过程。

对于一般土质（如砂土、粉土、压缩性和含水率较低的黏土），我们更多关心的是主固结问题。不过，即使仅从主固结角度分析，对土体固结度的评价也会涉及两种评价标准：位移固结度和孔压固结度。从前者考虑，如果地基的沉降变形稳定了，土体的固结就算完成了；而从后者来看，如果地基中超静孔隙水压力消散了，土体的固结也就完成了。如此看来，从沉降（位移）和孔压两个角度分析固结度所得结论应该是等价的，然而实际情况果真如此吗？

由于固结度在工程中的应用不仅仅是某一点土体的固结度，更是整个土层平均固结度的延拓，所以从孔压和位移方面进行固结度评价的标准需要层层深入。那么，我们就从最基本的揭示土体中某一点固结度的室内一维固结试验谈起。

我国土工试验规程中采用的一维固结稳定判别标准基本都是位移评价体系，例如每小时的压缩变形量不超过 0.01mm（《土工试验方法标准》（GB/T 50123—2019），《公路土工试验规程》（JTG 3430—2020），《土工试验规程》（SL 237—1999）），亦或更小的位移控制标准——压缩变形量不超过 0.005mm/h（《铁路工程土工试验规程》（TB 10102—2010 中针对黏性土））。采用位移控制标准，一方面是基于众多实际工程问题是通过控制沉降量来确保工程安全的现实，另一方面是受制于常规一维固结试验装置难以测定孔隙水压力的局限。

但学过土力学的读者稍加思考就会发现，作为工程界固结设计理论依据的太沙基一维固结方程，却是基于孔隙水压力随时间的消散程度来对固结度进行求解的。通过对孔压消散的分析，可以得到各点实际的即时有效应力状态，也有助于对地基强度和稳定性做出判别。因此，如能在土体固结过程中对孔压和位移两种固结度进行实时测定，分析和比较两种固结度评价标准的异同，对指导和解决工程实际问题很有意义。

图 6-2 是笔者采用可实时监测超静孔压消散的固结装置进行一维固结试验得到的黏土样 e-t 关系曲线。试样用土为温州滨海表层饱和重塑黏土，孔隙比为 1.37，密度为 1.73g/cm^3，液、塑限分别为 35%、19%，试样初始含水率 50%。如图所示，选取压缩始末两个孔隙比，即图中的 e_0 和 e_p（分别对应图中 A 点和 D 点）。又在中间找到一个 B 点，孔隙比为 e_{s50}，满足 $e-e_{s50}=0.5$（e_0-e_p）。这就意味着，按照变形的评价标准，B 点即固结度为 50% 的点。但是如果从超孔压消散方面考虑呢？我们发现 50% 超静孔隙水压力消散对应图中 C 点，也就是说孔压和位移 50% 固结度明显不重合。

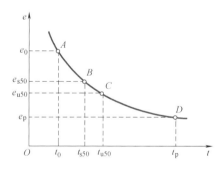

图 6-2　50% 含水率黏土样 e-t 关系曲线（围压 200kPa）

为了更全面地展示固结度评价差异，笔者将以四个不同竖向固结应力水平进行固结试样的孔压和位移固结度开展曲线绘制在图 6-3 中（图中 S5XX 符号释义为，5 代表初始含水率 50%，XX 代表对应的位移或孔压固结度，如"S510 位移"表示初始含水率 50% 试样，位移固结度达到 10% 的沉降）。由图可见，在固结度开展较大时（如接近 90% 固结度状态下），两者的历时差异较小。而在中间过程，位移和孔压的评价标准有显著不同，相同时间下，位移固结度普遍要比孔压固结度快很多。比如，在固结应力分别为 100kPa、200kPa、300kPa、400kPa 下，位移固结度达到 50% 相比于孔压固结度达到 50% 所需时间提前约

4400s、2600s、1650s、1450s。如果计划得到沉降历时，但采用了孔压消散的评价标准，显然会造成工期上的浪费。

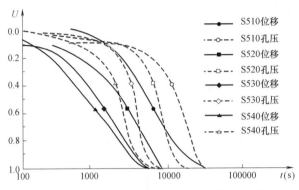

图 6-3　50% 含水率试样位移和孔压固结度曲线

那么究竟是什么原因造成这种差异的呢？我们列出一个计算竖向应变最基本公式，如式（6-1）所示：

$$\varepsilon_z(t) = \frac{p - u(t)}{E_s(t)} \qquad (6-1)$$

式中：　　p ——竖向总应力增量；

　　$\varepsilon_z(t)$ ——任意时刻竖向应变；

　　$u(t)$ ——任意时刻超静孔隙水压力；

　　$E_s(t)$ ——任意时刻土体压缩模量。

孔压 u 在 p 不变的条件下实际随时间变化，亦造成有效应力随时间的同步变化。而变形和有效应力间的联系纽带，在一维条件下就是压缩模量 E_s，若压缩模量是常数（不随时间和深度改变），那么任意点竖向应变与孔压随时间的变化率应相似，由此求得的位移和孔压固结度也等价。**因此，造成位移和孔压固结度不统一的核心原因是压缩指标随有效应力水平的变化而变化。**

从 $e\text{-}t$、$e\text{-}p$ 曲线均可得到 E_s 非常数的结论，它随着有效应力的增强、时间的增加而变大，且在固结过程中始终不稳定。如果把 E_s 的稳定程度也看成是一个"拟固结度"，则该"拟固结度"在固结过程中始终小于1，直到固结结束才达到1。而从式（6-1）的数学关系可知，孔压处于应变与模量乘积的地位，因此同一时刻孔压固结度始终要比应变固结度来得小也就不难理解了。

太沙基一维固结方程，其推导到式（6-2）这一步时，尚未隐藏掉模量参数随应力水平的变化：

$$\frac{kE_s(t)}{\gamma_w}\frac{\partial^2 u}{\partial z^2}=\frac{\partial u}{\partial t} \tag{6-2}$$

式中： k ——渗透系数；

γ_w ——水的重度；

u ——孔隙水压力；

z ——土体内任意位置；

t ——任意时刻。

但为了便利计算，将此后方程求解时的压缩模量假设为常数，故所求得孔压的变化规律也就与竖向应变的变化规律相一致了。

以上指出了位移和孔压固结度差别的根本来源——模量随有效应力不断变化。由是若将固结度概念由一点推广到整个土层的综合视角，位移和孔压的平均固结度也是不等价的。

以某一均质土层为例（即土体的压缩模量等参数沿着深度不发生变化），经某一段时间 t 后，土体平均孔压固结度和平均位移固结度分别用式（6-3）、式（6-4）表示：

$$U_u=\frac{\int_0^H p_z'(t)\,\mathrm{d}z}{\int_0^H p\,\mathrm{d}z}=\frac{\int_0^H [p-u_z'(t)]\,\mathrm{d}z}{pH} \tag{6-3}$$

$$U_s=\frac{\int_0^H p_z'(t)/E_s(t)\,\mathrm{d}z}{\int_0^H p/E_{s\infty}\,\mathrm{d}z}=\frac{\int_0^H [p-u_z'(t)]/E_s(t)\,\mathrm{d}z}{pH/E_{s\infty}} \tag{6-4}$$

式中： U_u ——单一土层平均孔压固结度；

U_s ——单一土层平均位移固结度；

p ——竖向附加总应力，假设沿着地基深度不变；

H ——土层厚度；

$p_z'(t)$ —— z 深度处 t 时刻的有效附加应力；

$u_z'(t)$ —— z 深度处 t 时刻的超静孔隙水压力；

$E_s(t)$ ——土层中 t 时刻的压缩模量；

$E_{s\infty}$ ——土层长期压缩模量。

若外加附加应力较大，而压缩土层较薄，假设压缩模量 $E_s(t)$ 仅与外界附加的有效应力增量有关，而和土层深度无关，则可将式（6-4）中的 $E_s(t)$ 提出积分式外，有：

$$U_s = \frac{E_{s\infty}}{E_s(t)} U_u \qquad (6\text{-}5)$$

结合式（6-1）和式（6-5）可知，此时，整个地层中孔压和位移固结度的差异比值，与地基中某一点处的孔压与位移固结度的差异比值应是一样的。

本节从土层中某一点的孔压固结度与位移固结度对比分析到整个土层的平均孔压固结度和位移固结度对比，逐步说明了"人造固结度"与现实存在的固结度之间出现差异的根源来自时刻变化的压缩模量，它的存在给人们对孔压固结度与位移固结度的认知带来了不少困惑。实际工程中，土体可能是双层或者多层，各层土的压缩模量更不相同，此时孔压和位移的固结度评价效果还会呈现位移固结度先于孔压固结度的趋势，或者当假定压缩模量不随应力变化时，孔压和位移固结度就能等价的情况吗？接下来我们就以双层地基为例来谈谈多层土中位移和孔压固结度的特征。

6.2 不再统一的孔压与位移固结度：双层地基中固结度的判定

地基中需要分析的不是某一点的固结度，而是整个地基的平均固结度——从应力的角度判别，应是土层中各点现有有效应力的累积与最终各点的有效应力累积之比；从变形角度，则是各点即时变形的累积与最终各点的变形累积之比（即即时沉降与最终沉降之比）。直观上看，用应变界定的固结度似乎更好理解，然而在计算过程中，必须借助固结方程，从而需先从应力出发（超静孔压到有效应力），再到应变。而这一转换过程，根据太沙基一维固结方程超静孔压 u 的解答（式（6-6）），我们可知期间必然夹杂着压缩模量的影响，会导致位移和孔压固结度两种评价体系存在差异。

$$u = \frac{4}{\pi} p \sum_{m=1}^{\infty} \frac{1}{m} \sin\left(\frac{m\pi z}{2H}\right) e^{-m^2 \frac{\pi^2}{4} \frac{kE_s}{\gamma_w H^2} t} \qquad (6\text{-}6)$$

式中：m ——正奇数（1，3，5···）；

  H ——最大排水距离，单面排水时为土层厚度，双面排水时为土层厚度的一半。

土的形成需要经过岩石的风化、剥蚀、搬运、沉积等过程，而在不同的外部条件下，会形成形态特征各不相同、重叠在一起的土层。当两个相邻土层模量相差较大时，在进行一维固结分析时需要将其视为双层地基。在分析双层地基的时候，我们不必严格依据式（6-6）所列举的表达式来分析位移和孔压两种固结度的差异，只需借助固结度定义就可以管窥其中的端倪。

假设有一双层地基，每层土模量不相同，但同层土中模量不变（这是地基中出现不同模量分布最简单的情况）。上层和下层土的压缩模量分别为 E_{s1} 和 E_{s2}，而地基顶面作用着大面积瞬时堆载 p，不随时间变化。

若根据平均有效应力实现程度（或者说是孔压的消散程度）来表达固结度的含义，则对应固结度的表达式为：

$$U_u = \frac{\int_0^{H_1} p_1' \mathrm{d}z + \int_{H_1}^{H_2} p_2' \mathrm{d}z}{\int_0^{H_1} p \mathrm{d}z + \int_{H_1}^{H_2} p \mathrm{d}z} \tag{6-7}$$

式中：U_u ——双土层平均孔压固结度；

$\quad$ H_1 ——第一分层的厚度；

$\quad$ H_2 ——第二分层的厚度；

$\quad$ p_1' ——第一分层内任意点的有效应力；

$\quad$ p_2' ——第二分层内任意点的有效应力。

而如果根据沉降完成程度来列式，则固结度的表达式为：

$$U_s = \frac{\int_0^{H_1} p_1'/E_{s1} \mathrm{d}z + \int_{H_1}^{H_2} p_2'/E_{s2} \mathrm{d}z}{\int_0^{H_1} p/E_{s1} \mathrm{d}z + \int_{H_1}^{H_2} p/E_{s2} \mathrm{d}z} \tag{6-8a}$$

式中：U_s ——双土层平均位移固结度；

$\quad$ E_{s1} ——第一分层内任意点的土体压缩模量；

$\quad$ E_{s2} ——第二分层内任意点的土体压缩模量。

若令 $E_{s1} = mE_{s2}$，并代入式（6-8a）中可得

$$U_s = \frac{\int_0^{H_1} p_1' \mathrm{d}z + m\int_{H_1}^{H_2} p_2' \mathrm{d}z}{\int_0^{H_1} p \mathrm{d}z + m\int_{H_1}^{H_2} p \mathrm{d}z} \tag{6-8b}$$

则有：

$$U_u - U_s = \frac{\int_0^{H_1} p_1' \mathrm{d}z + \int_{H_1}^{H_2} p_2' \mathrm{d}z}{\int_0^{H_1} p \mathrm{d}z + \int_{H_1}^{H_2} p \mathrm{d}z} - \frac{\int_0^{H_1} p_1' \mathrm{d}z + m\int_{H_1}^{H_2} p_2' \mathrm{d}z}{\int_0^{H_1} p \mathrm{d}z + m\int_{H_1}^{H_2} p \mathrm{d}z} \tag{6-9}$$

$$= \frac{(m-1)(\int_0^{H_1} p_1' \mathrm{d}z \int_{H_1}^{H_2} p \mathrm{d}z - \int_{H_1}^{H_2} p_2' \mathrm{d}z \int_0^{H_1} p \mathrm{d}z)}{(\int_0^{H_1} p \mathrm{d}z + \int_{H_1}^{H_2} p \mathrm{d}z)(\int_0^{H_1} p \mathrm{d}z + m\int_{H_1}^{H_2} p \mathrm{d}z)}$$

由式（6-9）可知，U_u 与 U_s 的大小关系取决于多项式式（6-10）的正负。

$$(m-1)(\int_0^{H_1} p_1' \mathrm{d}z \int_{H_1}^{H_2} p\mathrm{d}z - \int_{H_1}^{H_2} p_2' \mathrm{d}z \int_0^{H_1} p\mathrm{d}z) \tag{6-10}$$

两层土的模量相等时，$m = 1$，则孔压和位移的固结度相等；而 m 不等于 1 时，该多项式值就不等于 0，从而导致孔压和位移评价的标准有差。

显然模量差异是评价两种固结度相对大小的第一要义，而式（6-10）右边括号内的公式体现的是土层厚度的影响，设定 N 表示该括号内的两式之比，并通过判断 N 与 1 的关系，以得两种固结度的相对大小关系：

$$N = \frac{\int_0^{H_1} p_1' \mathrm{d}z \int_{H_1}^{H_2} p\mathrm{d}z}{\int_{H_1}^{H_2} p_2' \mathrm{d}z \int_0^{H_1} p\mathrm{d}z} = \frac{(\int_0^{H_1} p_1' \mathrm{d}z)/H_1}{(\int_{H_1}^{H_2} p_2' \mathrm{d}z)/(H_2 - H_1)}$$

$$= \frac{[\int_0^{H_1} (p - u_1(t,z))\mathrm{d}z]/H_1}{[\int_{H_1}^{H_2} (p - u_2(t,z))\mathrm{d}z]/(H_2 - H_1)} \tag{6-11}$$

由式（6-11）可见，若单面向上排水，下层的即时孔压值普遍比上层大，从定性上可得下层平均固结度要小于上层的平均固结度，故 N 大于 1。由此可得推论：若上层土比下层硬（$m > 1$，天然硬壳层），又是单面向上排水，或者上层土比下层软（$m < 1$），又是单面向下排水时，则孔压固结度要大于位移固结度；反之如果上层土硬于下层土，但是单面向下排水，或者是上层土软于下层土，且为单面向上排水，则孔压固结度要小于位移固结度。

如果是双面排水，而两层土的厚度差不多，则固结度理论上应该主要取决于模量大小，上层硬则孔压消散快，下层硬则位移固结快。

通过 6.1 节和 6.2 节，我们对局部某一点的固结度，以及整个地基土层的平均固结度的含义都进行了分析。不仅从中看到位移固结度和孔压固结度的差异，也对固结度这个概念有了更深刻的体会——所谓"固结度"其实是一种为工程服务而人造的概念，在体现其物理本意的同时，也蕴含着唯象的意味。一旦有唯象，就可能存在不合理，因为更多未知因素或许就隐藏在其中，我们必须透过概念找到事物本质涵义，才能够更好地为工程服务。

如果我们把视角再提升一下，上述固结度的差异体现的就是具有一定物理意义的人造数学参数引起的差异，并非是绝对统一的物理量所引起的。上述这种脱离复杂公式定性分析的结果也说明，随着科技发展，越来越多的数学技术被应用于科技的同时，不能忽视数学公式背后所蕴涵的物理含义和本质特征。很多看似不解的数学问题，如果具象到一定的物理高度，就能比较清晰的理解，并对症下药予以解决。这正是本书强调土力学中应用"物理思想"的再次体现。反过来看，在实际工程运用中也常会面对一些物理本质解释不清的概念，如地磁的南北极与地理的南北极并不完全重合，存在磁偏角，但是人们却利用受地磁影响的磁针来判断方向，并不会在广袤大地中迷失方向。所以说，"无所不备，则无所不寡"，只要能有效解决所针对的实际问题，就不必为只能逼近真理却无法完全揭示它而苦恼，正所谓不管白猫还是黑猫，只要能抓到老鼠，就是我们想要的好猫了。

6.3 大而建瓴，小而实用：常用固结理论的差别

1. 各有所长的太沙基固结理论与比奥固结理论

上两节中有关固结度的谈论都是定性的，目的在于让读者更好地把握固结度计算的方向。但在实际工程中，这还远远不够，我们须在定性分析基础上进行定量计算，方能使固结理论神形兼备。为此，历代专家学者不断尝试，也使我们能在各种教材和手册中看到千变万化的固结方程以及对应的各类精确或近似的解答。

太沙基固结理论和比奥固结理论是目前最常用的两种土体固结理论，大家都很熟悉太沙基教授（图 6-4（a）），而对比奥教授（M.Biot）（图 6-4（b））则可能有些陌生。严格说，比奥教授并不是专职土力学家，他是一位拥有比利时鲁汶大学哲学、采矿工程、电气工程学士学位和美国加州理工学院航空科学博士学位（师从冯·卡门教授）的全能型力学宗师，其更多业绩是在航空领域所做出，但是他在多孔介质弹性理论中的开创性成果（亦即比奥固结理论），描述了流体饱和多孔介质的力学行为，为土力学变形理论的发展和应用做出了重大贡献。可以说，目前绝大多数学者关于固结问题所开展理论构架、数值模拟、试验分析等方面的研究都是基于这两种理论展开的。

太沙基固结理论优点是求解方便，且其一维固结理论已被广泛应用于地基固结度的计算与预测，积累了丰富的工程应用经验。但在三维条件下，因其假设了三个正交方向正应力之和不随时间变化，与实际矛盾，使得所求解并不精确。而比奥固结理论则对其进行了改进，避免了此种有缺陷的假设。但比奥固结理论增加求解精确性的同时亦增加了未知参数、提高了求解难度，使得该理论难以完全解析，在实践中应用较为困难。由此可见，两种固结理论各有优势和局限。

(a) 太沙基教授　　　　　　　　(b) 比奥教授

图 6-4　两位在固结理论建立中做出划时代贡献的先贤

对于太沙基固结理论，前面已通过示例做了较为详细的剖析，下面笔者将主要评述一下比奥固结理论的特色。比奥固结方程的基本框架是相当清晰明了的，方程建立首先基于一般弹塑性力学的平衡、几何和物理三大方程假设，如式（6-12）～式（6-14）所示：

$$\begin{cases} \dfrac{\partial \sigma'_x}{\partial x} + \dfrac{\partial \tau_{xy}}{\partial y} + \dfrac{\partial \tau_{xz}}{\partial z} + \dfrac{\partial u}{\partial x} + f_x = 0 \\[2mm] \dfrac{\partial \sigma'_y}{\partial y} + \dfrac{\partial \tau_{yx}}{\partial x} + \dfrac{\partial \tau_{yz}}{\partial z} + \dfrac{\partial u}{\partial y} + f_y = 0 \\[2mm] \dfrac{\partial \sigma'_z}{\partial z} + \dfrac{\partial \tau_{zy}}{\partial y} + \dfrac{\partial \tau_{zx}}{\partial x} + \dfrac{\partial u}{\partial z} + f_z = 0 \end{cases} \tag{6-12}$$

$$\begin{cases} \varepsilon_x = \dfrac{\partial w_x}{\partial x} \\[2mm] \varepsilon_y = \dfrac{\partial w_y}{\partial y} \\[2mm] \varepsilon_z = \dfrac{\partial w_z}{\partial z} \end{cases} \tag{6-13}$$

$$\begin{cases} \sigma'_x = 2G\left(\dfrac{\mu}{1-2\mu}\varepsilon_v + \varepsilon_x \right) \\[2mm] \sigma'_y = 2G\left(\dfrac{\mu}{1-2\mu}\varepsilon_v + \varepsilon_y \right) \\[2mm] \sigma'_z = 2G\left(\dfrac{\mu}{1-2\mu}\varepsilon_v + \varepsilon_z \right) \end{cases} \tag{6-14}$$

式中：f_x、f_y、f_z——分别为 x、y、z 三个方向的体积力；

ε_x、ε_y、ε_z——分别为 x、y、z 三个方向的正应变；

σ'_x、σ'_y、σ'_z——分别为 x、y、z 三个方向的有效正应力；

τ_{ij}——作用在垂直于 i 轴的面上而沿着 j 轴方向作用的切应力（$i=x$、y、z，$j = x$、y、z）；

w_x、w_y、w_z——分别为 x、y、z 三个方向位移；

G——剪切模量；

μ——土的泊松比；

ε_v——体积应变。

其中，式（6-12）为平衡方程，式（6-13）为几何方程，式（6-14）为物理方程。

可以看到这个架构和太沙基思想略有不同，其建模本身并没有显示出为解决固结排水而专设的特色。

对于这些方程，人们能够加以改造亦或创新的程度是不同的，这是读者们在解决相关问题和获得求解问题便捷性时需注意的一点。具体而言，作为平衡方程的式（6-12），其实是一个万能定律，人们无法改变，但是在有水存在的条件下，**应将总应力表示成为有效应力和孔压的组合形式（这样所谓平衡的受力对象依然是土体而不是土骨架或土粒，请务必注意这个问题）**；对于几何方程式（6-13），比奥方程一般只是取了一阶偏导，这说明只有在小应变下才能适用；而剩下的物理方程（或者在弹塑性力学中称之为本构方程），例如式（6-14）反映的广义虎克定律（这是目前最为常用的比奥固结方程本构方程），则是三大方程中受经验因素（或者说人为因素）影响最大，成为求解问题变数最多的核心所在。

比奥方程在干土中也适用。当有孔隙水压力存在时，即便不考虑未知水平向位移应力分量个数（仅计算竖向变形分量），方程数仍明显少于未知参数，这导致即使是线性方程组都难以求解，更不用说这是一组令人头疼的偏微分方程了。

因此真要从比奥法思路解决固结问题，除了式（6-12）～式（6-14）以外，还要根据水流量变化引起试样等量体变这样一个物质守恒的角度，引入式（6-15）（即所谓连续性方程）：

$$\frac{\partial \varepsilon_v}{\partial t} = -\frac{k}{\gamma_w}\left(\frac{\partial^2 u}{\partial x^2} + \frac{\partial^2 u}{\partial y^2} + \frac{\partial^2 u}{\partial z^2}\right) \tag{6-15}$$

上述架构在一定的本构理论框架（比如线弹性环境）中是严谨的，然而用这种方法仍难得到可操作性的解答。因此人们想到用变通的方式来求解，最直接的思路就是理清这些方程为谁而设——即使是最一般的三维条件，针对固结问题，也并非要求解所有分量，人们最想了解的就是孔压消散过程，并用其去求解固结度（虽然现实中压缩模量不恒定情况下，应变固结度与孔压固结度并不统一，但较之应变，孔压更容易求解，并且当压缩模量能够被假设为常数时，孔压固结度应与位移（应变）固结度一致）。

为了求解孔压，在三维条件下，可通过建立一个体变的物理方程或相关变体，作为体积变化与孔压变化联系的纽带，因此便很自然地想到把三个正应变求解的物理方程叠加，得到式（6-16）：

$$\frac{\partial \varepsilon_v}{\partial t} = \frac{1}{K}\frac{\partial(p-u)}{\partial t} = \frac{1}{K}\frac{3\partial(p-u)}{3\partial t} = \frac{1}{K}\left[\frac{\partial(\sigma_z-u)}{3\partial t} + \frac{3\partial(\sigma_y-u+\sigma_x-u)}{3\partial t}\right] \quad (6\text{-}16)$$

式中：K——体积模量。

并有如下关系式：

$$K = \frac{E}{3(1-2\mu)} \quad (6\text{-}17)$$

式中：E——土体弹性模量。

这便是当前运用比奥固结法求解孔压时，所采用的较为实用的方程式。

而式（6-16）也正是太沙基三维固结理论所用到的物理方程。也许站在今天的视角，有人会认为太沙基法只是比奥方法的一种重组形式，但从历史进程来看，太沙基固结理论先于比奥固结理论，他是一步到位地提出了式（6-16）这个方程，这也体现了一切太沙基方法所带有的鲜明烙印——在太沙基的理念中，工程问题的解答不能只是提出极难求解的方程，而让大家去欣赏数学之美；确保在理论性与实践性取得平衡的条件下，一针见血地解决实际问题的主要矛盾才是追求的优先目标。

当今比奥固结方程虽然已经被奉为小变形固结理论计算的圣经级公式，但是其在求解中的难度，也使得应用者望而却步。相比而言，太沙基方程求解容易，更有亲和力，但其三维条件下的解答也存在不精确的问题，因此在应用中需谨慎选择。关于这个问题，我们将在下面管窥一斑。

2. 从三维视角管窥一维固结变形精确解存在的物理解释

比之比奥方程，太沙基三维方程要简单许多，但实际操作中也有不小的困难。不过太沙基的做法总是在尽量逼近实际情况的原则下，大胆采用一些假设为其开路，如在三维方程的处理中，把三个正应力的和设定为一个不随时间改变的值，从而回避了固结过程中各方向正应力随时间变化的影响，减少了两个未知参数的求解量，确保方程顺利求解，并由此得到孔隙水压力随时间的变化规律。

话说到此，不知读者是否注意到：太沙基一维固结方程的解答是基于竖向应力 σ_z 不随时间变化的事实，进而在一维变形条件下求解得到的，如式（6-18）所示，且此时得到的是精确解。

$$\frac{\partial \varepsilon_z}{\partial t} = m_v \frac{\partial(\sigma_z - u)}{\partial t} = -m_v \frac{\partial u}{\partial t} \tag{6-18}$$

式中：m_v——体积压缩系数。

从本质上说，一维问题作为三维问题的特例，理论上必然可从三维条件下退化求解得到。于是就会出现一个疑惑：从三维理论看，求解一维问题，也可以用到三个正应力之和，而这时三个正应力和与单一竖向正应力不同，将随时间变化。那么三个正应力之和随时间的变化到单一竖向正应力随时间不变的转化，到底蕴藏着什么物理内涵？而如果直接转从三维方程（式（6-16））来求解一维问题是否会显著增加求解的计算成本呢？

我们不妨直接从太沙基三维固结方程入手，来尝试求解其一维条件下的解答，以探其中的玄机。这里我们比之式（6-16），退一步，假设土体为线弹性材料，应力-应变本构关系符合广义虎克定律，而一维下竖向加载仍然是一次施加，且不随时间改变。

由于太沙基三维固结理论除不限制土体侧向变形外，其余假定与一维固结理论相同。在三维问题中，土体体积应变为：

$$\varepsilon_v = \frac{\sigma'_x + \sigma'_y + \sigma'_z}{3K} \tag{6-19}$$

式中：K——体积模量。

进而可得土体体积应变与三个方向有效正应力的关系

$$\varepsilon_v = \frac{1-2\mu}{E}(\sigma'_x + \sigma'_y + \sigma'_z) \tag{6-20}$$

由式（6-20）可得太沙基三维固结理论中关于时间偏导的物理方程为

$$\frac{\partial \varepsilon_v}{\partial t} = \frac{1-2\mu}{E}\frac{\partial(\sigma'_x + \sigma'_y + \sigma'_z)}{\partial t} = \frac{1-2\mu}{E}\frac{\partial(\sigma_x + \sigma_y + \sigma_z - 3u)}{\partial t} \tag{6-21}$$

以上过程并未假设三个正应力之和不随时间变化。与经典的比奥固结理论相比，式（6-21）实际就是比奥固结理论中关于时间偏导的物理方程各个正应变分量的合并整合，只是尚未将几何方程表示出来，但推导过程是精确的。

既然一维情况是无侧向变形的特殊三维问题，故在一定条件下，式（6-21）应可转化成一维状态下固结理论中关于时间偏导的物理方程，下面将予以推演。

土体在侧限条件下无侧向变形，只有竖向压缩变形。如果为线弹性材料，此时三维问题转化为一维，据广义虎克定律可得：

$$\varepsilon_x = \frac{\sigma'_x}{E} - \frac{\mu}{E}(\sigma'_y + \sigma'_z) = 0 \qquad (6-22)$$

$$\varepsilon_y = \frac{\sigma'_y}{E} - \frac{\mu}{E}(\sigma'_x + \sigma'_z) = 0 \qquad (6-23)$$

由式（6-22）和式（6-23）可得：

$$\sigma'_x = \sigma'_y = \frac{\mu}{1-\mu}\sigma'_z \qquad (6-24)$$

将式（6-24）代入式（6-21）可得：

$$\frac{\partial \varepsilon_v}{\partial t} = \frac{(1-2\mu)}{E}\frac{(1+\mu)}{1-\mu}\frac{\partial \sigma'_z}{\partial t} \qquad (6-25)$$

将有效应力原理表达 $\sigma'_z = \sigma_z - u$ 代入式（6-25）可得：

$$\frac{\partial \varepsilon_v}{\partial t} = \frac{(1-2\mu)}{E}\frac{(1+\mu)}{1-\mu}\frac{\partial (\sigma_z - u)}{\partial t} \qquad (6-26)$$

侧限条件下，土体压缩模量 E_s 与弹性模量 E 之间的关系有：

$$E = E_s\left(1 - \frac{2\mu^2}{1-\mu}\right) \qquad (6-27)$$

将式（6-27）代入式（6-26）可得：

$$\frac{\partial \varepsilon_v}{\partial t} = \frac{1}{E_s}\frac{\partial (\sigma_z - u)}{\partial t} \qquad (6-28)$$

由于侧限条件下只有竖向变形，故 $\varepsilon_v = \varepsilon_z$，且根据 E_s 的定义可知其大小等于 $1/m_v$，将其代入式（6-28）可得：

$$\frac{\partial \varepsilon_v}{\partial t} = \frac{\partial \varepsilon_z}{\partial t} = -m_v\frac{\partial u}{\partial t} \qquad (6-29)$$

式（6-29）就是经典的太沙基一维固结理论中关于时间偏导的物理方程。由此即证明：侧限条件下，从太沙基三维固结理论中关于时间偏导的物理方程推导得到的方程与直接从太沙基一维固结理论中所得关于时间偏导的物理方程完全相同，物理上的精确内涵决定了数学上的推导必然是殊途同归。

而从繁琐程度来看，上述推导过程表明，即使是从太沙基三维固结理论中求解一维问题的特例也是非常便捷的，计算成本未有明显增加，换而言之，**也就是那个随时间变化的三正应力之和并没有"添乱"，那究竟是什么提供了计算上的便利呢？**

这便是我们接下来需要说明的问题，即对"一维变形条件下三个主应力之和随时间变化不影响固结方程求解的精度和计算成本"作出物理意义解释。由于一维条件下，竖向应力确实不随时间改变，因此这里谈论的实际就是水平向两个正应力之和随时间变化对固结方程求解的影响。

根据有效应力原理，式（6-24）可转化为：

$$\sigma_x - u = \sigma_y - u = \frac{\mu}{1-\mu}(\sigma_z - u) \tag{6-30}$$

竖向正应力 σ_z 始终不随时间变化，即 $\partial \sigma_z / \partial t = 0$ ，可由式（6-30）得：

$$\frac{\partial \sigma_x}{\partial t} = \frac{\partial \sigma_y}{\partial t} = \left(\frac{1-2\mu}{1-\mu}\right)\frac{\partial u}{\partial t} \tag{6-31}$$

由此可见，水平向总应力随时间变化的导数与孔隙水压力随时间变化导数呈线性关系。

因此有：

$$\frac{\partial(\sigma_x + \sigma_y + \sigma_z)}{\partial t} = 2\left(\frac{1-2\mu}{1-\mu}\right)\frac{\partial u}{\partial t} \tag{6-32}$$

由式（6-32）可知：一维（即侧限）条件下，三个主应力之和随时间变化率与孔隙水压力随时间变化率线性相关。因此，即使从三维角度出发，采用式（6-21）来求孔隙水压力随时间变化的解答时，也并未增加求解方程的计算难度和成本。

上述推导表明：假定土体为线弹性材料的前提下，基于侧限条件下的广义虎克定律表述，能得到关系式（6-31），即在水平向总应力随时间变化导数与孔隙水压力随时间变化导数线性相关的前提下，能确保从太沙基三维固结理论求解一维问题解答既不降低计算精度，又不显著增加计算难度和成本。

此外，当假定土体为非线弹性时，仍可类似上述步骤，将固结问题从三维便捷而精确地推导到一维，其前提只要确保水平向总应力随时间变化导数仍与孔隙水压力随时间变化导数呈线性关系，也就是土体必须具有侧限下水平有效应力和竖向有效应力成正比的本构方程。只是非线性情况下，弹性模量为变量（即 m_v 也为变量），增加了一维固结方程（6-29）的求解难度。

　　进一步说，如果不是一维固结条件，即使竖向总应力仍然不随时间改变（表明竖向有效应力与孔压随时间反向同步变化），即使是弹性本构模型，因为存在水平向正应变，使得水平有效应力随时间的变化建立不起与孔压随时间变化那样的相似正比关系，而且会和位移有关；进而有效应力和孔压只能自归自求解，无法合并，于是只好"请出"几何方程才能解决问题。这也就涉及我们下面要谈论的一个问题，固结方程组各方程出现的意义。

3. 用之则行、舍之则藏的耦合方程

　　关于固结度的研究，除了探讨其物理意义之外，更多的是为了增加其计算的可行性和便利度。因此，理清求解固结度时所有出现的方程及其存在的意义是很有必要的。第 2 节中对于看似与竖向变形无直接关联的变量间的联系进行了分析，阐明了太沙基固结方程和比奥固结方程之间的内在联系。而在本节笔者将进一步讨论一个小问题，以说明固结方程组中某些方程出现的意义。

　　许多文献资料认为，比奥固结理论从较严格的固结机理出发，推导了准确反映孔隙水压力消散与土骨架变形相互关系的三维固结方程，因为其体现了位移与孔隙水压力的耦合关系而优于太沙基固结理论。本书中也提到，如果水平应力和孔压随时间变化的线性关系不存在，也必须用到几何方程。那么这种耦合关系的存在性是否可以作为评价比奥固结理论优于太沙基固结理论的关键因素呢？或者说这种耦合关系存在的真正意义是什么呢？我们不妨换一个角度，从太沙基固结理论是否也能建立这一耦合说起。

　　为了更快捷地说明这个问题，我们仍取一维固结条件，此时在土体中取一微分体，体积力只考虑重力，z 坐标以向下为正，应力以压为正，建立的一维平衡微分方程为：

$$\frac{\partial \sigma_z}{\partial z} = \gamma_{\text{sat}} \tag{6-33}$$

式中：σ_z ——竖向正应力；

　　　γ_{sat} ——土的饱和重度。

　　代入有效应力原理 $\sigma_z = \sigma'_z + u$ 可得：

$$\frac{\partial \sigma'_z}{\partial z} + \frac{\partial u}{\partial z} = \gamma_{\text{sat}} \tag{6-34}$$

采用固结理论中最常用、最简单的广义虎克定律本构关系，将竖向应力、应变关系表示成：

$$\sigma'_z = \frac{2G(1-\mu)}{(1-2\mu)}\varepsilon_z \qquad (6-35)$$

采用几何方程将竖向正应变改由竖向位移表示为：

$$\varepsilon_z = \frac{\partial w_z}{\partial z} \qquad (6-36)$$

式中：w_z——竖向位移。

再将式（6-36）代入式（6-35），然后再代入式（6-34），可将一维平衡微分方程变为：

$$G\frac{2(1-\mu)}{1-2\mu}\frac{\partial^2 w_z}{\partial z^2} + \frac{\partial u}{\partial z} = \gamma_{\text{sat}} \qquad (6-37)$$

竖向有效应力与正应变的关系式为：

$$\varepsilon_z = \sigma'_z / E_s \qquad (6-38)$$

根据 $\partial \sigma_z / \partial t = 0$，将有效应力原理代入式（6-38），并对时间求偏导可得：

$$\frac{\partial \varepsilon_z}{\partial t} = \frac{1}{E_s}\frac{\partial \sigma'_z}{\partial t} = -\frac{1}{E_s}\frac{\partial u}{\partial t} \qquad (6-39)$$

将几何方程式（6-36）代入式（6-39）可得：

$$\frac{\partial \varepsilon_z}{\partial t} = \frac{\partial^2 w_z}{\partial t \partial z} = -\frac{1}{E_s}\frac{\partial u}{\partial t} \qquad (6-40)$$

再将式（6-37）和式（6-40）联立，即得一维固结中位移与孔隙水压力耦合方程：

$$\begin{cases} G\dfrac{2(1-\mu)}{1-2\mu}\dfrac{\partial^2 w_z}{\partial z^2} + \dfrac{\partial u}{\partial z} = \gamma_{\text{sat}} & (6-37) \\[3mm] \dfrac{\partial \varepsilon_z}{\partial t} = \dfrac{\partial^2 w_z}{\partial t \partial z} = -\dfrac{1}{E_s}\dfrac{\partial u}{\partial t} & (6-40) \end{cases}$$

式（6-37）等式左边第一项表示发生的竖向位移所对应的体积力，第二项表示孔隙水压力随深度变化所对应的体积力，它们的和与外荷载平衡。式（6-40）表示单位时间内，竖向位移改变所对应的竖向压缩变形与孔隙水压力变化引起的渗水量相等。两式联立，反映了太沙基一维固结中竖向位移与孔隙水压力的相互影响，亦即体现了两者的耦合。

由此可知，比奥固结体系中位移和孔压的耦合关系的存在并不是其优于太沙基固结方程的先决条件，它的真正贡献是为数学解答提供了更多的备选方程。比奥固结理论中，未知变量过多，必须建立位移与孔隙水压力的耦合方程、增加满足条件的方程数量，才能解出孔隙水压力 u 的表达式。而反观一维条件下，边界条件足以解出孔隙水压力 u 的表达式，所以太沙基一维固结的微分方程中，并没有必要用到这个耦合关系。

换句话说，不是位移和孔压的耦合造成了土体所受三个正交方向正应力之和随时间变化，而是如前文所述，大多数三维情况下，由于水平向位移的存在，造成孔压和水平向有效应力随时间变化率不同步，才是导致固结问题计算复杂化的关键。

土力学作为一门应用力学，理论的数学推导对于实际应用固然重要，但对理论本身物理内涵的理解亦不可忽视。如果我们不去很好地理解这些公式存在的意义，那想要进一步去解决问题，也会变得迷惑与困难。借用《论语》中的一句话，"用之则行，舍之则藏"，公式再多，也必须有选择的使用，只有在充分理解公式中变量物理意义、掌握理论推导过程来龙去脉的基础上，才能更好地将这些公式与实际应用相结合，推进固结方程应用的深入。

6.4 此"变"绵绵无绝期：浅谈次固结变形

在太沙基固结方程中，我们通过孔隙水压力随时间的消散程度对固结度进行求解。当超静孔隙水压力基本消散为零时，按道理土体体积压缩变形也应随之完成，然而由固结理论无法解释的是，土体的体积变形并无终止之意，这一变形会随土性不同，可能会持续很长时间，尤其对软黏土，这种变形量在总变形量中占有可观比例。土力学界常把这一超静孔隙水压力消散完成后仍然开展的固结变形称为次固结变形，而将孔压消散过程中所产生的固结变形称为主固结变形（也有研究指出，次固结实际与主固结同时发生，只是其作用程度会在主固结完成后才更为显现）。

关于次固结变形的机理众说纷纭，目前一般认为在荷载作用下，土体在主固结变形结束后，达到了一个暂时的、相对的平衡状态。而此时土体内部各个颗粒的受力并不平衡，随着土颗粒位置的不断调整和颗粒间弱吸着水的迁移，产生了宏观上的变形。具体而言，黏性土颗粒外的弱吸着水受到电分子引力作用时会产生黏滞性；两个土颗粒间的距离达到电分子引力的作用范围时，弱吸着水受到两个土颗粒的引力，从而产生了更大的黏滞性，使得土颗粒间更难以发生相对移动。由于弱吸着水的黏滞性，颗粒调整与弱吸着水迁移的速度十分缓慢，加上单一土颗粒的调整对周围区域的影响，最终导致了次固结变形的缓慢发生。同时，在整个固结过程中，土体体积不断减少，渗透系数也不断降低，使得黏性土的透水性更差，进一步降低了次固结变形的速度，且这种变形行为始终发生。而对于无黏性土，其土颗粒尺寸远大于弱吸着水的厚度，黏滞性对土颗粒位置改变的约束作用较小。当荷载作用在土体上时，土颗粒在较短时间内达到平衡，所以无黏性土的次固结变形较小。

如此看来，次固结变形是土体原先所加荷载引起的、缓慢发生的变形。那么这一变形过程到底会持续多长时间呢？围绕这个问题，在1936年举行的第一届国际土力学和基础工程会议上（图6-5为与会代表的大合影），新当选国际土力学及基础工程协会首任主席的太沙基教授与荷兰土力学创始人布斯曼教授展开了一场争论。布斯曼教授在会上提出了次固结变形永不停止的看法，但遭到了包括太沙基在内的诸多国际学者的质疑。就此，一场关于次固结的争论从那时拉开了序幕。

为了弄明白土体次固结变形到底会持续多久，1971年，上述争论发生35年后，维也纳工业大学的土力学实验室终于决定启动一场"简约"而"不简单"的试验。该实验将传统的一维固结压缩试验加载至681kPa后，开始了长达近半个世纪的漫长等待与观察（图6-6显示了试验中试样压缩随时间开展的情况）。

至2013年，接力的观察者发现受压土体即便历时42年的加载，土体压缩变形仍在继续发展，从压缩曲线判断即便实验继续进行，这种变形也只会减速而不会停止。这样的结果成为布斯曼教授当年看法的有力证据，让原本疑云重重的次固结变形问题现得曙光，也为两位大师近80年前留下的争论划下了一个句号。这里，我们也要点赞一下维也纳工业大学，这所太沙基教授曾长期工作的高校，敢于进行这样一个可能推翻（事实也证明确实推翻）太沙基论断的试验，应该说有相当勇气。不过科学的魅力也在于此——通过看法冲突碰撞迸射思维的火花，而后借助大量试验的证明或否定，获得突破与沉淀，最终又形成稳定的理论，不断推动社会的前进。

当然，就次固结存在性而言，早已经被学术和工程界普遍接受，次固结变形的预测评估也成为与黏性土相关岩土领域一个绕不开的工程问题。而说到要预测次固结，离不开对其开展特征的了解。从试验可知，次固结随时间变化是一个非线性过程。维也纳固结试验与大量实际工程数据显示，在长历时固结过程中，

图 6-5　第一届国际土力学和基础工程会议代表合影（二排左二为太沙基教授，遗憾的是布斯曼教授不在合影之中）

除了采用主固结与次固结划分外，还有必要将次固结沉降后半段划分为第三阶段固结。第三阶段固结对应于半对数尺度的变形 - 时间曲线上绘制的蠕变梯度逐渐减小的部分（如图 6-6 所示，681kPa 荷载下曲线从 1 年后到试验结束部分），在此阶段，变形量开始逐渐衰减，但持续存在。基于第三阶段固结的衰减特性，并结合现代数学计算方法，让"绵绵无绝期"的次固结变形最终值预测成为可能。这一发现对实际工程应用大有裨益，因为比起考虑变形到底要经历多少年，固结变形最终是否会收敛、收敛于什么值才是工程师们最关心的问题。

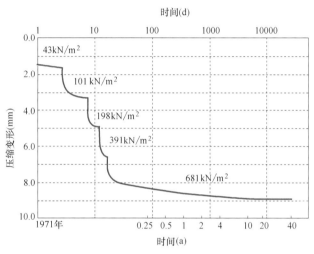

图 6-6　维也纳固结试验沉降曲线

6.5　结论结语

　　回顾前文，读者应该能够从固结记一步步地分析中理清人造"固结度"给我们造成错觉的原因了吧？不仅仅是即时变化的土体压缩指标，其实生活中还存在许多隐藏在表象之下的因素干扰着我们对自己所生存空间的理解，这就需要我们善于发现和分析问题，透过现象看清事物本质，清醒地认识世界。本记也通过对比太沙基固结法和比奥固结法，阐述了土力学固结理论中两大经典理论各自的优势和适用条件，由衷地提醒读者，在熟练应用这些理论公式的同时，切不可忽视公式中变量的物理意义、理论推导过程，否则只能感受到应用公式解决工程问题所带来的便捷，而不能体会到它们各自的真谛与精髓，也会在延拓相关公式作用时遇到困惑和混淆。另外本记也强调了次固结的存在性，呼吁大家能更为全面地审视固结问题。

我们生活中其实遇到过很多涉及固结理论的沉降问题，例如工程中常用的沉降缝、在公路上遇到的"桥头跳车"等。这种沉降似乎司空见惯，但是如果是地球大陆体本身随着时间在不断发生沉降无疑是令人惊悚的。例如在我们一衣带水的邻邦日本，就有一座饱受过量沉降困扰，在海水中不停下沉的机场。

1987 年，由于日本大阪市紧张的城市用地和建立机场的迫切需求，工程师们在大阪湾内开始修建世界上第一座填海造陆建成的人工岛机场——关西国际机场，造陆过程如图 6-7（a）所示。机场人工岛在填筑过程中便初现问题，填土阶段出现的超乎预期的严重沉降，使得当时的施工队不得不运送了额外巨量的土料，并引起了世界各地岩土学者们高度关注和激烈地讨论。我国岩土工程界的权威科学家、河海大学钱家欢教授，在 1991 年赴日本讲学期间，也受日本土质学会理事长赤井浩一教授邀请，专程前往检视施工现场（图 6-7（b））。

（a）机场填海现场中景　　　　　　（b）钱家欢教授(中)应赤井浩一教授(右)
邀请检视填海现场

图 6-7　日本关西机场填筑现场

似乎一切有惊无险，1994 年关西机场在投入了超乎想象的大量人力、财力的基础上终于竣工了（图 6-8（a）），并获得来自美国土木工程学会（ASCE）"金字塔式的里程碑"的极高赞誉和一块金灿灿的千禧工程纪念牌（图 6-8（b））。

未曾想，躺在大阪湾底部，厚达 22m 又无法处理的软弱洪积层（赤井浩一教授称其只比豆腐"硬"一点）却并不"配合"，在每平方米高达 40t 的上覆巨型堆载下，旷日持久地产生着远超工程设计的固结变形。截至 2018 年底，一期人工岛累计沉降已达 13.3m，其中近十年来的每年平均沉降值仍有 6～7cm。更有全球变暖海平面上升所带来的雪上之霜，也许再过几十年，这一"世纪工程"便要沉入海平面以下。忧心忡忡之余，日本工程师们痛定思痛，在吸取一期人工岛建设教训的基础上，于 2007 年又修建完成了一条更长的跑道（即图 6-9（a）左侧的跑道），而将原先的跑道仅作为副跑道（图 6-9（a）右侧的跑道）使用。

(a) 机场竣工景象

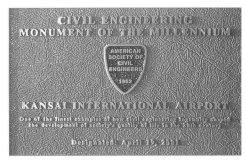

(b) ASCE颁发给机场的千禧工程纪念牌

图 6-8 关西机场竣工图景与千禧工程纪念牌

(a) 机场航拍图(左侧为后修跑道)

(b) 后修跑道2018年遭遇飞燕台风被淹景象

图 6-9 关西机场后修跑道图景

设计时未能合理估计和采取有效控制固结沉降的措施酿成终身遗憾，一个看似带来无上荣光的机场同样也扮演着吃钱怪兽的角色终日吞噬着日本国民的钱袋，成为世界各国开展海上填岛工程的警示。

不过虽有殷鉴，区域的发展瓶颈和昂贵的城市地价让更多国家还是不得不把机场选址的目光投向了海洋。目前全球已有几十个建于填海形成的人工岛上的机场，控制岛屿的固结变形始终是这些工程关注的头等大事。2019 年 4 月，土耳其航空公司将阿塔图尔克机场搬迁到伊斯坦布尔机场（图 6-10（a）），而新机场建设在黑海沼泽的淤泥基础上。这座"世界第一大机场"在工程施工中使用压路机，对将近 4 亿 m³ 的土壤进行压实和填方工作。不过，大刀阔斧地进行高强度的压实工程之余，却对基础底层的沼泽淤泥重视不足，因此也引起了一些专家的担忧——谁也不知道大阪的危机会不会在伊斯坦布尔重新上演。2016 年 7 月，马尔代夫易卜拉欣·纳西尔国际机场（旧称：马累国际机场）第四次改扩建项目开工，2018 年 9 月机场建成并投入使用（图 6-10（b））。这个项目由北京城建集团参与合作,建设内容包括新跑道、停机坪、航站楼、油库,而其中的首要任务,便是如何使用当地堆积如山的珊瑚砂进行填海工程。吹填场区海床上为厚厚的珊瑚砂层,下伏礁灰岩,相较于软土,不仅主固结过程耗时较短,次固结沉降量所占比例也较小。尽管如此,北京城建集团仍展开多次探讨论证,分别在浅填海区、深填海区以及陆域区设立试验段,尝试以强夯法、振冲法、冲击碾压法和振动碾压法四种地基处理方案,并最终根据试验结果,采用振动碾压方法对吹填层成功进行了地基处理。

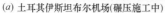

(a) 土耳其伊斯坦布尔机场(碾压施工中)　　(b) 马尔代夫易卜拉欣·纳西尔国际机场

图 6-10　国际典型填海机场

对岩土设计师们来说,自己的职责不仅要在实际工程中应用好固结理论,同时还需吸取已有工程中的教训与不足,不断改进方案,只有让变形的时机和程度都掌控在自己手中,才能确保过度沉降不再发生。

一维固结条件作为土力学领域最经典也是最简单的条件之一,将复杂的实际问题进行了简化,虽便于推进一般工程设计,但因其假设与实际情况存在差异的"先天不足",可能会导致计算结果出现较大差异,故仍有诸多问题亟待解决。深埋于地下的漫长土体固结过程虽困扰我们良久,但土力学这门学科也在时间的长河里不断推陈出新,蓬勃发展。"念念不忘、必有回响",相信在百年来历代岩土先贤留下的宝贵财富和无限智慧启迪下,在无数岩土工作者的努力下,终能觅得固结问题更为深邃的奥秘所在,为日新月异的上部结构,常筑一个安全可靠的基础。

本记主要参考文献

[1] H. Brandl. Consolidation/Creeping of Soils and Pre-treated Sludge[J]. Poromechanics V-Proceedings of the 5th Biot Conference on Poromechanics. 2013,(1):1346-1357.

[2] Kansai Airports. About Kansai Airports Group[Z/OL]. [2019-4-1]. http://www.kansai- airports.

co.jp.

［3］ 龚晓南.高等土力学 [M].杭州：浙江大学出版社，1996.

［4］ 沈扬，张文慧.岩土工程测试技术（第二版）[M].北京：冶金工业出版社，2017.

［5］ 殷宗泽.土工原理 [M].北京：中国水利水电出版社，2007.

［6］ 沈扬，李海龙，励彦德.太沙基三维固结方程在一维情况下精确解的物理意义解释 [J].水利与建筑工程学报，2012，10（6）：14-17.

第七记　强度记——雾里看花的规律与定律

7.1　这个圈圈不好画：冠名权争议下土的强度问题基本表述

1. 强度是什么——打破砂锅也问不到底

　　17 世纪时，德国首先敷设了向居民提供饮用水的铸铁管道。据说邻居法国见状，不甘示弱，也开始进行同样的基础设施建设，却常常遇到铁管断裂的现象。增大铸铁管厚度显然可以解决这种断裂问题，但是厚度增大使得成本大大增加，过水面积减小，一味增加厚度实在不是明智之举，可是也没有谁能说得清多少厚度就足够了。法国人于是带着最好的香槟和松露去向德国人请教。德国人看到法国人这么虔诚，就道出了他们的设计依据。原来，德国的友邦意大利有一位科学家名为伽利略（G.Galileo）（图 7-1（a）），进行了很多石料和铁丝的拉伸试验，提出了解释脆性材料断裂的理论，认为材料发生断裂是由最大拉应力引起，即最大拉应力达到某一极限值时材料发生断裂。由此该极限应力就作为判断脆性材料是否破坏的依据，应用在铸铁管道设计中。法国人如获至宝，回国按照这种理论进行管道设计，断裂问题果然不再出现。而上文所述"材料断裂"的强度规律也就是后世所称的第一强度理论。

　　没过多久，法国的理论界也开始在强度理论上攻关突破，该国的神父兼科学家马里奥特（E.Mariotte）（图 7-1（b））提出了最大伸长线应变理论，认为材料发生断裂是由最大拉应变引起，这就是后来人们所称的第二强度理论。这个理论与混凝土块受压的试验结果更为吻合，因此也被广泛应用。

　　那个时期，人们主要使用的建筑材料仍是砖、石、铸铁等脆性材料，材料受力多在拉、压的路径下，采用第一和第二强度理论来描述它们的破坏特性都没有出现太大问题。

到了 19 世纪，钢材的锻造工艺日渐先进，价格逐渐降低，人们开始使用钢材等塑性材料，人们发现这些材料破坏时往往表现为塑性屈服，拉伸时材料沿斜截面发生滑移，与铸铁材料破坏类型有所区别；而采用第一、第二强度理论判断构件是否破坏也不再准确。由此诞生了新的强度理论，即认为无论在什么样的应力状态下，材料发生屈服流动的原因都是单元体内的最大切应力达到了极值，称为第三强度理论，也被以发现者名字命名为屈雷斯卡（H.Tresca）（图 7-1（c））强度条件。最大切应力理论的精确程度对于那个时期的材料强度计算中已基本满足需求，不过到了 1904 年，波兰科学家胡贝尔（M.T.Huber）（图 7-1（d））又提出了新的形状改变比能理论（第四强度理论），该理论对于塑性材料屈服的预测，比第三强度理论更接近试验结果，使得人类对材料强度的理解又进一步。

　　(a) 伽利略　　　　　(b) 马里奥特　　　　　(c) 屈雷斯卡　　　　　(d) 胡贝尔

图 7-1　为四大强度理论做出开创性工作的科学先哲

材料在外力作用下抵抗永久变形和断裂的能力称为强度，材料自身性质决定了其破坏本质。与长度等单纯唯物的概念不同，强度是一个具有深刻唯象意味的概念。如上所见，在不同的时代，不同学者对强度的定义方式也并不一致，从应力临界值、应变临界值，到应力的临界状态等等，强度的定义经历了长久的发展过程。早期强度理论针对的实际工况中，材料所受应力状态都较为简单，对于同种材料的同种破坏形式，强度多定义为应力或者应变的某一临界值。然而，随着对岩土材料的应用和研究逐渐发展，人们发现其所受的应力状态对强度有很大的影响。由此，岩土材料的强度可能无法再用单一的临界值来描述，而是需以一种临界状态的应力状态组合的形式来定义，由此也诞生了包括莫尔 - 库仑强度理论在内的种类繁多的强度准则。莫尔 - 库仑强度理论因其参数少，概念易懂并能反映土等摩擦性材料的基本特性而得到广泛应用，其看似简单而又深刻揭示了土与金属材料区别——不同应力组合特别是界面法向应力对土体强度的关键性影响，可谓是撑起岩土界半边天的"第五强度理论"。

纵观土力学的发展历程和应用领域，土的强度问题一直扮演着十分重要的角色，例如在 20 世纪 30 年代成立的美国陆军航道试验中心（WES）曾特别设立了土壤与岩石分部，旨在解决经典土力学问题，如设计各类土工试验方法评估土体的剪切强度、土体液化时的敏感性等。如图 7-2 所示，该分支曾对黏性土的抗剪强度展开过专门的讨论，会上齐聚的都是当时国际岩土界顶尖科学家，足见政府对土体强度问题的重视。

图 7-2　美国陆军航道试验中心（土壤与岩石分部）召开的黏性土抗剪强度会议

现代研究表明，岩土类材料的强度同时也受到应力加载路径影响，使得其强度状态的描述将更为困难。不过本记只针对土体所受的不同应力状态，结合土力学中应用最为广泛的莫尔 - 库仑强度定律展开与土强度和破坏有关知识的说明与分析，聊作一得之见。

2. 各有千秋——莫尔 - 库仑定律的冠名先后权"之争"

土是一种散粒体材料，总体而言其破坏是源于颗粒间的摩阻失效，因此通常认为土体的破坏类型为剪切破坏。最早系统揭示土的破坏规律的是 18 世纪的法国科学家库仑（C. A. Coloumb）（图 7-3（a）），他通过实验证明土体是受剪切破坏，同时破坏面上的法向应力对土的抗剪强度有很大影响。因此对于土体抗剪强度，库仑最早提出要考虑作用在滑动面上的法向力所引起的摩擦。

在库仑定律提出的一百多年以后，一位叫莫尔（C.O.Mohr）（图 7-3（b））的德国科学家，创设了莫尔应力圆，用以表示材料对象在任意单元体面上的应力状态以及与主应力所在面的关系（最早对象是水平梁中的单元体），随之而来的是岩土体强度理论的变革，一个被多数人称为莫尔 - 库仑定律的理论也取代了库仑定律，成为教科书中描述土的强度规律的主流。

(a) 库仑　　　　　　　　　　(b) 莫尔

图 7-3　库仑、莫尔"冠名权之争"

　　只是有一个问题，从时间上说库仑理论在前，莫尔贡献居后，为什么叫莫尔 - 库仑定律，库仑反倒退居其次了？这里除了有"钻牛角尖"之嫌外，是不是可以从强度理论的视角，来看看莫尔的特殊贡献呢？莫尔的作用应该远不止画了莫尔圆这样一个圈圈那么简单吧！

　　莫尔对土体强度理论的贡献，笔者认为可以概括为以下三个方面：

　　其一，莫尔对于土体强度的判别，超脱了剪切破坏的模式，而以应力状态作为评价标准，为土体强度理论的进一步研究拓宽了道路。

　　库仑通过砂土的摩擦试验（即直剪试验）得到砂土的抗剪强度规律，表明了砂土的剪切特性类似于固体间的摩擦，当破坏面上的实际剪应力超过最大抗滑剪应力时，土体将产生滑动。当单元土体中剪切面上的法向应力和剪应力为已知时，即可对土体是否破坏进行判别。

　　而莫尔强度理论是以各种状态下材料的破坏试验结果为依据，所给出的抗剪强度表达式表明，土体所受的大、小主应力的相对关系决定了土体破坏状态。实际上是将某一面上的抗剪强度转换为达到破坏时单元土体主应力之间的关系，利用此关系描绘出一定的区域范围，即可直接利用土体主应力描绘的点与该区域的关系判断土体破坏状态。

　　其二，虽然在已知的破坏面上，可用库仑定律反映土体的摩擦破坏本质，但却是莫尔使该定律能够真正应用于评判土体的破坏状态。

　　库仑揭示了土的破坏特征，也指出了与法向应力有关的力学概念，即画出了一条强度线，如图 7-4 所示。

　　然而很多实际应用的情况下，并不能知道破坏面上的法向应力，甚至连破坏面也无法事先确定，只能知道破坏时土体所受的应力组合方式，例如主应力组

合就是其中最为常见的一种。在仅仅
知道土体大、小主应力时，库仑定律
无法得知真实的剪破面；而根据莫尔
定律可知表示土体破坏的莫尔应力圆
与强度包线相切于图 7-4 所示的 N_A、
N_B 点，土体处于临界破坏的极限平衡
状态。从此种意义上来说，只有莫尔

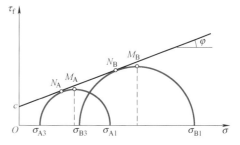

图 7-4　极限条件下单元土体所处状态

定律能更为实际地寻找到土体真实剪破面，帮助库仑定律这个理论工具实现其真
正应用上的作用。

　　强度规律对于同种状态下不同形式的应力组合应具有统一性，库仑定律正
是这样一个定标基准。然而以主应力组合的形式建立强度规律更拥有具象的应力
表征操作性，库仑定律需要借助于莫尔的方法将其具化在大、小主应力所构成的
二维应力空间上，使其发挥预测作用。

　　同样的，若是总结出三维状态下，土体破坏时三个主应力之间的关系，完
全也可能有另一个 AA- 库仑定律的表述出现。此时 AA 变成修饰库仑的定语了，
比如在 20 世纪后期发展出来的一些岩土强度理论，一定程度上可看作是三维状
态下的库仑定律的一种具化。

　　有时候，一些问题的本质是简单的，而建立这些本质规律与现实情况之间
联系的过程却很复杂。如同爱因斯坦提出的质能方程 $E=mc^2$ 如此简洁明了，可
是仅仅解释公式推导过程就需涉及狭义相对论思想、多普勒效应等一系列物理概
念，谁又能说得清方程建立的过程蕴含了多少思考呢？

　　其三，在现有试验手段相配合的强度规律揭示上，莫尔定律要更胜一筹。

　　在试验验证手段上，由于直剪试验的自身缺陷（例如剪切过程中试样的有
效剪切面积逐渐减小，使试样中的应力分布不均匀，主应力方向发生变化等），
使得库仑定律所表达的规律无法在实际中用试验精确地揭示，而莫尔定律所揭示
的以主应力状态判断土体破坏与否的准确性可以运用很多比较精确的手段验证
（例如三轴试验），这也是莫尔定律的一个实际意义所在。当然基于破坏面分析土
体强度特征的思想在理论分析层面的作用是巨大的，这将在 7.3 节中予以介绍。

　　笛卡儿坐标的启用，决不仅是开拓了一个坐标系，更是启动了将几何与代
数相统一的新数学时代。虽然莫尔的贡献在强度理论中没有那么明显，但他揭示
了一种现实直观的应力体系预测了土的破坏，也使得库仑所揭示的土体破坏规律

得以应用于土体状态判断，并真正成为一种强度准则，我们绝不能将莫尔的作用归结为"将应力的表达式进行了移项变换，得以在可视化的空间中表述"那么简单。

3. 强度指标是什么？——不要混淆了强度与强度指标

在第 1 节和第 2 节，我们介绍了在一般材料和土中有关强度规律认识变化的过程，在本节，则简单谈一下土力学中容易混淆的一组概念——强度和强度指标。

对于如金属等强度不受围压状态影响的材料，其抗拉、抗压或是抗剪性能基本恒定，拉、压及剪应力的极值即为强度，当无强度指标一说。

而对于岩土体等强度受围压状态影响的材料，其破坏准则是将抗剪强度以某种应力分量的形式表达出来，在这些表达式中，往往涉及一些基本参数，这些参数在一定程度上反映了材料的强度大小，但对于同一种材料，这些参数本身相对固定，这便是强度指标。作为描述土体强度最基本的莫尔 - 库仑强度准则，其强度指标是黏聚力 c 和内摩擦角 φ。强度指标概念与强度概念不同，如图 7-5（a）中的点 A 和点 B，显示了对于同一种土，强度指标相同，而在不同围压下有不同的抗剪强度；图 7-5（b）中的点 A 和点 B 则显示了两种不同的土，虽然其强度指标不同，在不同围压下也可能有相同的抗剪强度。

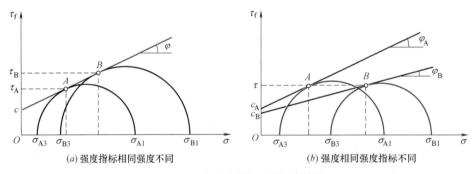

(a) 强度指标相同强度不同　　　　(b) 强度相同强度指标不同

图 7-5　强度与强度指标不同概念的图示

对固结不排水试验（CU）和固结排水试验（CD），在施加围压阶段均让土体充分固结，在这一过程中不同的固结应力转化为不同的有效围压改变，因此都能反映有效应力变化对强度的影响。这两种试验中，以不同围压下土体发生破坏时的应力状态绘制莫尔应力圆，作出应力圆的包线，该包线的截距为黏聚力 c，包线倾角为内摩擦角 φ，即可获得相应的强度指标。而不固结不排水试验（UU），由于其围压增大时，初始有效应力状态没有发生变化，多组莫尔圆均对应于同一个初始有效围压，因此无法获得有效应力状态变化时强度的规律，故只能说是测得了某一状态下的土体强度，而无法得到相应的强度指标，所以 UU 试验一般只作为一定状态下土体强度测试的方式，而不作为研究土体强度规律的手段。因此，本记主要针对 CD 和 CU 试验下土体强度规律的反映进行探讨。

7.2　大道至简：超固结引出的强度本质

1. 鸡生蛋还是蛋生鸡——从有效应力与孔隙比关系看库仑强度定律本质

土体是散粒体材料，目前的科技手段还无法准确预测每个颗粒间的接触与错动，而在宏观表现上，库仑定律能够从统计学角度，比较综合高效地逼近揭示土体强度特质，且形式清晰简洁（其表达式为 $\tau = \sigma\tan\varphi + c$），反映了土体的抗剪强度与破坏面上的有效应力成正比，而黏聚力 c 和内摩擦角 φ 则构成土体材料本身的强度参数。

库仑定律对正常固结土的强度解释得较为清楚，但当我们将目光投向超固结土时，会出现一些问题。例如某砂土一维压缩回弹形成的超固结状态，如图 7-6 中的点 B 所示。

点 B 与同等有效应力的正常固结状态点 A 进行对比，虽现有的有效应力状态相同，但是受到相同剪力时颗粒错动程度不同，强度肯定不会相同，而从宏观特性上看，两种状态较为明显的不同之处在于

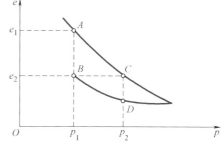

图 7-6　同种土超固结及正常固结 e-p 曲线

孔隙比。因此，有人就认为，这是孔隙比引起强度变化的一个明证，孔隙比是决定强度的先机。那么究竟是有效应力决定了土体的强度，还是孔隙比决定了土体的强度呢？

土体强度是一个临界的应力状态，而孔隙比事实上是表征土体应变状态的量。根据库仑定律的描述，孔隙比是作为有效应力变化的结果而出现的，即应力状态决定了应变状态；而在考虑超固结状态时，孔隙比似乎反而成为决定强度的影响因素，即应变状态决定了应力状态。这样因果循环的困境容易让我们想起

图 7-7　应力状态与孔隙比的关系如同
鸡与鸡蛋的关系

自然界中最基本"鸡生蛋，蛋生鸡"的问题（图 7-7）。

面对这样一个"需要计算自身才能得到参数"的循环引用问题，我们需先理清决定土体强度的本质影响因素。

有著作提出，超固结土产生了一种假黏聚力，以此帮助解释有效应力相同时的正常和超固结状态下土体强度不同的尴尬。不过对于砂土而言，这种假黏聚力的解释颇令人费解；即便是黏土，因为卸载回弹而瞬间产生化学黏聚力实在也是难以让人信服的。也就是说假黏聚力的提出，无法揭示超固结土强度提升的物理本质。

笔者认为，有效应力条件是土体强度的决定因素，然而这里所说的有效应力条件**既包括土体当前所受到的有效应力水平，也同时包括先期固结应力**，孔隙比是土体当前所受到的有效应力和先期固结应力共同作用的结果。

从微观结构的角度，美国麻省理工学院兰姆教授（W.Lamb）认为结构性土的剪切强度是由黏聚分量、摩擦分量和剪胀分量组成。有学者研究认为，其中的**黏聚分量与外加法向应力无关，而摩擦与剪胀提供的剪阻力是剪切面上法向应力的正比函数**，正比例系数大小则与应力历史和当前的应力条件有关。

黏聚分量由化学结构性引起，在短时期内无法形成，对同种土的正常固结状态和超固结状态都应该是一个定值。

摩擦分量反映了土颗粒之间产生相对滑动时需克服的阻力，与颗粒滑动表面粗糙程度以及滑动面的法向应力有关。对于同种砂土在相同有效应力状态下的正常固结状态与超固结状态的强度，由于其有效应力相同，所引起的摩擦分量应该也是一致的。

剪胀分量则反映了土由于颗粒间嵌入和联锁及脱离咬合状态而移动所产生的咬合摩擦，与土体所受的当前应力水平以及先期固结应力有关。对于同种有效围压下的超固结土和正常固结土，所存在的强度差异应该认为是因超固结状态的咬合作用强于正常固结状态，致使剪胀分量也较大所造成的。并且超固结程度越高，这种强度差异就越大。同种土的正常固结强度线和先期固结应力为 σ_c 的超固结土的强度线如图 7-8 所示，在超固结土的超固结阶段，其强度包络线随有效围压水平的提高，呈现斜率增加，这是由于当有效围压水平提高时，剪胀分量强度弱化，但摩擦分量强度明显提升，总体的强度还是在提高所引起的。并且，超固结引起的咬合影响，即使对于黏土也是一样的，这与正常固结黏性土具有峰值强度和残余强度的差异是不同的。

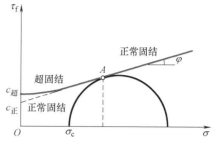

图 7-8　正常和超固结原状黏土强度包线示意图

综上所述，强度的本质在于土颗粒间存在着颗粒接触的黏聚分量、颗粒间错动的摩擦分量和体积变化的剪胀分量。除去化学性质引起的黏聚分量外，摩擦分量和剪胀分量的大小由土体所处的应力状态及其应力历史决定。对于同一围压下的正常固结土和超固结土，二者摩擦分量大小一致，但超固结土剪胀分量较大。因此超固结土和正常固结土的强度差异源于剪胀性不同，本质还是由应力状态所引起的。

2. 黏土黏聚力的由来及其在强度包线上的表征——真假结构性

第 1 节探讨了强度形成的本质，对于无黏性土和黏性土均是适用的。而黏性土特有的强度指标黏聚力与土体的结构性密切相关。严格说黏性土结构性的形成需要长期历程，其不仅仅是压密这样的物理效果，更兼有如结合水膜的形成这种化学层面上的内涵。

我们采用原状土开展室内试验时，如果形成其的应力历史足够长，其结构性形成很稳定，则其黏聚力就会表现为恒定值；而若采用重塑黏土进行室内试验，短暂的试验过程是无法真正形成结构性的，因此重塑黏土的强度包线在 τ 轴上的截距往往为 0。

而对于正常固结或超固结的原状黏土，其结构性形成很稳定，则黏聚力就会达到一种恒定值。如图 7-9 所示，有效应力强度包线在 τ_f 轴上的截距应当就是土体真正的结构性强度，而总应力强度包线应当是包含了真实的结构性强度和孔

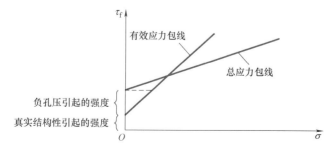

图 7-9　原状黏土强度线截距示意图

压开展导致有效应力变化而引起的增减强度两个部分。这点宜在教材中交代清楚，不致引起初学者的困惑。

7.2 节阐述了土体强度产生的本质在于土颗粒间存在着黏聚分量、摩擦分量和剪胀分量，土体的强度与其自身特性及目前和历史上受到的应力状态有关。同时也理清了黏性土真正的结构性与抗剪强度坐标轴上截距的联系与区别，并提及了孔压状态对于抗剪强度的影响。下文将给出任意围压下不排水剪切所产生超静孔压的表达方式，进一步分析不排水剪切下总应力强度包线与该过程中所产生孔压之间的内在关系。

7.3 被忽视的价值：理想直剪试验的超静孔压

在 7.2 节叙述黏土黏聚力部分时，简要地分析了总应力为零时，由于剪胀引起的抗剪强度。事实上除了在某一特定围压下土体处于临界孔隙比的状态，土体在排水剪切中都会有不同程度的剪胀或剪缩，即由剪切引起土体的塑性体积应变。相应的，在不排水情况下，由于一时排（吸）水受阻，土中将产生超静孔隙水压力（简称超静孔压）的增减。超静孔压又会进一步使作用于土骨架上的有效应力发生变化，从而影响抗剪强度。因此在探求土的抗剪强度时，对超静孔压变化规律的研究便具有十分重要的意义。

1. 超静孔压的由来及其正负性的理解

理解超静孔压产生的关键在于对水压缩特性的认识。严格来说，世界上不存在绝对不可压缩的流体，即应该认为水也是可以压缩的。只是由于水的压缩性很小，即使压强从 1 个大气压增加到 1000 个大气压时，水的体变量也不到 5%，因此在计算土体变形的量级内，通常忽略水的压缩性。

然而事物总是存在两面性，由于水的体积压缩模量很大，当水的体积发生非常微小的变化时，其压强就会产生较大幅度的变化。

流体压缩性大小通常用压缩系数 β 来表示，其定义为在一定温度下，压强 p 升高一个单位时，流体体积 V 或密度 ρ 的相对变化量，倒数称为体积弹性模量 E。

$$\beta = -\frac{1}{V}\frac{\mathrm{d}V}{\mathrm{d}p} = \frac{1}{E} \tag{7-1}$$

式中：V ——流体原有的体积；

$\mathrm{d}V$ ——流体体积的改变量；

$\mathrm{d}p$ ——流体压强的改变量。

因为压强与体积的变化方向是相反的，故上式中有一负号。

土体在不排水剪切的过程中，如果面临的是剪缩趋势，在极短时间内水的体积就被压缩，虽然这种压缩量级很小，但由于水的刚度很大，会使其压强迅速上升，产生正的超静孔隙水压力。此时，如果打开了排水阀门，由于土体内部水压比外部的水压要大，水就由土体孔隙中排出，使得孔隙体积减小，实现了真正的体缩。而像地震发生时，饱和疏松的无黏性土，特别是粉、细砂受到突发动力或周期荷载，土体本欲收缩，但又来不及排水，便会引起超静孔隙水应力急剧上升，相应的土体有效应力可能会完全丧失，并将抗剪强度随之归零，产生液化，致使地基无承载力可言（图7-10）。

(a) 土耳其伊兹密特楼房液化倾倒　　　　(b) 新西兰基督城道路液化破坏

图7-10　由于地震引发地基土体液化而导致的工程危害

反之在高密实度条件下，土体受剪切会产生剪胀趋势，此时水的体积会轻微膨胀，从而产生负的超静孔隙水压力，使得水的压强较之原来变小。如果此时也打开了排水阀，外界的水压要比内部的水压大，水就会从外面流进内部，以达到内外水压强的平衡，由此使得孔隙逐渐增加，实现了真正的体胀。于此我们也可以看出，孔压的正负只代表了作用力是使水向内压缩还是向外扩大的作用效果，即表示作用的方向，与大小无关。生活中，当踩在潮湿的海绵上，随着踩下的过程，水会逐渐流出；然而，当我们行走在潮湿的沙滩上，原本潮湿的砂子表面却变得干燥起来（图7-11（a）），那么水去哪了呢？其实，这就是原本已比较密实的砂受进一步挤压而出现剪胀，孔隙变大，水便随之流入孔隙之中，而出现砂子表面的水"消失"的一种现象（图7-11（b））。

剪胀作用与超静孔隙水压力的这种关系在物理学中与电磁感应的楞次定律、阻力与速度的关系十分相似，若是在剪切过程中保持不排水状态，剪胀趋势引起的超静孔隙水压力则会反过来限制土体变形，总应力强度与有效应力强度遵循不

(a) 砂土表面"消失"的水的现象   (b) 砂土表面"消失"的水的机理解释

图 7-11 砂土表面"消失"的水的现象和机理解释图

同强度包线的现实也反映了超静孔隙水压力通过对有效应力产生的限制，从而对抗剪强度开展有着间接的影响作用。

2. 探究强度规律的有力工具——理想直剪试验下的超静孔压表达

在无水情况下（有水但排水顺畅的情况下有效应力与总应力相等，等同于无水情况），剪胀性对土体强度的影响仅仅体现在颗粒错动对变形的限制方面；

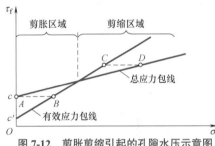

图 7-12 剪胀剪缩引起的孔隙水压示意图

在有水，且土体中的水无法及时排出的情况下，如图 7-12 所示，由土体剪胀性带来的超静孔隙水压力使得土体的有效应力产生变化，从而也会对强度产生影响。

为能对这些孔压所带来的影响进行深入分析，需得到在试验中孔隙水压力随应力条件变化的定量表达式。常用的三轴试验的孔压表达式事实上是超静孔压与主应力组合的关系，尚不能从直观上揭示材料破坏面上的本质特性。为能得到更为本质的关于滑动面上的应力水平的孔压规律，笔者这里在阐明问题时，需借助于建立一种理想直剪试验下的孔压表达式。

这里所提的"理想直剪试验"并不是真实的试验，而是将库仑定律实质化的一种概念性试验。其可以看作是真实直剪试验中滑动面上所取的一个均质土体单元，则其受力与库仑定律表示受力情况一致，受剪面即为最薄弱面；同时剪破瞬时，土样的剪切有效面积不变，从而在概念上忽略了直剪试验的缺点。由此，理想直剪试验可看成是库仑定律准确的形象化体现。

由于理想直剪试验中土体破坏面固定，能清晰辨识有效应力和总应力状态研究的是同一破坏面，其分别揭示了排水与不排水条件下的库仑强度定律。而根据库仑定律的描述可知，反映了不排水条件的库仑定律总应力强度包线，以及反映了排水条件的库仑定律有效应力强度包线均为直线。这两条直线构成分析问题的前提，下面即由此引出库仑定律不排水条件下孔压的表达式，并剖析其物理含义。

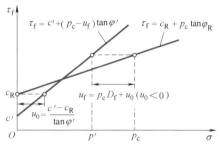

如图 7-13 所示，库仑总应力强度指标为 c_R、φ_R，相应有效应力指标为 c'、φ'。

图 7-13　库仑定律总应力与有效应力强度线

依据库仑定律描述，同一种土这 4 个参数均为常数，并分别构成了库仑定律总应力与有效应力强度线，其表达式为：

$$\tau_f = c_R + p_c \tan \varphi_R \tag{7-2}$$

$$\tau_f = c' + (p_c - u_f) \tan \varphi' \tag{7-3}$$

式中：u_f——土体破坏时产生的超静孔压；

p_c——指定破坏面上剪切前的法向总应力。

由式（7-2）和式（7-3）联立可得：

$$(c_R - c') + p_c \tan \varphi_R - p_c \tan \varphi' + u_f \tan \varphi' = 0 \tag{7-4}$$

进而解得：

$$u_f = \frac{\tan \varphi' - \tan \varphi_R}{\tan \varphi'} p_c + \frac{c' - c_R}{\tan \varphi'} = \left(1 - \frac{\tan \varphi_R}{\tan \varphi'}\right) p_c + \frac{c' - c_R}{\tan \varphi'} \tag{7-5}$$

令：

$$D_f = 1 - \frac{\tan \varphi_R}{\tan \varphi'} \tag{7-6}$$

$$u_0 = \frac{c' - c_R}{\tan \varphi'} \tag{7-7}$$

由式（7-5）可知，$\left(1 - \dfrac{\tan \varphi_R}{\tan \varphi'}\right) p_c$ 是土体破坏时，由真实破坏面上剪切前法

向总应力 p_c 所引起的超静孔压增量，因此 D_f 的物理意义为与破坏面法向总应力 p_c 相关的孔压系数，由于 φ_R 和 φ' 为常数。由式（7-6）可知 D_f 亦为常数，也即表明总应力强度包线是直线的本质原因在于破坏时刻的超静孔隙水压力可与破坏面上的法向应力建立线性的联系，由此即可通过该桥梁建立总应力状态和有效应力状态的线性对应关系。

而 $u_0 = \dfrac{c' - c_R}{\tan \varphi'}$ 为原状黏土剪胀性可能产生的最大的孔压，故 u_0 为负，从而得到推论 $c_R > c'$。在一般应力水平下，u_0 为一定值（因为从试验现象可见 c'、c_R、φ' 均为定值），表明同种正常固结土体，由结构性引起的剪胀性恒定。

于是在库仑定律不排水条件中，根据两条强度包线的关系，破坏时的超静孔隙水压力可用真实破坏面上的法向总应力表示为：

$$u_f = p_c D_f + u_0 \qquad (7\text{-}8)$$

即破坏时的超静孔压与破坏面上的法向应力呈线性关系。由于库仑定律是适用于所有应力路径的，因此式（7-8）所示的孔压表达也是普遍适用的，三轴试验等孔压表达都可以转化为以上的孔压表达。

孔压系数 D_f 的提出，提供了一种新的孔压表达形式，不仅为理想直剪试验的总应力强度包线（亦或可以理解为是固结快剪试验）的线性存在性提供了物理解释，其更为重要的现实意义还在于可预测 CU 试验中的超静孔压，这点将在 7.4 节中做进一步分析。

7.4 深藏不露的城府：小议三轴 CU 试验的内涵与应用

1. CU 试验中总应力强度包线为什么是直线？

众所周知，三轴试验是一种能够较为完善和准确测定土的抗剪强度的试验方法。提到三轴试验，大家可能会自然地联想到"三轴仪"，不过很少有人知道，它是由超音速动力学之父冯·卡门教授（图 7-14（a））于 1910 年在哥廷根大学做助教时发明的（因此，也被称为卡门三轴仪）。早期三轴仪的设计初衷是测定岩石的强度，之后研究发现其同样可以改进于测试土壤的强度。也许连冯·卡门自己都没有意识到他的发明对于现代土力学的研究产生了如此重要的作用，就像冯·卡门的老师普朗特教授一样，虽然其无意关注土木工程的发展，其推演的方程却为地基承载力的预测开启了里程碑式的大门（具体见第九记 9.3 节）。

(a) 冯·卡门　　　　　(b) 冯·太沙基　　　　　(c) 冯·米塞斯

图 7-14　曾在维也纳阿斯佩恩共同工作的力学界三"冯"

说个有趣的题外故事，闻名国际力学界的三"冯"（德国、奥地利姓氏中，von 多半源自家族具有贵族血统或世袭军功）：冯·卡门（T. V. Kármán），冯·太沙基（K. V. Terzaghi）和冯·米塞斯（R. V. Mises）（图 7-14），都曾在一战期间为奥匈帝国服役，更为巧合的是，他们一同被指派到维也纳附近的阿斯佩恩航空部门进行科学研究而成为同事，战后，他们奔赴不同的研究领域，成为业界公认的泰山北斗。不仅太沙基，冯·卡门（发明了三轴仪）和冯·米塞斯（提出著名的冯米塞斯屈服准则）所做出的学术研究或多或少都对土力学的发展产生了深远影响。科学就是这样奇妙，在不经意间，为各个领域的发展建立起了千丝万缕的联系。

话归正传，如图 7-15 所示，在三轴固结不排水剪试验（CU）中，由于有效应力和总应力强度指标不同，依据强度包线将得到两个不同的"剪破面"。

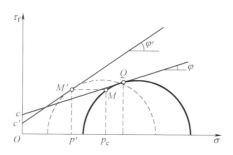

图 7-15　库仑定律总应力与有效应力强度线

有效应力指标从本质上揭示了真实的土的强度内涵（类似于摩擦定律，切向力与法向力关系为线性，亦即让有效应力强度包线为直线），有效应力强度包线与破坏莫尔圆的切点 M' 对应了真实破坏面，映射在总应力破坏莫尔圆上是

M 点。而由图 7-15 可见，总应力强度包线与总应力破坏莫尔圆的切点为 Q，其与 M 点表示的并不是同一个面，因此总应力强度包线与总应力破坏莫尔圆的切点不代表土体真正的破坏位置，但另一方面，由大量的试验结果我们早已知道，这条看似不能揭示土体破坏本质的总应力强度包线却始终是"线性的"客观存在的。

黑格尔（G. Hegel）有句名言"存在的就是合理的"，其德文原话是"Was wirklich ist，das ist vernünftig"。其本意并不是说因为它存在就完全认同它，而是指出"凡是现实的东西都是合乎理性的"。这个问题具化到我们本节要阐述的问题，也就是说三轴压缩 CU 试验中，"总应力强度包线始终是线性存在"必然也有其存在的物理依据，这种本质值得我们去探究。

一些研究者也开展过关于三轴总应力指标存在意义及应用的讨论，但结论具有一定的特殊性。例如不少研究是基于土体黏聚力为 0 的条件，由三轴压缩试验中的斯开普敦孔压系数 A_f 是常数，得到总应力包线是直线的结果。

然而对于一般具有结构性的原状黏土，黏聚力作为土体本质材料特征必然存在，A_f 亦将变化，试验表明这种变化不仅与土的种类和应力历史有关，还与破坏时刻三轴试验的主应力差有关。因此 A_f 为非常数时的总应力强度包线的特征，或者说总应力强度为直线时，A_f 需满足的一般变化规律是本节讨论和剖析的重点之一。

（1）基于 CU 总应力及有效应力强度包线关系的斯开普敦孔压系数基本表述

为了分析相应总应力强度包线线性存在的原因，不妨先承认 CU 试验所得总应力破坏莫尔圆包线为直线，在此前提下采用反推思想，探讨 CU 总应力强度包线为直线时，孔压系数 A_f 所需具备的数学条件。

图 7-16 所示为一组饱和黏土的 CU 试验的三对破坏应力圆 A、B、C。实线表示总应力圆，虚线为有效应力圆，$R_{i(i=A, B, C)}$ 和 $R'_{i(i=A, B, C)}$ 分别表示各总应力

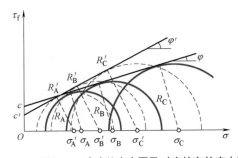

图 7-16 同组 CU 试验总应力圆及对应的有效应力圆

圆和有效应力圆半径，$\sigma_{i\,(i=\text{A, B, C})}$ 和 $\sigma'_{i\,(i=\text{A, B, C})}$ 分别为各总应力圆和有效应力圆圆心应力值。同一试样的总应力圆和有效应力圆半径相同，即 $R_i=R'_i$。

在有效应力强度包线为直线的前提下，根据切点连线斜率定义，对应的有效应力强度线上有：

$$\sin\varphi'=\frac{R_A-R_B}{\sigma_A'-\sigma_B'}=\frac{R_A-R_C}{\sigma_A'-\sigma_C'} \qquad (7\text{-}9)$$

式中：φ'——有效内摩擦角。

对饱和土 CU 试验，根据 A_f 的定义，超静孔压与主应力差间有如下关系：

$$u_{fi}=A_{fi}\left(\sigma_{1i}-\sigma_{3i}\right)=2A_{fi}R_i \qquad (7\text{-}10)$$

式中：$u_{fi\,(i=\text{A, B, C})}$——破坏时各试样超静孔压；

$A_{fi\,(i=\text{A, B, C})}$——相应破坏应力圆的破坏时斯开普敦孔压系数。

因此对两两总应力破坏圆的切线有如下关系：

$$\begin{aligned}\sin\varphi_{AB}&=\frac{R_B-R_A}{\sigma_B-\sigma_A}=\frac{R_B-R_A}{(\sigma_B'-\sigma_A')+(u_{fB}-u_{fA})}\\&=\frac{1}{\left(\dfrac{\sigma_B'-\sigma_A'}{R_B-R_A}\right)+\left(\dfrac{2A_{fB}R_B-2A_{fA}R_A}{R_B-R_A}\right)}\end{aligned} \qquad (7\text{-}11a)$$

式中：φ_{AB}——A、B 两总应力破坏圆切线的倾角。

同理也有：

$$\begin{aligned}\sin\varphi_{AC}&=\frac{R_C-R_A}{\sigma_C-\sigma_A}=\frac{R_C-R_A}{(\sigma_C'-\sigma_A')+(u_{fC}-u_{fA})}\\&=\frac{1}{\left(\dfrac{\sigma_C'-\sigma_A'}{R_C-R_A}\right)+\left(\dfrac{2A_{fC}R_C-2A_{fA}R_A}{R_C-R_A}\right)}\end{aligned} \qquad (7\text{-}11b)$$

式中：φ_{AC}——A、C 两总应力破坏圆切线的倾角。

若土体的总应力破坏圆的包线亦是一条直线，则任意两段倾角应一致，即 $\sin\varphi_{AB}=\sin\varphi_{AC}=\sin\varphi$（其中 φ 为破坏圆公切线与 σ 轴的夹角，即传统定义上的 CU 总应力强度包线内摩擦角）。

因此，根据式（7-9），式（7-11a），式（7-11b）可得 CU 总应力包线为直线的数学基础为对任何两个破坏莫尔圆的半径 R_i 和 R_j，$\dfrac{2A_{fj}R_j-2A_{fi}R_i}{R_j-R_i}$ 亦为常数。

令：

$$m = -\left(\frac{A_{fj}R_j - A_{fi}R_i}{R_j - R_i}\right) \tag{7-12}$$

将式（7-12）进行变换可得 $(A_{fi}-m)\,R_i=(A_{fj}-m)\,R_j$，则对任意破坏莫尔圆，$(A_{fi}-m)\,R_i$ 的值相同，是为常数。再令：

$$n=(A_{fi} - m)R_i \tag{7-13}$$

由式（7-13）解得：

$$A_{fi} = m + \frac{n}{R_i} \tag{7-14}$$

由此表明，CU 试验所得的总应力强度包线为直线的数学充要条件为任意破坏圆对应的孔压系数 A_f 必须满足式（7-14），且式中 m、n 为常数。若孔压系数不能满足该式，则总应力强度包线必不为线性。

从大量试验结果可知，总应力强度包线接近直线的结果客观存在，则式（7-14）的建立，为探求这种线性存在的本质物理原因提供了可能。接下来将从式（7-14）出发，根据 CU 试验破坏时孔压与库仑定律不排水条件下孔压的内在联系，探求参数 m、n 为常数的物理根据，并以此探讨 CU 总应力强度包线是直线所蕴含的物理意义。

（2）库仑定律不排水条件下孔压与 CU 试验破坏时刻孔压的内在联系

库仑定律的总应力包线和 CU 试验总应力包线虽同为总应力状态，却是名贸实易，库仑定律反映的是真实破坏面上的抗剪强度，而 CU 试验得到的总应力强度包线并不对应真实破坏面。

如图 7-17 所示，虚线所示的 CU 有效应力破坏圆与有效强度线相切于 M' 点，破坏面上破坏时的法向有效应力为 p'。

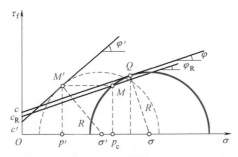

图 7-17 正常固结饱和黏土 CU 试验真实破坏面与总应力破坏面关系

一般认为同种土的有效应力强度指标唯一，故可认为基于破坏面上应力关系的库仑定律有效应力强度包线与 CU 试验的有效强度包线是同一条。因此，由

M' 平移推定，在实线表示的 CU 破坏总应力圆上相交的 M 点才落在真实破坏面上，而相应的法向应力 p_c 方为真实破坏面上的法向总应力；而 CU 总应力强度包线与破坏总应力圆的切点则在 Q 点，两者有明显差异。因此只有过 M 点的割线才是不排水条件下的库仑强度规律包线，亦即类似于理想固结快剪的包线。显然与过切点 Q 的 CU 试验的总应力强度包线并非同一直线。

据此，7.4 节中所建立的不排水条件下的库仑定律孔压与应力状态关系，只能应用于 M 点的状态分析。由式（7-8）可得 M 点产生的超静孔压值 u_f 为：

$$u_f = p_c D_f + u_0 = (p' + u_f) D_f + u_0 \tag{7-15}$$

转化可得：

$$u_f = \frac{p' D_f + u_0}{1 - D_f} \tag{7-16}$$

且对式中 p'，由图 7-17 中有效应力圆与有效应力强度指标的关系可得：

$$\left(p' + \frac{c'}{\tan \varphi'} \right) \tan \varphi' = R \cos \varphi' \tag{7-17}$$

式中：R——破坏时莫尔圆半径。

从而：

$$p' = \frac{R \cos \varphi' - c'}{\tan \varphi'} \tag{7-18}$$

将式（7-7）、式（7-18）带入式（7-16），可得：

$$u_f = \frac{\dfrac{R \cos \varphi' - c'}{\tan \varphi'} D_f + \left(\dfrac{c' - c_R}{\tan \varphi'} \right)}{1 - D_f} = \frac{R \cos \varphi' D_f + [(1 - D_f)\, c' - c_R]}{(1 - D_f) \tan \varphi'} \tag{7-19}$$

由于 R 是任意破坏圆的莫尔圆半径，其值为主应力差的二分之一；而其他几个参数均已证明或本身即为常数，因此可以表明，理论上，CU 试验破坏时的孔隙水压力与破坏主应力差值呈线性关系。

（3）孔压系数 A_f 的实际表达形式

前文第（2）部分中获得了 CU 试验破坏时超静孔压 u_f 的表达式。根据斯开普敦孔压系数 A_f 定义，对饱和土 CU 试验有：

$$A_f = \frac{u_f}{\sigma_1 - \sigma_3} = \frac{u_f}{2R} \tag{7-20}$$

将式（7-19）代入式（7-20），有：

$$A_f = \frac{\cos\varphi' D_f}{2(1-D_f)\tan\varphi'} + \frac{(1-D_f)\ c'-c_R}{2(1-D_f)\tan\varphi'} \cdot \frac{1}{R} \qquad (7\text{-}21)$$

对比式（7-14），式（7-21）所表示的 A_f 的公式形式恰与前述保证 CU 总应力强度包线为线性的充要条件所吻合。而式（7-14）中对应的系数有如下的表达：

$$m = \frac{\cos\varphi' D_f}{(1-D_f)\tan\varphi'} \qquad (7\text{-}22a)$$

$$n = \frac{(1-D_f)\ c'-c_R}{2(1-D_f)\tan\varphi'} \qquad (7\text{-}22b)$$

由于 D_f 已通过式（7-6）分析说明为仅与库仑定律的两个排水与不排水的摩擦角相关的常数，因此在有库仑定律排水（有效应力）和不排水（总应力）强度包线为线性的基础上，式（7-14）中系数 m、n 也为常数。且由式（7-6）及 7.4 节中的推论 $c_R > c'$ 易知，$m > 0$，$n < 0$。

于此，便从物理和数学意义上均阐明了 CU 总应力强度包线是直线的原因。

此外，式（7-21）亦表明，对于无黏性土或无结构性的重塑黏土，即当黏聚力为 0 时，破坏时的孔压系数 A_f 为常数，理论上不受剪应力的影响，这与前人的一些研究结论相吻合；而对具有结构性或超固结特性黏性土，c、c_R 不为 0，且不相等，此时孔压系数 A_f 是与破坏时主应力差值密切相关的变化参数，且由于 n 为负，A_f 随偏应力单调递增。由一些工程案例中土体的 CU 指标 c'、c、φ'、φ 作出的包线也印证了此单调规律。

当然在实际的三轴试验中，由于土质关系等因素，同组的莫尔圆难以严格线性相切，因此试验得到的孔压系数与式（7-21）的预测可能会有一些差异，但从理论上说并不与本文推导相违背。

2. CU 总应力割线强度指标建立和实用意义分析

（1）CU 总应力割线强度指标 c_R、φ_R 的建立

前文给出了三轴压缩 CU 总应力强度线性存在的数学和物理意义证明，并由证明中的分析可知，CU 试验的总应力强度包线与莫尔圆的切点并不对应真实破坏面，故该指标在应用中并非对所有工程问题都适用。

举例述之，例如边坡问题等直接以破坏面为分析对象的情况，此时由于 CU 试验的总应力强度包线与破坏总应力莫尔圆的切点并不对应真实破坏面，采用该

总应力指标会产生一定误差。例如图 7-18 所示，点 J、K 的纵坐标为以破坏面上法向应力为基准，采用 CU 总应力包线强度指标计算的抗剪强度，而点 M、N 的纵坐标才是剪切面上真实的抗剪强度。线段 MJ、NK 的长度即为真实强度与计算强度的差值，且这种差值随着计算面上的法向应力增加而增大。

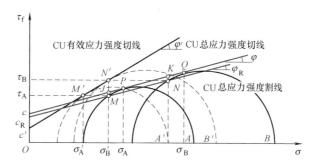

图 7-18 正常固结饱和黏土 CU 试验总应力强度切线与强度割线

而 M、N 点，既然是真实破坏面上的总应力状态，则必满足不排水条件的库仑定律，因此 MN 点的连线，实际就是不排水库仑定律的强度线，在 CU 试验中，根据其特征也称之为 CU 总应力强度割线。显然采用不排水的库仑定律强度指标，即经过点 M、N 的强度割线指标 c_R、φ_R，来计算破坏面上的抗剪强度值更为合理。

然而实际中，由于直剪试验缺陷较为突出，导致强度测定结果不真实，严格意义上的库仑定律不排水强度指标 c_R、φ_R 并不能从直剪试验得到；另一方面，D_f、A_f 均依赖于 c_R、φ_R 表示，如不能准确测定 c_R、φ_R，则 D_f、A_f 的实用性也会受到制约。基于上述原因，本节将尝试通过三轴试验，由已有的 CU 试验总应力和有效应力两套切线强度指标，来求解库仑定律的不排水抗剪强度指标 c_R、φ_R。

如图 7-18 所示，同一 CU 试验中两个破坏莫尔圆及相应强度包线。显然 MN 就是 CU 总应力强度割线，亦即不排水条件下的库仑定律强度线。

三轴试验中剪破面上的法向有效应力 σ' 和总应力 σ 可由大小主应力表示为：

$$\sigma' = \frac{1}{2}(\sigma_1' + \sigma_3') + \frac{1}{2}(\sigma_1' - \sigma_3')\cos\left(\frac{\pi}{2} + \varphi'\right) \tag{7-23a}$$

$$\sigma = \frac{1}{2}(\sigma_1' + u_f + \sigma_3' + u_f) + \frac{1}{2}(\sigma_1 - \sigma_3)\cos\left(\frac{\pi}{2} + \varphi\right) \tag{7-23b}$$

两式相减则有：

$$\sigma = \sigma' + u_f + R_i(\sin\varphi' - \sin\varphi) \tag{7-24}$$

而如图 7-18 所示，与有效应力强度包线相切的两个莫尔圆 A'、B'，其切点

M'、N' 坐标分别为 (σ'_A, τ_A)、(σ'_B, τ_B)。两点连线斜率为：

$$\tan\varphi' = \frac{\tau_B - \tau_A}{\sigma'_B - \sigma'_A} \tag{7-25}$$

对应的总应力莫尔圆 A、B，切点 P、Q 坐标分别为 $(\sigma'_A + u_{fA} + R_A(\sin\varphi' - \sin\varphi),$ $\frac{\cos\varphi}{\cos\varphi'}\tau_A)$、$(\sigma'_B + u_{fB} + R_B(\sin\varphi' - \sin\varphi),$ $\frac{\cos\varphi}{\cos\varphi'}\tau_B)$。$P$、$Q$ 两点连线即 CU 总应力强度包线，其斜率为：

$$
\begin{aligned}
\tan\varphi &= \frac{\dfrac{\cos\varphi}{\cos\varphi'}(\tau_B - \tau_A)}{(\sigma_B' - \sigma_A') + (u_{fB} - u_{fA}) + (R_B - R_A)(\sin\varphi' - \sin\varphi)} \\[2mm]
&= \frac{\dfrac{\cos\varphi}{\cos\varphi'}(\tau_B - \tau_A)}{(\sigma_B' - \sigma_A') + \dfrac{D_f(\sigma_B' - \sigma_A')}{1 - D_f} + \dfrac{\tau_B - \tau_A}{\cos\varphi'}(\sin\varphi' - \sin\varphi)}
\end{aligned}
\tag{7-26}
$$

从而可得：

$$
\begin{aligned}
\frac{1}{\tan\varphi} &= \frac{(\sigma_B' - \sigma_A') + \dfrac{D_f(\sigma_B' - \sigma_A')}{1 - D_f} + \dfrac{\tau_B - \tau_A}{\cos\varphi'}(\sin\varphi' - \sin\varphi)}{\dfrac{\cos\varphi}{\cos\varphi'}(\tau_B - \tau_A)} \\[2mm]
&= \frac{\dfrac{1}{\tan\varphi'}\left(1 + \dfrac{D_f}{1 - D_f}\right) + \dfrac{\sin\varphi' - \sin\varphi}{\cos\varphi'}}{\dfrac{\cos\varphi}{\cos\varphi'}}
\end{aligned}
\tag{7-27}
$$

将式（7-6）代入式（7-27），并化简得：

$$\frac{1}{\tan\varphi} = \frac{\dfrac{1}{\tan\varphi_R} + \dfrac{\sin\varphi' - \sin\varphi}{\cos\varphi'}}{\dfrac{\cos\varphi}{\cos\varphi'}} \tag{7-28}$$

进而可得：

$$\tan\varphi_R = \frac{\cos\varphi'}{\cos\varphi - (\sin\varphi' - \sin\varphi)\tan\varphi}\tan\varphi \tag{7-29}$$

由此即通过 CU 试验的总应力切线强度指标获得了破坏面上总应力状态下的库仑定律强度指标 φ_R。

而总应力状态下的库仑定律强度指标中的黏聚力 c_R 将按照以下方法予以计算。如图 7-19 所示取一个特殊情况的有效应力破坏圆，其与有效应力强度包线

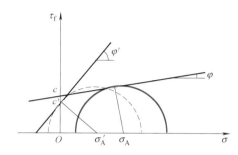

图 7-19　剪破面法向应力为零的有效应力圆及其总应力圆

的切点落在 τ_f 轴上。

则其半径 R_A 及圆心横坐标值 σ'_A 与 φ'、c' 的值有如下关系：

$$R_A = \frac{c'}{\cos\varphi'} \qquad (7\text{-}30\text{a})$$

$$\sigma'_A = c'\tan\varphi' \qquad (7\text{-}30\text{b})$$

对于相应的总应力莫尔圆，由几何关系得：

$$R_A = \left(\sigma_A + \frac{c}{\tan\varphi}\right)\sin\varphi \qquad (7\text{-}31)$$

解出 c 为：

$$c = \frac{(R_A - \sigma_A\sin\varphi)}{\cos\varphi} \qquad (7\text{-}32)$$

由式（7-7）、式（7-30b）得：

$$\sigma_A = c'\tan\varphi' + \frac{c' - c_R}{\tan\varphi'} \qquad (7\text{-}33)$$

再将式（7-30a）、式（7-33）代入式（7-32）得：

$$c = \frac{\left[\dfrac{c'}{\cos\varphi'} - \left(c'\tan\varphi' + \dfrac{c' - c_R}{\tan\varphi'}\right)\sin\varphi\right]}{\cos\varphi} \qquad (7\text{-}34)$$

进而解得：

$$c_R = \frac{\tan\varphi'}{\tan\varphi}c + \left[1 + (\tan\varphi')^2 - \frac{\tan\varphi'}{\sin\varphi\cos\varphi'}\right]c' \qquad (7\text{-}35)$$

因此反映 **CU** 试验真实破坏面上总应力状态强度规律的割线强度指标，即不排水的库仑定律强度指标可通过三轴试验的有效和总应力强度指标建立，其强度线表达式为：

$$\tau_f = \sigma \tan\varphi_R + c_R \tag{7-36}$$

式中： $\varphi_R = \arctan\left[\dfrac{\cos\varphi'}{\cos\varphi - (\sin\varphi' - \sin\varphi)\tan\varphi}\tan\varphi\right]$；

$c_R = \dfrac{\tan\varphi'}{\tan\varphi}c + \left[1 + (\tan\varphi')^2 - \dfrac{\tan\varphi'}{\sin\varphi\cos\varphi'}\right]c'$。

于此，便可以将不排水的库仑定律强度指标（即 CU 总应力割线指标）直接用于边坡稳定分析等已知破坏面上应力状态的总应力法极限应力状态计算中，其精度将比采用 CU 总应力切线强度指标显著提高。

在此基础上，结合式（7-6）还可求得 D_f 的值，使得该孔压系数的研究分析的切成为可能。D_f 采用 CU 试验切线强度指标的表达式为：

$$D_f = 1 - \dfrac{\dfrac{\cos\varphi'}{\cos\varphi - (\sin\varphi' - \sin\varphi)\tan\varphi}\tan\varphi}{\tan\varphi'} \tag{7-37}$$

在 7.4 节的第 1 部分中，式（7-21）表明在一般情况下 A_f 为与破坏时主应力差值密切相关的变化参数，即在剪切过程中，A_f 为一变量，难以用于推测下一过程的孔压开展水平。然而 7.3 节表明，孔压系数 D_f 是一个相对稳定的值，在此也获得了 D_f 可计算的表达式。由此在三轴试验中，即可根据土体强度参数得到孔压系数 D_f 的具体值，进而可计算任意围压水平下，三轴不排水剪切试验破坏时刻的孔隙水压力开展情况，为孔压的预测提供了可行性与便利。

（2）CU 总应力强度割线和切线指标实用意义分析

如前所述，CU 总应力强度割线指标（即不排水的库仑定律强度指标）的实用意义体现在已知滑动面的工程问题分析中。例如在边坡稳定分析中，计算安全系数采用的是直接滑动面上的抗剪强度，而 CU 总应力强度切线与莫尔圆的切点不代表真实破坏面，故采用 CU 总应力强度切线指标分析是不合适的；而 CU 总应力强度割线指标，对应了不排水条件下真实破坏面上的总应力状态。因此从原理看，选取 CU 总应力割线指标应用于设定滑动面的工程问题更为合理、准确，并且由于切线指标强度线位于割线指标强度线上方，若采用 CU 总应力切线指标计算，得到的强度值和安全系数偏大、偏不安全。这种高估安全系数的程度，可再做如下简单分析。

若对黏聚力为次要强度影响因素的高边坡问题（其围压条件影响较大），边坡安全系数的不同主要来自 $\tan\varphi$ 和 $\tan\varphi_R$ 的差异程度。而基于式（7-29），可得采用总应力强度切线指标 φ 计算得到的边坡安全系数高估于实际值的百分比 k：

$$k = \frac{\tau_f - \tau_{fR}}{\tau_{fR}} = \frac{\tau_f}{\tau_{fR}} - 1 = \frac{\tan\varphi}{\tan\varphi_R} - 1 = \frac{\cos\varphi - (\sin\varphi' - \sin\varphi)\tan\varphi}{\cos\varphi'} - 1 \quad (7\text{-}38)$$

表 7-1 列出了在 CU 试验中一些可能的有效应力强度指标 φ' 和总应力强度切线指标 φ 的组合下 k 值的变化情况。由表可见在 φ' 和 φ 相差较大的一些组合中（表中灰色框体所示部分），错误选用切线指标 φ 而得到的边坡稳定安全系数高估程度将超过 10%，这样会对工程问题带来较大的安全隐患。

而对未知破坏面，或仅知主应力状态的工程问题，如地基承载力计算，或基于朗肯土压力理论进行的极限土压力计算问题中，则建议采用 CU 总应力切线强度指标。因为此时，实际计算的主应力状态，即是与 CU 总应力强度包线相切的莫尔圆上的主应力值。故可直接利用该切线指标，求得极限状态下的破坏莫尔圆，进而分析各种应力组合。而 CU 总应力强度割线，并不能与破坏状态下的总应力莫尔圆建立直接联系，此时如果通过已知的主应力状态由割线指标进行临界状态判别，则需要先推求破坏面以及相应的法向总应力值 p_c，明显没有直接判别莫尔圆与总应力切线的关系来得便捷。

表 7-1　　　　　　　不同内摩擦角组合下 CU 总应力强度切线指标引起边坡安全系数高估百分比（%）

φ' \ φ	10°	12°	14°	16°	18°	20°	22°	24°	26°	28°
20°	1.6	1.1	0.6	0.3	0.1	—	—	—	—	—
22°	2.4	1.7	1.1	0.6	0.3	0.1	—	—	—	—
24°	3.3	2.4	1.7	1.1	0.6	0.3	0.1	—	—	—
26°	4.4	3.4	2.5	1.8	1.1	0.6	0.3	0.1	—	—
28°	5.6	4.5	3.5	2.6	1.8	1.2	0.7	0.3	0.1	—
30°	7.1	5.8	4.6	3.6	2.6	1.9	1.2	0.7	0.3	0.1
32°	8.7	7.3	5.9	4.7	3.7	2.7	1.9	1.3	0.7	0.3
34°	10.6	9.0	7.5	6.1	4.9	3.8	2.8	2.0	1.3	0.7
36°	12.7	10.9	9.3	7.7	6.4	5.1	4.0	3.0	2.1	1.4
38°	15.1	13.1	11.3	9.6	8.0	6.6	5.3	4.1	3.1	2.2
40°	17.7	15.6	13.6	11.7	10.0	8.4	6.9	5.5	4.3	3.2

综上所述，CU 总应力强度割线和切线指标在工程中有着不同的适用条件，只有合理区分应用，才能准确、高效地解决实际问题。当然，CU 试验将加载的过程分为了排水条件下的围压加载和不排水条件下的剪应力施加两个过程，这与实际工程中围压加载与剪切同步开展，从而导致排水条件一致的情况是有出入的，由此也引出了学界关于究竟是选用 CU 强度指标还是 UU 强度用于工程问题极限状态评判的讨论，限于主题，就不在这里评述了，本书第八记的 8.4 节会有所涉及。

7.5　结论结语

本记对土体强度之名，土体强度之实，以及强度规律的物理意义，强度指标的应用均做出了阐释。

7.1 节列举了不同时代对强度的不同描述方式，指出强度是我们用以描述土体抵抗塑性变形或破坏的能力的概念，并进一步阐述了当前引用较广的强度理论的冠名依据。7.2 节由超固结土的强度特性分析了强度形成的本质原因，从强度指标的角度分别对强度的化学及物理作用进行了说明。7.3 节根据物理学的概念，讲述了超静孔隙水压力的由来，并提出了新的基于滑动面法向应力的孔压的表达，为 CU 试验的孔压研究提供了可能。7.4 节则进一步对总应力和有效应力所遵循的强度规律的合理性进行了物理学阐释，同时也提出了现有总应力强度切线指标的不足，建立了适用于已知滑动面的土体强度计算的割线指标。

可以说，强度理论是土力学中一个奇妙独特的主题，命题简单，问题却复杂，时至今日，仍在不断发展。同时强度理论又是众多工程中土体计算的最基础依据，从土对工程建筑物的侧向压力计算，到土质边坡的稳定性分析，及至建筑物地基的承载力设计，其应用可谓无处不在。理论的点点精进会在实际工程中产生巨大作用，同样，理论的不完善和强度指标的错误使用也会招致灾难性事故。

Fargo 谷仓位于美国北达科他州法戈市（Fargo）以西 3.2km，于 1954 年建成并投入使用，谷仓设计容量约 2.8 万 m^3。当年秋、冬季，只有少量的粮食存储谷仓中，1955 年 4 月，大量灌装开始。未曾想，在 1955 年 6 月 12 日上午，当谷仓收容量达到约为 2.1 万 m^3 时，谷仓地基土破坏，整个谷仓完全倒塌（图 7-20 为事故现场谷仓倒塌后的大片废墟）。

(a) 中景　　　　　　　　　(b) 近景

图 7-20　美国 Fargo 谷仓地基破坏而引发谷仓倒塌残状

　　为探究其事故原因，一些专家学者在谷仓废墟附近重新钻孔，进行了现场的十字板试验和室内固结不排水试验，在根据各项现场和室内试验的强度指标进行承载力计算时，得到的结果均是不能满足设计的荷载。虽然最终工程的设计文件并未公开，但根据一些事故分析的文献资料，能够发现在工程中强度指标被忽视或错误使用的蛛丝马迹，因此很多专家质疑设计时未能进行应有的土工试验得到地基土体的强度指标，从而导致设计的承载力与实际情况不符。

　　本记中，笔者对 CU 总应力强度指标进行了一些分析，以期读者能对总应力强度指标的意义有深一步的理解。然而各种强度指标的合理应用仍然是工程界的一个难题。采用天然强度的总应力法给了最小的安全系数，偏于保守；而采用实测孔压的有效应力法由于没有考虑更危险的不排水剪切破坏的可能，也可能产生危险。事实上，甚至是被列入美国具有相当权威性的设计手册中广为流传的有效固结应力法，也存在着明显的矛盾，这也侧面反映了强度指标准确应用于实际工程的难度。

　　王安石在《游褒禅山记》中写道："世之奇伟、瑰怪，非常之观，常在于险远"，强度指标与强度规律的应用方法不正是穿透重重迷雾之后所得到的"非常之观"么？若是通过本记的阅读，能够激发起更多读者对土体强度理论开展深入研究的兴趣，以及强度准则如何合理应用于工程之中的思考，那将是对本书工作的最大肯定了。

本记主要参考文献

[1]　R. L. Nordlund，D. U. Deere. Collapse of Fargo Grain Elevate［J］. Journal of the Soil Mechanics and Foundations Division，1970，96（2）：585-607.

[2]　沈扬，张文慧 . 岩土工程测试技术（第二版）［M］. 北京：冶金工业出版社，2017.

[3] 刘恩龙，沈珠江.结构性土强度准则讨论 [J].工程力学，2007，24（2）：50-55.

[4] 沈扬，葛冬冬.基于库仑定律的 CU 总应力切线和割线强度指标数理意义释义和适用性研究 [J].岩土工程学报，2013，35（S1）：44-51.

[5] 魏汝龙，张凌.稳定分析中的强度指标问题 [J].岩土工程学报，1993，15（5）：24-30.

[6] 俞茂宏.强度理论百年总结 [J].力学进展.2004，34（4）：529-560.

第八记　土压力记——授之以渔的土压力理论

8.1　钻牛角尖的土压力问题

笔者讲授土压力理论课程时，常有"爱钻牛角尖"的学生会提出一个问题：19 世纪提出的朗肯方法反而比 18 世纪的库仑方法更加简化，其边界条件甚至退化到简陋的地步，难道这是科学的倒退吗？我们究竟应该怎样去看待和回答这一"悖论"呢？

的确，如果不是岩土工程的专业人士，仅凭大学时代所学的土压力知识，我们的思维可能还总愿意停留在朗肯土压力方法。不过这一理论，虽然计算方便，但挡土墙背竖直光滑的假设条件总让人觉得非常受限，在实际应用时"下不了手"。而如果采用库仑土压力理论，又会在计算被动土压力时，由于采用的平面楔体形式与实际曲形滑动面以及第二滑裂面存在的情况差异较大而影响到计算可靠性。

对于现有流行的两种土压力理论，初学者除对以上局限性"心存芥蒂"外，可能还会对将要解决的实际工程问题与先前所学一些基本概念间所出现的矛盾而充满困惑，这些困惑主要可概括为以下几个问题：

（1）基于朗肯理论最初的假设，滑动面应是沿某一方向的无穷多个可能面，为什么在库仑理论分析中，就只剩一个过墙底的楔形体呢？而较为接近真实的滑动面又是怎样的呢？

（2）任何支挡结构物都非绝对刚性，例如采用桩体作为基坑支护结构时，沿桩身方向各点处的位移有所不同，土体应力可能一部分超过极限状态，而另一部分仍处于稳定状态，这种平衡符合物理逻辑吗？此时支挡结构物上的土压力又该如何分析呢？

（3）库仑土压力理论可以较好地解决主动土压力计算问题，而被动土压力的合理性解答该计出何方？因假设条件的制约，"高度理想化"的朗肯土压力理论在此合理性解答中又能扮演何种角色呢？

（4）支挡结构物上水 - 土压力的计算究竟应采用水土分算还是合算，亦或水土分、合各有其适用工况？

本记将针对上述问题进行逐一分析，以期帮助读者对土压力理论有更为清晰的认知与理解。

8.2 挡墙位移视角的土压力分析思想

1. 滑动面位置的基本描述

滑动面是土压力篇章中最具神秘的"一划"，在各种理论中其位置和形状假设不一。对于最常见的朗肯土压力理论，其本质是基于土单元体的破坏，久而久之也许会使人们忽视实际工程中墙后土体的破坏形式——具有连续滑动面的整体破坏。此外，若按照朗肯土压力理论的最初假设，滑动面的方向应是和大主应力面成$45°+\varphi/2$角度的方向，且在墙后填土中将会出现无穷多个平行的可能滑动面，然而工程实际中却只有一个滑动面（即本记开篇所提第一个问题中的困惑），这是为什么呢？

朗肯理论下会出现无数个滑动面的原因在于其最初假设——不仅墙背假设是光滑的，基底也假设为光滑。而实际上地基底部存在摩擦作用，滑动面的开展需要克服这种摩擦，于是潜在中最有可能的滑动面就是过墙底的滑动面，因为只有这个滑动面不受底部摩擦力的阻碍。

滑动面在土压力理论中的重要性是无疑的，尤其是当采用整体平衡受力分析时，滑动面的确定将成为解决问题的命门。图 8-1（a）和图 8-1（b）分别为加拿大基隆拿市（Kelowna）和美国纽约曼哈顿区（Manhattan）的挡墙坍塌后而裸露的部分滑动面。从图可以看出，在真实的案例中，滑动面的形状较为复杂，那么该采用何种几何形式来描述比较趋于真实的滑动面呢？

以砂土为例，目前相对接近真实又比较便于分析的滑动面形式在二维空间上的投影简单说是一个直线段和一个近似于圆弧或者对数螺旋线的曲线段组合。实际滑动面的组合形式受墙面摩擦影响较大，不同情况下主动土压力对应的滑动面如图 8-2 所示：一般情况，主动破坏时，墙后楔形体是下降的，此时墙体对楔形体的摩擦作用向上，则滑动面为下凹型（图 8-2（a））；而当挡墙顶部存在附加荷载时，墙体向下降，此时挡墙对土体的切向摩擦力转变为向下，DB 滑动面形式将转变为上凸型（图 8-2（b））。

(a) 加拿大基隆拿挡墙坍塌   (b) 美国纽约曼哈顿挡墙坍塌

图 8-1 挡墙坍塌后的裸露的滑动面

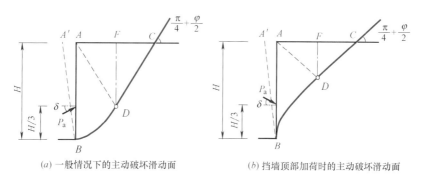

(a) 一般情况下的主动破坏滑动面   (b) 挡墙顶部加荷时的主动破坏滑动面

图 8-2 粗糙、竖直墙背后砂性土主动破坏时滑动面

被动土压力情形时，滑动面形式主要取决于挡墙的重量与填土间摩擦力的大小。若挡墙重量大于墙土间摩擦力，则墙后填土将升高，挡墙对填土的摩擦力向下，挡墙上总被动土压力的反作用力与墙背法线成 δ 角（挡墙与填土间摩擦角），该力阻碍填土向上移动，如图 8-3（a）所示，滑动面形式为下凹型。反之，如果挡墙重量小于墙土间摩擦力，挡墙上总被动土压力的反作用力与墙背法线夹角小于 δ，但是楔形体总体还是上移的。若上述的墙体受到一个向上的推力（等于墙体自重和墙土间摩擦力之和），挡墙相对于土体会产生向上的位移，那么挡墙对土体的切向摩擦力向上，这时的滑动面 DB 会由下凹型变成上凸型，如图 8-3（b）所示。

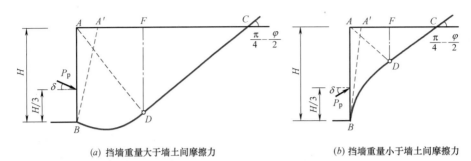

(a) 挡墙重量大于墙土间摩擦力　　　　　(b) 挡墙重量小于墙土间摩擦力

图 8-3　粗糙、竖直墙背后砂性土被动破坏时滑动面

现有流行的土压力理论或存在隐藏真正滑动面的局限性，或所假设滑动面形状与实际相差较大，不免使得相关计算结果存在误差。对于土体，在平面空间中直线段与圆弧或者对数螺旋线的组合更为接近真实滑动面（黏性土滑动面的趋势与上述砂性土直 - 曲组合滑动面类似），若能采用此直 - 曲组合的滑动面形式，则土压力计算将更趋近真实工况。

2. 位移与土压力关系的理解和应用

挡墙位移是引起土压力改变，使墙后填土进入极限状态的根本原因。无论采用何种土压力理论和方法，都不能忽视位移这一前提条件。但在本科土力学教学中，通常通过应力分析视角来求解土压力分布，而对引发极限状态的位移条件未能予以充分强调，以致初学者对位移与土压力分布关系及非极限状态下不同位移形式引起的土压力分布认识不够清晰。例如，当支挡结构物的变形使得一部分土体进入了极限状态，而其他某些部分土体仍处于稳定状态（如本记开篇提出的第二个问题），又比如在基坑支护工程中，柔性支挡结构物沿深度方向各点处的位移常有不同，那么此种情形下土压力分布形式又将如何确定呢？

在朗肯理论框架内，墙后填土达到极限状态时，需要土体各处同时达到某一塑性应变状态，按其最初假设——墙背和基底均光滑，土体中可谓到处都是滑动面，无确定的楔形体，即此假设条件下位移应是整体水平移动；而若考虑基底摩擦，墙后填土将会出现楔体滑动，此时的挡墙位移也应是相应的楔形状。

日本名古屋工业大学松冈元教授在其著作《土力学》中，对挡土墙发生各种形式位移时对应的土压力分布规律进行了定性描述（图 8-4），通过对比挡墙不同形式的位移与朗肯极限状态位移之间的关系，得出了不同位移形式下的挡墙土压力分布形式。

如图 8-4 所示，将各挡墙位移形式与朗肯主动土压力、朗肯被动土压力和静止土压力相应的挡墙位移对比分析可得：图 8-4（a）中挡土墙上下两端不移动，中间向外突出，顶部位移接近静止土压力相应的位移，中部位移小于主动土压力相应的位移，底部位移接近主动土压力相应的位移，因此，相应的土压力分布形式如图 8-4（a）中预测土压力分布线所示，顶端土压力接近静止土压力，中间段土压力小于主动土压力，底端土压力接近主动土压力；图 8-4（b）中挡土墙上端不移动，下端移动，上端土压力接近静止土压力，下端土压力小于主动土压力；图 8-4（c）中挡土墙背向填土方向平移，上端土压力位于静止土压力和主动土压力之间，下端土压力小于主动土压力；图 8-4（d）中挡土墙上端挤压土体，下端外移，上端土压力接近被动土压力，下端土压力小于主动土压力。

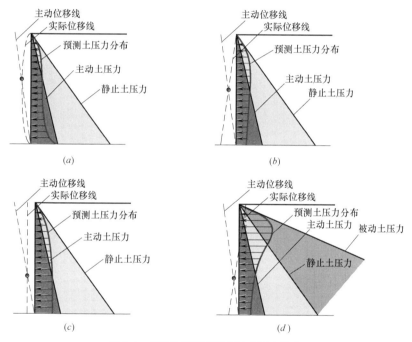

图 8-4　各种位移形式相应的土压力分布

以上分析有一定合理性，但似乎也存在一个与朗肯理论基本立论相悖之处。朗肯土压力理论中，主动土压力、被动土压力是极限土压力，而图 8-4 中有些挡墙位移形式下部分区段的土压力分布却超越了所界定的极值。墙后土体一部分超越极限状态，另一部分仍处于稳定状态，这种状态符合物理学的逻辑吗？这些困惑究竟能在朗肯土压力理论框架内解释，还是需要更深层次地剖析其他因素呢？笔者认为释疑此困惑的核心要点在于对土体极限状态的理解。

土力学教材中，对于不同问题的研究，采用不同的本构模型，例如解决土压力、边坡等实际问题时，多把土体作为理想弹塑性或刚塑性材料，进入塑性状态后其应力不随应变增加而变化，因此当土体进入塑性状态后，变形无法控制，直至破坏，故应力只能保持为极限值却不能超越它。而现实中，土体是硬化弹塑性材料，当土体内某一连续面上各处均达到一定程度的塑性状态时，土体处于极限平衡状态，滑动面上的变形不可控制，随着塑性变形的继续开展土体发生破坏。但若这一连续面上仅有部分区域处于塑性状态（即土中塑性区尚未贯通），土体不会发生破坏，达到塑性状态的部分土体还能继续发生硬化，其应力可随应变的增加而继续增大。这就是为何会出现上文所述的部分区域土压力超越了极限土压力的原因。举例而言，当以轴向应变达到 15% 作为临界应变来判定土体极限状态时，从定义上说一旦某处土体轴向应变开展超过 15%，即达到了极限状态。但实际中，只有当大部分区域土体的轴向应变均达到 15%，土体才会发生整体破坏，而若仅局部区域中土体轴向应变达到 15% 时，那么整个土体还不会发生破坏，且少部分区域中的土体应变还能继续开展，从而出现图 8-4 中部分区域土压力状态超越极限上压力的现象。

上文是对松冈元研究的挡墙位移 - 压力分布形式的简要介绍和分析，可以看到这仅是一种定性描述，如何对二者之间的关系进行定量计算，也一直是国内外学者研究的目标，本节的最后将介绍其中一种方法的研究思路。

传统理论认为土压力 - 位移曲线的拐点发生在 K_0 状态处，但也有学者认为拐点处于水平正应力等于竖向自重应力处（即 $K=1$）才更为合理，因为在水平正应力从主动土压力 K_a 变化到被动土压力 K_p 状态的过程中，土体主应力方向的旋转点实际应该在 $K=1$ 处（假设墙背仍为光滑），这时曲线的变形规律才会发生变化。基于这种思想，并将土压力与挡墙水平位移关系看成是特殊条件下墙后土体所受水平应力与水平应变间的本构关系，广西大学的梅国雄教授提出了一种土压力求解思路。他将邓肯 - 张模型以及三轴伸长试验的理论作为本构支撑，以水平应力等于自重应力的分界点为计算原点（图8-5 中虚线轴），分别对水平应力为大、小主应力时的情况进行分析推算，并将 K_0 状态下应力参数（图 8-5 中实线轴）作为特解条件带入模型得相应状态的水平应变，再保持纵坐标不变，将横坐标向右平移 $-\varepsilon_0$

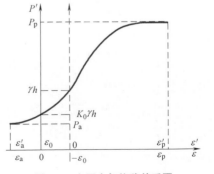

图 8-5　土压力与位移关系图

（释义见式（8-1）注释）个单位，最终得到以 K_0 状态为原点（图 8-5 中实线轴）的水平向土压力与挡墙水平位移间的关系曲线。

而两者间的具体表达如式（8-1）所示：

$$p = \begin{cases} \gamma h + \dfrac{\varepsilon'}{a - \varepsilon / d} = \gamma h + \dfrac{\varepsilon + \varepsilon_0}{a - (\varepsilon + \varepsilon_0)/d} & \varepsilon \leqslant -\varepsilon_0 \\[4mm] \gamma h + \dfrac{\varepsilon'}{a + \varepsilon / D} = \gamma h + \dfrac{\varepsilon + \varepsilon_0}{a + (\varepsilon + \varepsilon_0)/D} & \varepsilon > -\varepsilon_0 \end{cases} \tag{8-1}$$

式中：p ——在某深度 h 处挡土墙所受的水平向土压力（假设墙背光滑即为土压力）；

ε_0 ——水平应力从等于自重应力状态减载到 K_0 状态时的水平向应变（为拉应变，故为负值）；

ε ——应力坐标平移后的墙后土体的水平应变（即以 K_0 状态为原点的应变，图 8-5 中实线纵轴）；

ε' ——应力坐标平移前的墙后土体的水平应变（即以侧向应力等于自重状态为原点的应变，图中虚线纵轴）；

γh ——在某深度 h 处墙后土体的竖向自重压力；

a ——邓肯张模型中应力应变关系曲线初始切线模量的倒数；

d ——竖向自重应力为大主应力时所对应的极限主应力差；

D ——竖向自重应力为小主应力时所对应的极限主应力差。

以上基于不同视角的研究方法均表明，如能将墙体位移与土压力间的关系协调考虑并有效表述，对于拓展挡土结构设计方法的广度和深度都是非常有益的。

8.3 跳出挡墙看土压力：被动土压力的太沙基解法

1. 被动土压力前"束手束脚"的流行理论

本记开篇就提到一个悖论：19 世纪的朗肯方法反而比 18 世纪的库仑方法更加简化，其边界条件甚至退化到简陋的地步，难道这是科学的倒退吗？其实不然，库仑理论是从整体平衡的角度出发，而朗肯土压力理论则是基于土单元体分析而生，同是极限平衡分析思想，但研究的视角不同。朗肯理论假设较多，主要是因为当时以单元体受力分析来研究挡墙土压力仍处于启蒙阶段，所研究的都是较为理想条件的土压力计算问题，不过新的研究视角可用于分析土体变形，而基于土体为刚体假设的库仑土压力理论却对挡墙位移分析无能为力。我们对解决问题的方法进行评价时，不能仅从计算的难易程度上直观地评价其进步性或优越性，更要从本质上辩证地看待其光芒与不足。

朗肯理论因其假设过于"理想化"，导致其不宜直接用于工程设计，库仑理论虽能较好地解决主动问题，但因平面假设与实际滑动面形式差异较大，以致其不能合理求解被动土压力。难道就因为实际支挡工程中发生土体被动破坏的情形较少，我们就可以不关注其合理解法了吗？答案显然是否定的，被动土压力有其独特的应用舞台，例如在地基承载力、挡墙基础或圬工建（构）筑物等受竖向荷载作用后产生的水平力计算中常常需要利用被动土压力的求解方法。而在解决被动土压力问题的方法中，比之朗肯理论和库仑理论，也存在更为合理的解法。鉴于被动土压力所特有的应用价值，笔者将在下文介绍其中一种经典的方法。

2. 太沙基被动土压力计算方法

太沙基教授在其著作《工程实用土力学》中对土压力理论进行了深入透彻的剖析，并分析了各种工程实例。而国内现有教材在土压力理论学习时却对太沙基法鲜有提及，但耐人寻味的是其理论却被用于了地基承载力计算当中，给人貌似"墙内开花墙外香"的感觉。太沙基法不仅能较为合理地计算被动土压力，且对于地基承载力分析极有帮助，所以本节对计算被动土压力的太沙基解法予以推荐介绍。

太沙基方法计算粗糙接触面上被动土压力的主体思路主要基于以下三个基本思想：

（1）如图8-6所示，在填土表面上任找一点 E，以 $\pi/4-\varphi/2$ 角度作直线 DE，过 A 点以 $\pi/4-\varphi/2$ 角度反向作直线 AD，两直线相交于 D 点，D 点与 B 点之间由对数螺旋线连接。

上述滑动区域可划分为以下两个区域：1）处于被动朗肯状态的等腰三角形区域 ADE；2）由对数曲线和墙背等围成的 ABD 区域。ADE 区域内，竖直面 DF 上无剪应力，作用于此面上的压力 P_d 方向水平，可采用朗肯理论计算被动土压力 P_d（如式（8-2）所示，式中 K_p 为朗肯理论中的被动土压力系数，P_d 作用点位于 DF 面的下 1/3 处）。

$$P_d = \frac{1}{2}\gamma H_{DF}^2 K_p \tag{8-2}$$

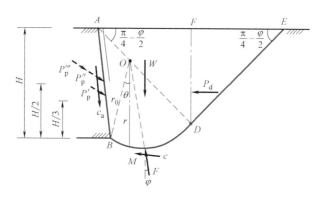

图 8-6 粗糙接触面上被动土压力理论假设

（2）对楔形体 *ABDF* 区域进行受力分析时，把朗肯理论中一个基本结论作为前提，该结论是：挡墙竖直光滑时，土压力可准确拆分成三部分，即分别与填土的重力（重力引起呈三角形分布的土压力 P_p'，作用点位于挡墙脚底上三分之一处）、黏聚力和上部超载（黏聚力和超载分别引起呈矩形分布的土压力 P_p'' 和 P_p'''，作用点位于挡墙高二分之一处）相平衡的三部分作用力 P_p'、P_p'' 和 P_p'''，其他条件下上述拆分只是近似成立。对于被动土压力的计算，因为不能确定被动土压力 P_p 的作用点，所以在计算土压力时，参考上述朗肯理论中的拆分方法，把土重、超载、黏聚力产生的土压力分别考虑，以确定各分土压力作用点，进而求解土压力合力值与作用点。上述拆分方法与实际情况存在一定偏差，但太沙基分析指出这一偏差引起计算结果上的差异不大。

（3）对数螺旋线 *BD* 的表达式如式（8-3）所示：

$$r = r_0 e^{\theta \tan \varphi} \tag{8-3}$$

如图 8-6 所示，式（8-3）中 r 为曲面 *BD* 上任意点 *M* 处的半径 *OM*，r_0 为半径 *OB*，θ 为 *OB* 与 *OM* 间夹角。对数螺旋线上每一点处的半径都通过 *O* 点，而且其上任意单元的正向应力和摩擦力的合力 *F* 与滑动面上的法线成 φ 角，即力 *F* 的方向与半径方向重合，故对楔形体 *ABDF* 建立力矩平衡方程时，合力 *F* 对 *O* 点不产生力矩。

基于上述三个基本思想，对楔形体 *ABDF* 进行受力分析（对于重力、黏聚力和外荷载均基于同一任选滑动面进行相应计算）：

（1）仅考虑重力作用时，任选某一滑动面 BD_1E_1（图 8-7），楔形体 ABD_1F_1 受力为 P_1'、W_1、F_1' 和 P_{d1}'。

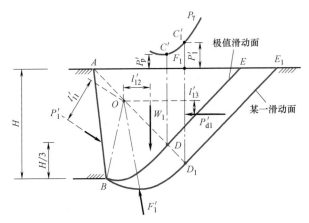

图 8-7　粗糙接触面上被动土压力计算—仅考虑重力

$$P_{d1}' = \frac{1}{2}\gamma H_{D_1F_1}^2 K_p$$

对 O 点，由力矩平衡得：

$$P_1'l_{11}' = W_1l_{12}' + P_{d1}'l_{13}'$$

即：

$$P_1' = \frac{W_1l_{12}' + P_{d1}'l_{13}'}{l_{11}'} \tag{8-4}$$

对于某一滑动面 BD_1E_1，力 P_1' 的表达式可建立显式求解方程，计算公式形如式（8-4）所示，但对于一组滑动面 BD_iE_i，却无法建立一个统一的显式来求解 P_i'，进而就不能采取求导取极值的方法得到 P_i' 中的极小值。因此，太沙基法采用了描点、作曲线的方式来求 P_i' 中的极小值：如图 8-7 所示，以某一滑动面对应的 F_1 点为基准点，按一定比例尺将 P_1' 值绘于竖直线 D_1F_1 的延长线上得到点 C_1'，以此类推，对于不同的滑动面 BD_iE_i 可确定一组 C_i' 点，过这些 C_i' 点绘制曲线 P_γ，曲线 P_γ 上最低点 C' 的坐标值即为仅由土体自重作用引起的部分土压力 P_p' 的解。在实际工程中，若土体为无黏性土，且上部无荷载作用，仅在土体自重作用下引起的被动土压力即为曲线 P_γ 上最低点 C' 点的最小坐标值，相应的滑动面为 BDE。

（2）仅考虑黏聚力作用时（图 8-8），此时计算比较复杂，因为在螺旋面和挡墙上都存在黏聚力对 O 点的弯矩。楔形体 ABD_1F_1 受力为 P_1'、P_{d1}''（由黏聚力 c 引起的部分被动土压力，作用点位于 D_1F_1 的中间处）、F_1'' 和 BD_1 面及墙背上的黏聚力 c_1、c_a。

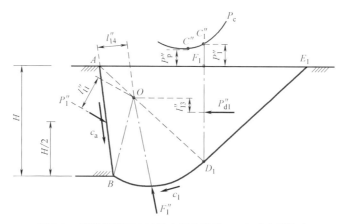

图 8-8　粗糙接触面上被动土压力计算——仅考虑黏聚力

曲线 BD_1 上黏聚力的作用由单元体 ds 来推求，单元体 ds 上的黏聚力为 cds，cds 对 O 点的力矩为：$dM = cr\cos\varphi ds = cr^2 d\theta$，沿 BD_1 面上总黏聚力对 O 点的总力矩为：$M_c = \int_0^\theta dM = \dfrac{c}{2\tan\varphi}(r_1^2 - r_0^2)$，对 O 点，由力矩平衡得：$P_1'' l_{11}'' = M_c + P_{d1}'' l_{13}'' - c_a l_{14}''$，即：

$$P_1'' = \frac{M_c + P_{d1}'' l_{13}'' - c_a l_{14}''}{l_{11}''} \tag{8-5}$$

式中：$P_{d1}'' = 2cH_{D_1F_1}\sqrt{K_p}$。

对于某一滑动面 BD_1E_1，力 P_1'' 可建立显式求解方程，计算公式如式（8-5）所示，但对于一组滑动面 BD_iE_i，却无法建立统一的显式来求解 P_i''。故而，仍采用描点、作曲线的方式求解 P_i'' 的极小值：对于一组滑动面 BD_iE_i，以相应的 F_i 点为基准点，按一定比例尺将各 P_i'' 值绘于相应的竖直线 D_iF_i 的延长线上，即可得到一系列 C_i'' 点，过这一组 C_i'' 点绘制曲线 P_c（图 8-8），曲线 P_c 上的最低点 C'' 的坐标值即为仅由黏聚力作用引起的部分土压力 P_p'' 的解。

在实际工程中，若仅考虑土体自重和黏聚力，无上部荷载作用时，对于某一滑动面，可以图 8-9 中的 C_1' 点为基准点按一定比例尺将 P_i'' 的值绘于竖直线 D_1F_1 的延长线上得到 C_1'' 点。以此法继续确定其他滑动面相应的 C_i'' 点，再过这一组 C_i'' 绘制曲线 $P_{\gamma+c}$，则重力和黏聚力共同作用下引起的土压力 P_p 为曲线 $P_{\gamma+c}$ 上最低点 C 的坐标值。

（3）仅考虑外荷载 q 时，把楔形体 $ABDF$ 假定为无自重体（图 8-6），力矩平衡方程中重力和黏聚力弯矩消失，换以超载弯矩建立力矩平衡方程，求得各滑动面对应的力 P_i'''。类似于上述仅考虑重力和黏聚力的方式，此处仍采用描点作

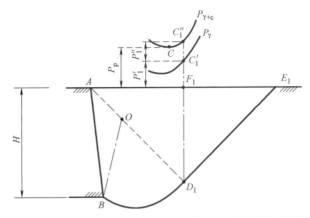

图 8-9　粗糙接触面上黏性土被动土压力计算——考虑土体自重及黏聚力

图法求极小值：对一组滑动面，以各相应的点 F_i 为基准点，按一定比例尺将各 P_i''' 值绘于相应竖直线 D_iF_i 的延长线上，得到一系列点 C_i'''，过这一组 C_i''' 点绘制曲线 P_q，曲线 P_q 的最小坐标值即为仅由超载引起的部分被动土压力 P_p''' 的解（具体描点、作图的方法与图 8-8 类似，此处不再赘述）。在实际工程中，若同时考虑土体自重、黏聚力和外荷载三者作用时，在图 8-9 的基础上以 C_i'' 点为基准点按一定比例尺将各滑动面相应的 P_i''' 值绘于相应的竖直线 D_iF_i 的延长线上得到一系列 C_i''' 点，过这些 C_i''' 点绘制曲线 $P_{\gamma+c+q}$（图 8-10），则土体重力、黏聚力和外荷载共同作用下引起的土压力 P_p 的解为曲线 $P_{\gamma+c+q}$ 上最低点 C 的坐标值。

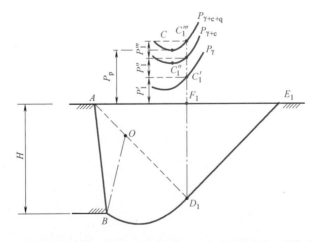

图 8-10　粗糙接触面上黏性土被动土压力计算——考虑土体自重、黏聚力和外荷载

太沙基方法中将被动土压力拆分为 P_p'、P_p'' 和 P_p''' 三部分作用力分别计算，这使得单独考虑土体重力、黏聚力和外荷载时，对于单个任意滑动面可以建立

P_i'、P_i'' 和 P_i''' 的显式求解方程，但却无法分别建立显式方程来计算一组 P_i'、P_i'' 和 P_i''' 的极小值 P_p'、P_p'' 和 P_p'''。此外，通过描点、作曲线法得到的三条曲线 P_γ、P_c 和 P_q，叠加后的总被动土压力曲线 $P_{\gamma+c}$（图 8-9）或曲线 $P_{\gamma+c+q}$（图 8-10），仍然无法建立显式方程，因此，曲线 $P_{\gamma+c}$ 和曲线 $P_{\gamma+c+q}$ 的极小值还需采用作图的方法确定其极小值。

土压力理论不只局限于计算和分析支挡结构物上水-土压力，在其他工程应用领域中还发挥着重要作用，比如在地基承载力计算中就应用了太沙基被动土压力计算方法。不过，在太沙基地基承载力计算方法中，舍弃了前述将三条曲线 P_γ、P_c 和 P_q 依据不同工况叠加后取极小值的方法，而是直接取曲线 P_γ、P_c 和 P_q 三者的最小值叠加得到被动土压力。很明显，这种方法计算得到的被动土压力偏于安全，且所确定的极限滑动面也是近似的，但在工程设计中还是可以应用的。

从上文我们还可以看出"理想化的"朗肯理论虽不适用于工程实际，但在使用太沙基方法计算被动土压力过程中却扮演了重要的角色。

此外，对土压力理论，读者们不应将其仅局限于支挡结构物计算这一工程背景，而要能从更广泛的视角来审视其作用。例如太沙基法在地基承载力极限分析法中，就充当了关键角色，笔者会在第九记予以介绍。

8.4 挡墙计算的"天下大势"看不穿：杂谈水土压力分、合算

土力学问题的复杂性一半以上都源于水，尽管本记 8.2 和 8.3 节讨论的问题，属于土压力问题的基本内容，不论是否考虑水都是适用的，但当融入水的因素后，问题就会变得更加复杂。例如饱和土体对于支挡结构物的作用力涉及水和土颗粒的共同作用，究竟应该采用水压力和土压力的分算，还是将两者合算，亦或分、合算各有其适用工况，就颇令设计人员头疼。而实际设计中，若不能充分考虑水的影响，支挡结构物将会发生变形、位移，严重的可能导致破坏。图 8-11（a）为位于土耳其伊斯坦布尔（Istanbul）的一处挡土墙因暴雨而发生倒塌；图 8-11（b）为位于印度比哈尔邦（Bihar）的一处坝体挡墙被水直接冲垮。

基于有效应力原理的水土分算把作用在支挡结构物上的水压力和土压力分开进行计算，其理论机理清晰明了，主要应用于强透水性土质，但对于某些渗透性差且孔压难以测定的土质，基于此计算方法得到的孔压往往比真实值大。虽然直接采用饱和重度进行计算的水土合算法在某些工况下的计算结果与实测值接近，但其理论机理却存在缺陷，工程应用时不免存在隐患。故而，在目前的工程

(a) 土耳其伊斯坦布尔的挡墙坍塌　　　　　　(b) 印度比哈尔邦的挡墙被冲垮

图 8-11　挡墙结构因水流问题而发生坍塌

设计中，通常只能根据长期的工程经验来选用水土分算法或水土合算法，支挡结构物水土压力计算至今仍是工程界的一个难题。《三国演义》开篇名句"天下大势，分久必合，合久必分"，似乎在说社会学的道理，而本节想对计算支挡结构物受力这个"大势"中，水压力和土压力分合计算做一些探讨，也希望能在一定程度上回应本记开篇所提的最后一个问题。

1. "小小"水压奈何如此"难算"——土压力计算争论之焦点

支挡结构物上水土压力的计算是挡土墙、基坑开挖等工程中的重要设计依据。对于砂质粉土、砂土和碎石土等强透水性土质，假设土体中颗粒是散碎的，且孔隙水完全水力连通，基于有效应力原理，宜采用有效应力法来描述土体强度，水、土压力计算采用水土分算法。在《建筑基坑支护技术规程》（JGJ 120—2012）中也有明确规定：对地下水位以下的砂质粉土、砂土和碎石土，应采用土压力和水压力分算方法，水压力按静水压力计算（若存在渗流，应按渗流理论计算水压力和竖向有效应力，本节所讨论的孔压均是在静水条件之下，不考虑渗流等其他因素引起的超孔压），抗剪强度指标应采用有效应力强度指标。计算公式（本小节均以主动土压力计算为例）如式（8-6）和式（8-7）所示：

$$p_a = \gamma h_1 K_a + \gamma' h_2 K_a - 2c'(h_1 + h_2)\sqrt{K_a} \tag{8-6}$$

$$p_w = \gamma_w h_2 \tag{8-7}$$

式中：p_a——作用于 (h_1+h_2) 深处的主动土压力；

　　　p_w——水压力；

　　　γ——土体天然重度；

　　　γ'——土体有效重度；

　　　γ_w——水的重度；

h_1——地表至地下水位高度；

h_2——地下水位至计算点处高度；

c'——有效黏聚力；

K_a——主动土压力系数，$K_a = \tan^2\left(\dfrac{\pi}{4} - \dfrac{\varphi'}{2}\right)$，$\varphi'$为有效内摩擦角。

若按有效应力原理，则对各种土均应采用水土分算。然而对弱透水性的软黏土，土颗粒表面存在结合水，研究表明：土体孔隙中的水并非完全水力连通（即严格说同一地下水位处各向水压不等），若按静水压力模式计算土压力体系中的孔压，其结果将不准确，这在一些实际工程中已得到印证，而且某些工程现场的真实孔压又难以准确测定，故严格地说水土分算法仅适用于某些特定的土质或工况，并非通用于所有工程。

于是针对透水性较差的土质，一些学者们采取避绕孔隙水压力的方式而选择了总应力法来计算水、土压力。而在基于总应力法计算水、土压力时，计算原则却出现了水、土分算和水、土合算两种观点。

坚持水土合算的学者们认为既然避绕了孔压估计的难题，就应将水和土粒作为整体即土体进行考虑，直接采用土体饱和重度计算地下水位以下的水土压力，即采用式（8-8），而根据有效应力原理公式（8-8）又可改写成式（8-9）：

$$p_a = \gamma h_1 K_a + \gamma_{sat} h_2 K_a - 2c(h_1 + h_2)\sqrt{K_a} \tag{8-8}$$

$$p_a = \gamma h_1 K_a + \gamma' h_2 K_a + \gamma_w h_2 K_a - 2c(h_1 + h_2)\sqrt{K_a} \tag{8-9}$$

式中：p_a——作用于$h_1 + h_2$深处的主动土压力；

　　　γ——土体天然重度；

　　　γ'——土体有效重度；

　　　γ_{sat}——土体饱和重度；

　　　γ_w——水的重度；

　　　h_1——地表至地下水位高度；

　　　h_2——地下水位至计算点处高度；

　　　c——黏聚力；

K_a——主动土压力系数，$K_a = \tan^2\left(\dfrac{\pi}{4} - \dfrac{\varphi}{2}\right)$，$\varphi$为内摩擦角，针对不同工况采用相应强度指标。

式（8-9）中静水压力前存在的土压力系数，通常情况$K_a < 1$、$K_p > 1$，即主动情形时缩小了静水压力的影响，被动情形时放大了静水压力的影响。至今此矛盾尚未得到合理解释，但令人不解的是在某些工况下水土合算的结果却与实测接近。因此，基于现有理论研究和大量工程经验，《建筑基坑支护技术规程》（JGJ 120—2012）规定：对地下水位以下的黏性土、黏质粉土可采用水土合算法，对正常固结和超固结土，土的抗剪强度指标应采用三轴 CU 指标或直剪固快指标，对欠固结土，宜采用有效自重应力下预压固结的三轴 UU 指标。

坚持水土分算的学者们则始终认为：基于有效应力原理，土体强度由其截面上的法向有效应力决定，土骨架和孔隙水应分开考虑，单独考虑静水压力的影响，将剪切破坏时引起的超静孔压的影响考虑在总应力抗剪强度指标中，采用固结不排水总应力强度指标弥补超静孔压损失。计算公式如式（8-10）和式（8-11）所示：

$$p_a = \gamma h_1 K_a + \gamma' h_2 K_a - 2c_{cu}(h_1 + h_2)\sqrt{K_a} \tag{8-10}$$

$$p_w = \gamma_w h_2 \tag{8-11}$$

式中：p_a——作用于（h_1+h_2）深处的主动土压力；

　　p_w——水压力；

　　γ——土体天然重度；

　　γ'——有效重度；

　　γ_w——水的重度；

　　h_1——地表至地下水位高度；

　　h_2——地下水位至计算点处高度；

　　c_{cu}——黏聚力；

　　K_a——主动土压力系数，$K_a = \tan^2\left(\dfrac{\pi}{4} - \dfrac{\varphi_{cu}}{2}\right)$，$\varphi_{cu}$ 为内摩擦角。

上述分算方法，虽理论机理明确，但孔压计算结果却往往较实测值偏大，如若用于实际建设，工程成本偏大。有些学者提出总应力水土分算法的孔压计算模式可能存在问题，需要对分算法的孔压计算模式改进，简言之即：土中水并非"水中水"。对于砂质粉土、砂土和碎石土等强透水性土质，孔隙水完全水力连通，孔压可按"水中水"计算。而对于弱透水性软黏土，土颗粒表面存在结合水，水土间存在相互作用，其孔压分布形式并非类似"水中水"所示规律，黏性土中的水并非全部为"水中水"。

此外，有些学者正在研究水土分算合算的统一方法，考虑水土相互作用的各种影响因素，进而引入相关水压力系数，最终建立水土分算、合算的统一计算模型。但水土间相互作用关系复杂，且合理的土中水相关理论尚未完全建立。目前，即使假定土中水为"水中水"，岩土工程领域中仍存在很多难以解决的问题，众多专家学者都在积极研究，感兴趣的读者们也可对这些问题开展思考。

2. 基于三轴试验的"完全"水土分算法

在挡土墙服役期内，填土表面短时间施加临时荷载的情况较为普遍，例如：穿越土坡的高速公路路堑段，通常会设置挡土结构（如图 8-12 所示，墙后填土初始处于 K_0 固结状态）。若坡顶发生滑坡等情况，会导致墙后土体表面突然受荷，挡土墙的受力状态就会骤变，而墙后填土所处状态将直接决定挡土墙的安全性。鉴于上述工况，设计中一般会预先进行安全性验算，以预留适当的安全范围，确保建（构）筑物安全运营。上述工况面临的土力学问题可表述为：对于安全稳定的挡土结构，假设墙后填土表面受到快速施加荷载 P 的作用，地下水位以下土体因超载引起的超孔压短时间内无法消散，而现有技术水平无法准确测定其超孔压，那该如何判别不排水条件下附加总应力作用时墙后土体是否安全？若达到极限状态，挡墙上土压力又该如何计算？

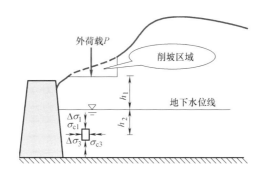

图 8-12　运营期内作用瞬时荷载的挡土结构

针对这一特殊工况，笔者建议可基于土力学有效应力原理和室内三轴试验间的各种相互关系，以一种新的思路来分析水、土压力计算课题。

上述无法准确测量由于 P 引起的超静孔压的不排水工况，只能采用总应力法计算挡土墙上的土压力，与之加载路径相似的室内试验为三轴 UU 试验。然而 UU 试验只能得到某一应力状态下地基土体的不排水强度，无法得到相应的强度指标，不易判定上述工况下墙后任意点处土体的应力状态。CU 试验虽不能与实际应力条件的加载路径完全匹配，但能测定土体总应力和有效应力强度指标，由相应指标可推求土体不排水强度，加之 CU 试验和 UU 试验间存在内在关联（后文将表述），因此我们可以借用 CU 强度指标来推求不排水工况下土体的强度，由此计算上述工况下土体在极限状态下的土压力。

而使用 CU 试验强度指标时，一些工程设计人员建议采用如下方法：例如图 8-12 所示的 K_0 固结状态的挡土墙填土中某一位置处，土单元体竖向和水平向初始固结应力分别为 σ_{c1} 和 σ_{c3}，土体表面施加附加荷载 P 引起该点处土单元体的竖向和水平向附加总应力为 $\Delta\sigma_1$ 和 $\Delta\sigma_3$，根据 CU 总应力强度包线，直接采用总小主应力 $\sigma_{B3}=\sigma_{c3}+\Delta\sigma_3$ 来计算极限状态，获得如图 8-13 中所示的莫尔圆 B，将莫尔圆 B 对应的极限大主应力 σ_{B1} 与竖向应力 $\sigma_{c1}+\Delta\sigma_1$ 进行比较，若 $\sigma_{B1}>\sigma_{c1}+\Delta\sigma_1$，便认为加荷后该点土体仍处于安全状态。

然而上述方法是错误的，主要原因就在于对 CU 试验实现条件的理解还不够透彻。CU 试验中土体剪切前一直处于排水状态，即为有效应力状态。因此，使用 CU 强度包线判别土体应力状态时，**剪切前小主应力必须为有效应力**。如图 8-13 所示，若直接采用莫尔圆 B 的小主应力 σ_{B3}，由于其包含了孔隙水压力，将夸大土体允许的极限大主应力。合理的算法应是明晰剪切前的有效小主应力，即扣除 σ_{B3} 中包含的孔压 u，得到如图 8-13 中的 σ_{A3}（剪切前的有效应力），再以 σ_{A3} 为小主应力，得到与 CU 总应力强度包线相切的莫尔圆 A 的极限大主应力 σ_{A1}，以此极限应力 σ_{A1} 与现实条件中的大主应力 $\sigma_{c1}+\Delta\sigma_1$ 进行比较，才能得到破坏与否的正确判断。

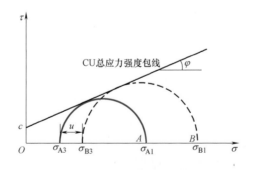

图 8-13 CU 条件下极限主应力的计算

不过现实中，并没有直接给出剪切前的有效应力，我们如何确定剪切前的有效小主应力，进而求出极限状态大主应力值呢？那就要从了解 UU 试验和 CU 试验间存在的本质联系入手。现实中对天然固结状态下的土体快速施加外荷载，则短时间不排水条件下地基中某一深度处的土单元体就会在竖向和水平向同时增加附加应力，这一应力状态变化过程就相当于在 UU 试验中完成初始固结后，在某一级围压增量下施加轴向附加应力进行剪切。对于某一初始固结应力下的土体进行 UU 试验时，施加的围压增量 $\Delta\sigma_3$ 均由孔隙水承担，土体的有效应力状态始终不变，有效莫尔圆唯一存在。于是 UU 试验中，由以 σ_c 为初始固结应力的一组不同围压增量下总应力极限莫尔圆所得到的不排水强度，便可等效为在 σ_c 作用下直接施加轴向附加应力增量 q 进行不排水剪所得到的土体强度。

依据此等效，如图 8-14 所示，若要在 CU 试验体系下评价 UU 不排水条件土单元体应力莫尔圆 B 所处的状态，应将该圆小主应力 σ_{B3} 扣除不排水围压增量 $\Delta\sigma_3$，方能作为 CU 试验中剪切前的有效应力 σ_{A3}（即 CU 固结阶段施加的应力和）。然后再以 σ_{A3} 为小主应力，作出与 CU 总应力强度包线相切的极限莫尔圆 A，并得到莫尔圆 A 的大主应力 σ_{A1}。将实际总应力状态莫尔圆 B 的大主应力 σ_{B1} 扣除围压增量 $\Delta\sigma_3$ 后得到莫尔圆 D 的大主应力 $\sigma_{D1}=\sigma_{B1}-\Delta\sigma_3$，将 σ_{D1} 与 σ_{A1} 进行比较，以二者间大小关系方可判别莫尔圆 A 所处应力状态是否稳定。从图 8-14 可见，$\sigma_{D1}>\sigma_{A1}$，说明被分析的应力状态是一种破坏状态，但如果直接将莫尔圆 B 与 CU 总应力强度包线比较，将会得到该应力状态属于稳定状态的错误判断。

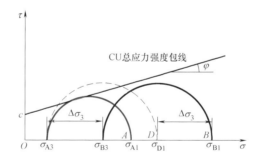

图 8-14　不排水土单元体应力状态的 CU 强度包线判别法

基于这一思路，就可依据 UU、CU 试验中应力莫尔圆间的转换原理，采用 CU 总应力强度包线判别现实中不排水条件下土单元体是否处于极限应力状态。

例如对图 8-12 所述的特殊工况，土单元体在有效应力（即固结应力）σ_{C1} 和 σ_{C3} 作用下偏压固结至稳定，可表示为图 8-15 中的莫尔圆 C。

施加外荷载后，土单元体竖向和水平向附加总应力分别为 $\Delta\sigma_1$ 和 $\Delta\sigma_3$，则土单元体的总应力状态应为：$\sigma_1=\sigma_{C1}+\Delta\sigma_1+u_0$，$\sigma_3=\sigma_{C3}+\Delta\sigma_3+u_0$（$u_0$ 为初始固结时的静水压力），即图 8-15 中莫尔圆 D。扣除附加围压增量 $\Delta\sigma_3$ 和静水压力 u_0 后得到莫尔圆 E，比较莫尔圆 E 与 CU 总应力强度包线的关系，就可判别土单元体在 σ_1、σ_3 作用下是否破坏。

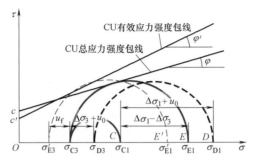

图 8-15　UU 试验莫尔圆转换为 CU 试验莫尔圆

具体而言，根据莫尔 - 库仑极限平衡条件计算极限大主应力，其大小为：

$$\sigma_{1f} = \sigma_3 \tan^2\left(\frac{\pi}{4} + \frac{\varphi}{2}\right) + 2c \tan\left(\frac{\pi}{4} + \frac{\varphi}{2}\right)$$

比较莫尔圆 E 的大主应力 $\sigma_{E1} = \sigma_{C1} + q$ 与 σ_{1f} 的关系，若 $\sigma_{1f} = \sigma_{E1}$，则土单元体处于极限状态；若 $\sigma_{1f} > \sigma_{E1}$，则土单元体处于稳定状态；若 $\sigma_{1f} < \sigma_{E1}$，则表明土体早已破坏（实际中不会出现这种关系）。而图 8-15 所示 $\sigma_{1f} = \sigma_{E1}$，即土单元体恰好处于极限状态的工况。

若土单元体处于极限状态，虽现有测量技术无法准确测定此种短时间施加附加应力的工况所引起的超孔压，但根据室内测定的有效应力强度包线可以计算出该超孔压 u_f（图 8-15），即从已知的总应力指标 c、φ、有效应力指标 c'、φ' 和莫尔圆 E 的大小主应力，推求 u_f 为：

$$u_f = M\sigma_{E3} + C \tag{8-12}$$

式中：u_f——附加荷载引起的超孔压；

σ_{E3}——初始固结时的小主应力，数值上 $\sigma_{E3} = \sigma_{C3}$；

M、C——计算系数：

$$M = \left[\tan^2\left(\frac{\pi}{4} + \frac{\varphi}{2}\right) - \tan^2\left(\frac{\pi}{4} + \frac{\varphi'}{2}\right)\right] \bigg/ \left[1 - \tan^2\left(\frac{\pi}{4} + \frac{\varphi'}{2}\right)\right]$$

$$C = \left[2c\tan\left(\frac{\pi}{4} + \frac{\varphi}{2}\right) - 2c'\tan\left(\frac{\pi}{4} + \frac{\varphi'}{2}\right)\right] \bigg/ \left[1 - \tan^2\left(\frac{\pi}{4} + \frac{\varphi'}{2}\right)\right]$$

根据莫尔圆 D 的总应力状态和式（8-12）计算得出的超孔压即可以计算附加应力作用后极限状态下土单元体的总孔压 u 及有效大、小主应力 σ'_{E1}、σ'_{E3}，计算公式分别如式（8-13）、式（8-14）和式（8-15）所示：

$$u = \Delta\sigma_3 + u_f + u_0 \tag{8-13}$$

$$\sigma'_{E3} = \sigma_{C3} - u_f \tag{8-14}$$

$$\sigma'_{E1}=\sigma_{C1}+(\Delta\sigma_1-\Delta\sigma_3)-u_f \tag{8-15}$$

在附加外荷载作用下，地基中某一处单元体水平和竖向应力增量为已知，上述分析基于有效应力原理和不同三轴试验间的内在联系，以一种新的视角分析了本节所述特殊工况下墙后土体的稳定性，并计算了外荷载引起的超孔压。期望通过上述分析过程，能使读者对土力学各部分理论"互为肯綮、活学活用"的特色有进一步认识，并有助于大家解决相关的土压力问题。

8.5　结论结语

本记中，笔者主要剖析了土压力理论中的一些疑难问题，分析了位移与土压力分布间的关系，展示了解决被动土压力的太沙基法，还介绍了一种支挡结构物受水、土压力分算的新思路，以期能有助于读者对所学土压力知识有更进一步的理解与思考。

2019 年 6 月 29 日，印度浦那市（Pune）的一处 18m 高的挡土墙发生倾覆（图 8-16），造成至少 15 人死亡。

图 8-16　印度浦那挡土墙坍塌现场图

据调查报告显示，此次事故原因可分为三个方面：在设计时，挡土墙并没有考虑足够的安全储备；在施工时，附近树木根系以及较差的施工质量使得挡土墙的整体稳定性较低；在排水时，墙体较差的排水系统未能及时处理因当天连续强降雨所积累的积水。随着墙后土体压力的不断增加，最终导致了挡土墙的倾覆。

这是一例典型的支挡结构倒塌事件，由于缺乏对周边环境因素的充分考虑，设计和施工过程中均未留足在特殊情况（如渗流暴雨条件下）符合要求的安全系数，造成了悲剧发生，成为一起"豆腐渣工程"。

不过，并非所有事故都可以被冠以"豆腐渣工程"而将其原因简单化，后期因突发环境或作业不当而引起支挡结构"误伤"的问题，亦应引起设计和施工人员的警觉。

2009 年 6 月 27 日，上海市闵行区莲花南路一在建楼盘向南发生楼体整体倒覆事件，楼房底部原本应深入地下的数十根 PHC 桩被整齐地折断裸露在外。事故调查组认定其为重大责任事故，此次恶性工程事故遭网友抨击为"楼倒倒"事件（图 8-17）。

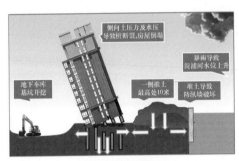

(a) 事故示意图　　　　　　　　　　　　(b) 事故现场图

图 8-17　上海"楼倒倒"事故发生原因示意图

2009 年 7 月 3 日，上海市政府公布了房屋倾倒的调查报告，报告称：紧贴倒坍楼房北侧，在短期内堆土过高，紧邻大楼南侧的地下车库基坑正在开挖，大楼两侧的压力差使土体产生水平位移，过大的水平力超过了桩基的抗侧能力，以致桩体折断、房屋倾倒。对于调查结果，很多网友表示质疑，不理解小小压力差怎会推倒一栋大楼，一时间"压力差"成为流行语，网友们也发表了各种千奇百怪的看法，有些人注意到，楼房的地基部分看不到钢筋，就直接认为这是"豆腐渣工程"所致。

对于不具有相关知识和工程经验的人们提出上述质疑尚可理解，但作为学习过土力学知识的我们若也随波逐流般看待这一事故，那就真的贻笑大方了。专业人士应根据具体工程状况分析，找到导致事故的真实原因。事故发生前该楼南侧正在开挖深达 4.6m 的地下车库基坑；同时该楼北侧，在短期内堆土约为高10m、长 80m、宽 10m。简单说，地下车库开挖和短时堆土的同时作用，导致地基中的土单元体的大小主应力差增大（此即报告中所说的"土压力差"），使得土体趋于极限状态，同时还引起了地基土体发生位移，二者的耦合作用最终使得土体达到主动极限状态，导致土体破坏，并产生过大的位移，造成左侧桩体受挤压破坏（图 8-17（a）），楼房向左侧倾斜，拉断右侧桩体，进而发生楼房倒坍事故。可以说，该事故是一例非典型的土压力破坏问题，而读者们也应从中意识到土压力问题存在的开放性，不能仅将视野局限于特定的支挡结构物上的土压力计算分析中。

通过阅读本记，希望能有助于读者突破学习土压力理论的传统思维模式，逐步提升自己对相关知识的理解，更好地把理论学习与解决工程问题联系起来。到那时，我们也许亦能深味朱熹所说"方其知之而行未及之，则知尚浅；既亲历其域，则知之益明，非前日之意味"的内蕴了。

本记主要参考文献

［1］ K. Terzaghi，R. B. Peck，G. Mesri. Soil Mechanics in engineering Practice[M]. New York：A Wiley-Interscience Publication，1948.

［2］ P. Kulkarni, P. Mirror. Poor Masonry Led to the Collapse of Two Walls，says College of Engineering Pune Report[R/OL]. [2019-07-09]. https://punemirror.indiatimes.com/pune/civic/poor-masonry-led-to-collapse-of-two-walls-coep-report/articleshow/70134539.cms.

［3］ 河海大学土力学教材编写组. 土力学（第三版）[M]. 北京：高等教育出版社，2019.

［4］ 刘国彬，王卫东. 基坑工程手册 [M]. 北京：中国建筑工业出版社，2009.

［5］ 松冈元 著，罗汀，姚仰平 译. 土力学 [M]. 北京：中国水利水电出版社，2001.

［6］ 殷宗泽. 土工原理 [M]. 北京：中国水利水电出版社，2007.

［7］ 建筑基坑支护技术规程 JGJ 120—2012[S]. 北京：中国建筑工业出版社，2012.

［8］ 陈愈炯，温彦锋. 基坑支护结构上的水土压力 [J]. 岩土工程学报，1999，21（2）：139-143.

［9］ 王洪新. 水土压力统一计算理论的证明及水土共同作用下的压力计算 [J]. 岩石力学与工程学报，2012，31（2）：392-398.

［10］ 魏汝龙. 总应力法计算土压力的几个问题 [J]. 岩土工程学报，1995，17（6）：120-125.

［11］ 杨晓军，龚晓南. 基坑开挖中考虑水压力的土压力计算 [J]. 土木工程学报，1997，30（4）：58-62.

［12］ 梅国雄. 土压力与变形关系研究进展 [R/OL]. [2018-9-15]. https://www.sohu.com/a/256933371_661995.

第九记 地基承载力记——于"派系" 林立的方法中看联系

9.1 地基承载力计算方法基本分类

20 世纪 30 年代以前，工程中判定地基承载力的方法"很土、很经验"，例如工长们用力将皮靴的后跟蹬入土中，根据鞋跟进入土面的深度来感知土的软硬程度，以此来大致推断该处地基土承载力有多大。但这种方法引起的误差很大，缺乏安全性，科学家和工程师们都期盼着高精度、高科学性预测方法的到来，这主要包括更精确的现场实测手段以及适用于不同土质和考虑荷载、基础形式等诸多影响的理论计算公式。对于前者，包括太沙基教授、巴伦森工程师（P. Barentsen）等在内的众多研究者通过反复尝试与分析总结，设计发明了标准贯入度试验、单桩承载力试验、载荷板试验、静力触探试验等一系列测定地基承载力的经典现场试验技术（图 9-1）。

(a) 太沙基教授(左3)从事桩承载力试验　　　(b) 早期采用巴伦森静力触探试验仪进行测试

图 9-1　岩土先贤们从事现场试验图景

而对于后者，各国学者也都尽显其能，无论是从西欧的普朗特法沿革，还是从东欧的普泽列夫斯基法继步，他们都努力不止，终使具有理论基础且不乏实操性的地基承载力理论成为各国地基设计规范中不可或缺的"正餐"。不过笔者在执教过程中，发现初学者在学习地基承载力章节时存在着一些典型问题。例如：他们似乎并不太清楚，也很少关心地基承载力公式的由来，在使用地基承载力公式时，对其中的参数往往也是一知半解，不清楚其含义，甚至用错参数。

因此笔者希望通过本记能使读者对地基承载力相关知识有进一步认识，期望达到以下两个重要目的：

其一，不管如何变化，最常见的地基承载力理论计算公式总能被分为两大"派系"，即基于弹塑性理论的限制塑性区开展法和基于理想塑性理论的极限分析法（为识记方便，以下分别简称为限制塑性区开展法和极限分析法），而每一种"派系"下，常见的承载力计算方法也是林林总总。即使我们不用记忆这些公式的详细推导过程，亦应了解他们的基本出处，以及理解那些抽象到最后都长得差不多的公式的联系与区别，从而确保在地基承载力系数变化、强度指标选择时不至于出错，及全能灵活运用地基承载力计算方法。

其二，在以极限分析法研究地基承载力的过程中大多需要结合土压力理论，而土力学教材对这部分的表达常常语焉不详，使得学习者会割裂看待土压力理论和地基承载力计算方法。所以在本书中，笔者特意将地基承载力记接在了土压力记之后，并且在这两记中，强化描述两者间的紧密联系，让读者能更加深刻地体味到朗肯、太沙基等土压力理论在地基承载力计算应用中的地位与方式。

国内大部分土力学课程在讲述地基承载力计算方法时，通常先讲述限制塑性区开展法求解地基承载力的思路，然后多以"确定地基承载力的理论公式"为主题，对普朗特、太沙基等地基承载力计算方法予以介绍，最后再讲中国规范中确定地基承载力的方法。而相应的教学思路似乎都比较注重单个方法的介绍，而并没有花费更多的笔墨去解释各个计算方法之间的本质联系与区别。这样一来可能会给一些初学者带来这样的感觉：地基承载力计算方法很多，"派系"林立，梳理困难，不知道从什么角度入手才能更好地记忆和理解。

目前国内比较通行的地基承载力计算方法包括：现场试验方法、理论公式法和规范中的公式法。现场试验方法较直接，也便于理解，但成本代价高，且测定结果易受到现场工程条件的影响；理论公式法，虽然计算方便快捷，成本较低，但难以应对复杂多变的具体工程问题；规范中的公式法则是根据现场工程经验，对静载荷试验或其他原位测试结果进行基础宽度和埋深修正，亦或直接对理论公式修正得到的，适用性较强，可靠性较高，在工程计算中得到了广泛应用。但只要是计算方法，都会有推导公式的痕迹，难道只有理论公式法才会冠以理论公式的帽子，规范公式法就没有理论基础了么？细观这些表达式，他们之间相似却又有区别。读者如果不知道他们的区分依据，也就不会明白他们各自的进步之处，更不能理解彼此间的关联。如果将这些公式割裂开来学习，不仅需要识记大量的理论公式和推导过程，更糟糕的是割裂了整个地基承载力的计算体系，给延拓应用带来阻力。

　　为了厘清头绪，帮助读者更好地理解众多地基承载力计算方法的精髓与联系，我们不妨先回顾一下有关地基承载力计算的两个基本条件。

　　第一，不同土质地基在外荷载作用下可能会发生三种破坏形式，即整体剪切破坏、局部剪切破坏和冲剪破坏，如表 9-1 所示。

表 9-1　　　　　　　　　　　　各类土质地基易发生的破坏形式

破坏形式	整体剪切破坏	局部剪切破坏	冲剪破坏
土质类型	较坚硬或密实土	较软黏土或松砂土	较软黏土或松砂土

　　其中仅整体剪切破坏具有连续滑动面，较易建立理论研究模型，而后两种破坏形式，由于过程和特征的复杂性，直接理论建模较少，多采用整体剪切破坏修正模型计算。

　　第二，设计建筑物时我们一般会选择较坚硬或密实土作为地基，就算选择松软土层作地基，也会进行地基处理或设计合理的基础形式，尽量不用未经处理的软土直接作地基。

　　因此实际工程案例中多数的地基破坏形式都是整体剪切破坏。基于这两点，本科土力学课程中所传授的地基承载力计算方法基本都是以整体剪切破坏为理论出发点。

　　那么就让我们把目光聚焦于整体剪切破坏。图 9-2 表示整体剪切破坏地基中，地基沉降随外荷载变化关系曲线图。

　　如图所示，荷载沉降曲线可分三个阶段，其标定的界限，就是临塑荷载 p_{cr} 和极限荷载 f_u，前者表示的是地基内部是否产生塑性区的荷载界限，后者表示的是地基出现整体滑动破坏时的荷载界限。

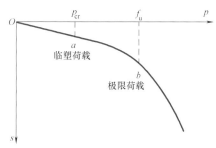

图 9-2　地基整体剪切破坏的
荷载 - 沉降曲线（p-s 曲线）

而一般土力学教材中介绍的地基承载力计算理论的本质区别，或者说"派系"分类的根本原则就是到底是以临塑荷载 p_{cr} 还是极限荷载 f_u 来作为确定地基承载力的准绳。

如果完全采用临塑荷载来界定地基承载力，过于保守。因为土体的强度强调"刚柔并济"，产生一定的变形，实际上有利于其强度持续发挥，因此在一定程度上应该允许地基发生塑性变形，特别是当塑性区被约束在特定范围内时是尤为适宜的，也就是说工程采用的地基承载力应比临塑荷载要大；而如果用极限荷载来界定地基承载力，那地基承载力已逼近极限，又不安全，也要做一定的反向修正。以上两种基本思想，被采用于国际地基承载力研究的两大阵营之中，其中后一种计算方法，就是极限分析法，即把地基土中的滑动部分视为刚体，研究其破坏的极限条件；而在中国，则多采用第一种基于临塑荷载的方法，即限制塑性区开展法，以适当放宽塑性区的方法来确定地基承载力，此法在几十年的使用过程中也不断被修正。中国之所以采用限制塑性区开展法与国内有关地基中应力的确定方法多源于弹性理论分析、从而地基中塑性开展区范围不宜过大密切相关。

因此，若允许对土力学教材中有关地基承载力章节的编排和命名稍加调整，笔者建议做如下修改，可能在把握地基承载力应用体系的脉络上会更为清晰，即：

第一节　概述

第二节　限制塑性区开展法——按塑性开展区深度确定地基承载力

第三节　极限分析法——按极限平衡与滑移线理论确定地基承载力

第四节　限制塑性区开展法与经验修正并举——中国规范确定地基承载力的方法

9.2　从多个层面来理解限制塑性区开展法

限制塑性区开展法是一个弹塑性混合课题，作为地基承载力计算的理论方法之一，其重要性不言而喻。特别是在中国地基承载力计算的理论体系中，其地位尤为突出，中国规范中的很多地基承载力计算方法都源于该法。例如现行国家标准《建筑地基基础设计规范》（GB 50007—2011）中当偏心距 $e \leqslant 0.033b$（以 b 代表基础底面宽度）时的地基承载力计算公式为：

$$f_a = M_b \gamma b + M_d \gamma_0 d + M_c c \tag{9-1}$$

式中：M_b、M_d、M_c——承载力系数，具体数值可见规范注释。

而我们在几乎所有的土力学教材中都能找到形如式（9-2）所示的以 1/4 条形基础宽度为塑性区开展深度的限制塑性区开展法地基承载力计算公式：

$$f_a = \frac{1}{2} N_{1/4} \gamma b + N_q \gamma_0 d + N_c c \qquad (9\text{-}2)$$

式中：$N_{1/4}$、N_q、N_c——承载力系数，可表示为：

$$N_{1/4} = \frac{\pi}{2 \left(\cot\varphi - \dfrac{\pi}{2} + \varphi \right)} \qquad (9\text{-}3)$$

$$N_q = 1 + \frac{\pi}{\cot\varphi - \dfrac{\pi}{2} + \varphi} \qquad (9\text{-}4)$$

$$N_c = \frac{\pi \cot\varphi}{\cot\varphi - \dfrac{\pi}{2} + \varphi} \qquad (9\text{-}5)$$

其实式（9-1）与式（9-2）内涵基本等效，源于苏联《建筑法规·第二卷·第二篇·第一章房屋及建筑物地基设计标准》（СН и П Ⅱ-Б.1-62），是由苏联学者普泽列夫斯基在平面应变条件下，根据弗拉曼应力解的极坐标表示的主应力满足极限平衡状态时的关系推导而来。经比较可知，式（9-1）中承载力系数 M_b、M_d、M_c 的值分别对应于式（9-2）中承载力系数 $N_{1/4}/2$、N_q、N_c 的值，且在内摩擦角 $\varphi \leqslant 22°$ 时是完全一致的；而当 φ 取 $22° \sim 40°$ 时，也只是 M_b 比 $N_{1/4}/2$ 的取值逐渐提高到 2 倍。也就是说规范公式法是以塑性区开展深度为 $b/4$ 时的限制塑性区开展法求解得到的，并在此基础上对 M_b 做了经验修正。

然而尽管限制塑性区开展法如此重要，仍有部分读者对其一知半解，甚至在计算地基承载力的过程中出现用错参数、不能灵活运用公式等问题。这也许是因为相比极限分析法"烦琐"的推导过程，限制塑性区开展法可能较易理解，使得一些读者在学习限制塑性区开展法时只记公式而忽视了其推导过程所展示出的相关内涵。

为解决这个问题，我们不妨在此做一应用题，用限制塑性区开展法来大体估算一下软土地基经真空预压处理后承载力提高的程度。希望通过整个分析过程，初步解答以下三个问题，使读者对地基承载力计算的限制塑性区开展法有一个比较全面的理解：

（1）用限制塑性区开展法的公式计算地基承载力时各参数如何选取，改变应力条件后地基承载力公式又应如何应用；

（2）地基承载力和土体强度之间的联系与区别；

（3）如何体味限制塑性区开展法和极限分析法之间的联系与区别。

1. 基于限制塑性区开展法的真空预压下地基承载力求解与分析

如图 9-3 所示软土地基，其上有宽度为 b 的条形基础。考虑一般情况，即填土层重度与原地基土层重度不同，假设填土层重度为 γ_0，厚度为 d，原地基土层重度为 γ，条形基础下基底压力为 p。p_0 为软土地基经真空预压法处理后引起的地基中任一点的有效应力增量，各向相等，并假设在计算承载力的范围内不沿深度衰减。以下为用限制塑性区开展法进行地基承载力计算的推导过程。

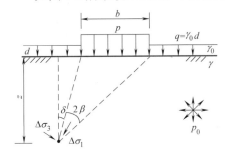

图 9-3 地基中任意点的受力状态

根据弹性理论，得到在条形均布压力作用下，地基中任意点的附加大、小主应力为：

$$\begin{matrix} \Delta\sigma_1 \\ \Delta\sigma_3 \end{matrix} = \frac{p - \gamma_0 d}{\pi}(2\beta \pm \sin 2\beta) \tag{9-6}$$

式中 2β 为地基中任意点与基础两侧连线的夹角，其角平分线方向和与之正交的方向即为附加大、小主应力的方向。假定静止侧压力系数 $K_0=1$，使得自重应力和附加应力引起的主应力增量可以叠加。这样由式（9-6）就可得到地基中任意点的大、小主应力表达式为：

$$\begin{matrix} \sigma_1 \\ \sigma_3 \end{matrix} = \frac{p - \gamma_0 d}{\pi}(2\beta \pm \sin 2\beta) + \gamma_0 d + \gamma z + p_0 \tag{9-7}$$

这里我们就将土体重度分为了两个部分：一部分是基底以上土体重度 γ_0，埋深为 d；另一部分为基底以下土体重度 γ，深度为 z，读者切记要注意区分，在后续推导中才可明确看出不同位置土体重度对地基承载力的差异影响。

基于弹塑性思想，由莫尔 - 库仑准则可知，当土体中任意点达到屈服状态时，莫尔应力圆恰好与库仑抗剪强度线相切，根据几何关系可得：

$$\sin\varphi = \frac{(\sigma_1 - \sigma_3)/2}{(\sigma_1 + \sigma_3)/2 + c\cot\varphi} \tag{9-8}$$

将式（9-7）代入式（9-8）中，整理可得：

$$z = \frac{p - \gamma_0 d}{\gamma\pi}\left(\frac{\sin 2\beta}{\sin\varphi} - 2\beta\right) - \frac{\gamma_0 d}{\gamma} - \frac{c}{\gamma\tan\varphi} - \frac{p_0}{\gamma} \tag{9-9}$$

式（9-9）表示在某一基底压力 p 作用下软土地基（经真空预压处理后）中塑性区的边界方程。上述方程中除 β 外其他参数都可确定，故 z 是关于 β 的函数。根据极值理论，在图 9-3 所示 β 定义域内，当 $dz/d\beta=0$ 时，z 得最大值，求解可得：

$$2\beta = \frac{\pi}{2} - \varphi \qquad (9-10)$$

将式（9-10）带入式（9-9）中可得最大塑性区开展深度为：

$$z_{\max} = \frac{p - \gamma_0 d}{\gamma \pi}\left[\cot\varphi - \left(\frac{\pi}{2} - \varphi\right)\right] - \frac{\gamma_0 d}{\gamma} - \frac{c}{\gamma\tan\varphi} - \frac{p_0}{\gamma} \qquad (9-11)$$

此时若假设最大塑性区开展深度 $z_{\max}$ 已知，则当 $2\beta = \pi/2 - \varphi$ 时，条形基础下基底压力取得最大值，即真空预压 p_0 下软土地基承载力为：

$$p = \frac{\pi\gamma z_{\max}}{\cot\varphi - \left(\frac{\pi}{2} - \varphi\right)} + \gamma_0 d\left[1 + \frac{\pi}{\cot\varphi - \left(\frac{\pi}{2} - \varphi\right)}\right]$$
$$+ c\frac{\pi\cot\varphi}{\cot\varphi - \left(\frac{\pi}{2} - \varphi\right)} + p_0\frac{\pi}{\cot\varphi - \left(\frac{\pi}{2} - \varphi\right)} \qquad (9-12)$$

而软土地基原承载力为：

$$p_{原} = \frac{\pi\gamma z_{\max}}{\cot\varphi - \left(\frac{\pi}{2} - \varphi\right)} + \gamma_0 d\left[1 + \frac{\pi}{\cot\varphi - \left(\frac{\pi}{2} - \varphi\right)}\right] + c\frac{\pi\cot\varphi}{\cot\varphi - \left(\frac{\pi}{2} - \varphi\right)} \qquad (9-13)$$

两式相减即得真空预压处理后软土地基承载力提高值的计算公式：

$$\Delta p = p - p_{原} = p_0\frac{\pi}{\cot\varphi - \left(\frac{\pi}{2} - \varphi\right)} \qquad (9-14)$$

由式（9-14）可知，土体有效应力的增加可引起地基承载力的提高，且若地基中土体有效应力增量为常数，地基承载力增量与有效应力增量成正比。

2. 地基承载力与抗剪强度的区别与联系

地基承载力是指地基在满足变形和强度条件下，基底单位面积上所受到的最大荷载。而土的抗剪强度则是指土体对于外荷载作用所产生剪应力的极限抵抗能力。

两者之间既有区别又有联系。区别主要体现在物理内涵上，地基承载力本质是外力分量，是使地基中一系列连续区域的抗剪强度发挥到极限状态时的外荷载值，是相对于整个地基而言的，不能孤立地将其看作是地基中某一点的承载力；而抗剪强度则是土体的内力本质，它表征的是土体内部某一点的强度特性，由土的性质决定。

然而尽管两者内涵不同，但仍可从数值上发现两者间的联系。下面我们仍以软土地基经真空预压处理后抗剪强度和地基承载力的变化为例来寻找这种联系。假定静止侧压力系数 $K_0 = 1$。地基塑性区边界处任一点的大、小主应力可表达为：

$$\frac{\sigma_1}{\sigma_3} = \frac{(p+\Delta p) - \gamma_0 d}{\pi}(2\beta \pm \sin 2\beta) + \gamma z + \gamma_0 d + p_0 \qquad (9\text{-}15)$$

式中：p_0——真空预压处理后引起地基土中任一点的有效应力增量；

Δp——真空预压处理后引起的地基承载力增量。

根据莫尔 - 库仑准则，我们又可将相应点处土体的抗剪强度表示为：

$$\tau_{f_1} = \frac{\sigma_1 - \sigma_3}{2}\cos\varphi = \frac{(p+\Delta p) - \gamma_0 d}{\pi}\sin 2\beta \cos\varphi \qquad (9\text{-}16)$$

而真空预压前该点土体的抗剪强度为：

$$\tau_{f_2} = \frac{p - \gamma_0 d}{\pi}\sin 2\beta \cos\varphi \qquad (9\text{-}17)$$

将式（9-16）与式（9-17）相减得地基中塑性区边界的抗剪强度增量为：

$$\Delta\tau_f = \frac{\Delta p}{\pi}\sin 2\beta \cos\varphi \qquad (9\text{-}18)$$

式（9-18）表示，当地基承载力增量一定时，塑性区边界上抗剪强度增量会随深度的变化而变化，而土体抗剪强度的增加决定了地基承载力的开展程度，即地基承载力增量应是土体抗剪强度增量的函数。若要研究地基承载力与抗剪强度的关系，不妨以此时最大塑性区开展深度处（$2\beta = \pi/2 - \varphi$）为例，此时地基承载力的增量与该点处的抗剪强度增量有如下关系：

$$\Delta p = \frac{\pi}{\cos^2\varphi}\Delta\tau_f \qquad (9\text{-}19)$$

由此可见，均质地基中以限制塑性区开展法计算的承载力增量与最大塑性区开展深度处土体抗剪强度增量之间成正比。

3. 限制塑性区开展法和极限分析法的区别与关联

通过上文对软土地基真空预压处理后承载力提高的推导过程，读者应对限制塑性区开展法有了一定的认识。下面我们将再限制塑性区开展法与极限分析法做一个对比，从寻找两者间的区别与联系中深化对限制塑性区开展法的理解。

先说两种方法间的区别。对此，也许有读者第一反应就是两者的分析对象不同，一个是采用单元体，一个是采用整个滑动楔体，这么看似同朗肯土压力和库仑土压力分析理论间的差异有所接近，但这还不是两者的本质区别。其实朗肯和库仑土压力理论都是基于极限状态的分析，如果在朗肯边界条件下，采用库仑方法得到的解将与朗肯方法完全相同，但限制塑性区开展法和极限分析法却并非如此，几乎不可能殊途同归。

那么限制塑性区开展法和极限分析法的区别到底是什么呢？

首先从理论原理方面看，两者对地基材料力学模型的假设不同。限制塑性区开展法假设地基土为弹塑性材料，其塑性区随着荷载的增加而逐渐开展，并且始终被周围的弹性应力状态区包围，其塑性流动受到限制，不可能发生整体流动与破坏，因而称其为基于弹塑性理论的限制塑性区开展法；而极限分析法则假设地基土为理想塑性材料，无硬化特性，一旦进入塑性即发生整体滑动破坏，因此称其为基于理想塑性理论的极限分析法。

其次从方法上看，整体与单元的分析并非两者本质区别，关键的差异是看整体分析是否也采用了单元体分析时的塑性开展区边界。限制塑性区开展法在计算地基承载力时限制了塑性区开展深度，以致塑性区并未发展到极限状态，因此没有出现连续的滑动面；而极限分析法却假设塑性区发展到极限状态并出现了连续的滑动面。对应的，两种计算方法在考虑地基承载能力时所选取的计算点位置是不同的，限制塑性区开展法以临塑荷载 p_{cr} 作为计算起点，并且适当放宽塑性区开展深度来逐步提高承载力允许值；而极限分析法则以极限荷载作为地基破坏依据，即计算塑性区发展到最大深度时的地基极限承载力，而后再反向缩小，但是认定的滑动面是相对固定的。也就是说，限制塑性区开展法和极限分析法的塑性区开展程度之所以不同是因为两者的塑性区开展条件不同，前者基于弹塑性理论限制其发展，后者基于理想塑性理论使其发展到极致。综合这两方面才能认清两种地基承载力计算方法的本质区别。

不过唯物辩证法认为：事物总是普遍联系的，对限制塑性区开展法和极限分析法也一样。为了探究两者之间的联系，笔者提两个问题供读者探讨。其一，限制塑性区开展法的最大塑性区开展深度取值有何依据，是否与极限分析法有关？其二，限制塑性区开展法和极限分析法最终得到的承载力计算公式为什么从形式上都长得一样？下面我们来分析这两个问题。

首先讨论第一个问题，不妨以太沙基极限承载力法为例，求出其滑动破坏

面的最大深度 z_{max}，然后观察其与限制塑性区开展法最大塑性区开展深度的取值有何联系呢。以下为分析过程。

如图 9-4 所示，已知 BE 为对数螺线 $r=r_0 e^{\theta \tan\varphi}$ （$0 \leqslant \theta \leqslant \pi/2$）。

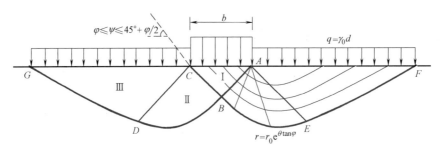

图 9-4 太沙基法地基破坏的滑面形式示意图

根据几何关系可得基底以下 z 深度与相关滑面参数的几何关系：

$$z = r_0 e^{\theta \tan\varphi} \tan(\theta + \psi) \qquad (9\text{-}20)$$

式中：φ——基底以下持力层土体的内摩擦角；

ψ——地基滑动体中弹性楔体 I 部分的边界 BC 或 BA 与水平面夹角。

考虑到土体的内摩擦角 φ 一般取值为 $20°\sim 40°$，因此由式（9-20）计算出太沙基法的滑面最大深度变化范围一般为 $b \sim 2.3b$，该深度随内摩擦角 φ 的增大而增大，且基底粗糙时比基底光滑时要小，但总是大于 b 的。

在仅考虑土重对地基承载力的影响时，取最大塑性区开展深度为 b 的限制塑性区开展法求得的承载力值与太沙基极限分析法求得的承载力值比较，发现当土体的内摩擦角 $\varphi<22°$ 时，两种方法得到的承载力值差异相对较小，于此我们可以看到限制塑性区开展法与极限分析法在计算结果上的联系；但当 $\varphi>22°$ 时，极限分析法所得地基承载力值要比限制塑性区开展法所得承载力值高出 $3 \sim 4$ 倍，也就是说仅地基土自重一项，限制塑性区开展法在 $\varphi>22°$ 时就低估了其对地基承载力的贡献，这应该也是式（9-1）所展示的规范法中在土体内摩擦角大于一定值时将承载力系数 M_b 做了提高修正的一个本质原因。

换一个视角，我们将极限分析法下对应滑面最大深度为 b 时（约束一定的内摩擦角范围可得）求解得到的极限承载力除以 $2 \sim 3$ 的安全系数（英国规范 BS 8004 中的安全系数取值范围），并与限制塑性区开展法下取 $1/3 \sim 1/2$ 基础宽度的塑性区开展深度对应的承载力相比，发现极限分析法求解的结果较大。而在国内采用限制塑性区开展法确定地基承载力时，选取的塑性区开展深度一般更小（通常取允许值在 $1/4 \sim 1/3$ 基础宽度），即更加安全一些。由此可见限制塑性区开展法允许塑性区开展深度的取值依据不光源自工程经验统计，而且可从极限分析法的滑动面最大深度来寻得参考借鉴值。

下面我们再讨论另一个问题：虽然限制塑性区开展法和极限分析法求解地基承载力的方法是不同的，但这两种方法的基本公式却均能表示成式（9-21）的形式，其中 N_γ、N_q、N_c 是地基承载力系数，均为内摩擦角 φ 的函数，也就是说承载力总与超载 $\gamma_0 d$、土重 γb 和黏聚力 c 线性相关，这又是为什么呢？

$$f_u = \frac{1}{2}\gamma b N_\gamma + \gamma_0 d N_q + c N_c \tag{9-21}$$

对于限制塑性区开展法而言，其地基承载力 f_u 的推导主要依据两个方面，一是基于弹性理论推导的地基中任一点的大、小主应力表达式，如式（9-22）所示；另一个则是基于莫尔-库仑准则推导的土的极限平衡条件（限制塑性区开展法中一般特指土体由弹性阶段过渡到塑性阶段的屈服状态），如式（9-23）所示。

$$\genfrac{}{}{0pt}{}{\sigma_1}{\sigma_3} = \frac{f_u - \gamma_0 d}{\pi}(2\beta \pm \sin 2\beta) + \gamma z + \gamma_0 d \tag{9-22}$$

$$\sigma_1 = \sigma_3 \tan^2\left(45° + \frac{\varphi}{2}\right) + 2c\tan\left(45° + \frac{\varphi}{2}\right) \tag{9-23}$$

观察两式不难发现式中各项主应力均是承载力 f_u、超载 $\gamma_0 d$、土重 γb 和黏聚力 c 的线性组合，而各项系数都是内摩擦角 φ 的函数（取最大塑性区开展深度处，$\beta = \pi/2 - \varphi$）。因此联立两式消除应力 σ 后，地基承载力 f_u 的表达式必然可以写成式（9-21）的形式。也就是说限制塑性区开展法推导的地基承载力计算公式之所以能表示成超载 $\gamma_0 d$，土重 γb 和黏聚力 c 的线性组合归根结底与弹性理论和莫尔-库仑准则的应力约定条件有关。

而对于极限分析法，我们不妨以太沙基法为例来说明这个问题。太沙基法在求解地基极限承载力时采用的脱离体是三角形楔体（图 9-5）。其求解地基极限承载力的基本思路也较简单，就是根据莫尔-库仑破坏准则，当脱离体处于极限平衡状态时，对其进行受力分析，根据极限平衡法最终求解承载力。

由受力分析可知，三角形楔体受到自重 W、上表面的基底条形基础单宽总压力 P_u（$f_u \times b$）以及周围土体对两侧边界的作用力。对于两侧边界上的受力分析，在刚塑性的极限状态下，同样也采用了莫尔-库仑破坏准则，根据该准则可知滑面上发挥的抗剪强度

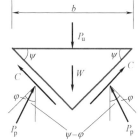

图 9-5　太沙基法三角形楔体受力分析

可分别由黏聚力和法向应力引起的摩擦阻力提供，若将楔体两侧边界上受到的法向力及其引起的摩擦阻力用反力 P_p 表示，则三角形楔体两侧边界分别受到总黏聚力 C 和反力 P_p 的共同作用。

因此由竖直方向的受力平衡可求得地基极限承载力 f_u 为：

$$f_u = \frac{2P_p}{b}\cos(\psi - \varphi) + c\tan\varphi - \frac{1}{4}\gamma b\tan\psi \qquad (9\text{-}24)$$

从上式可知，只要求出反力 P_p 即可求得地基极限承载力 f_u。而反力 P_p 的求解与基底粗糙程度有关。

当接触面完全光滑时 P_p 可用被动土压力求得，计算结果可表示为超载 $\gamma_0 d$、土重 γb 和黏聚力 c 的线性组合，而各项系数均为 φ 的函数（因为 ψ 与 φ 有关）。

当接触面完全粗糙时，太沙基则分步单独考虑超载 $\gamma_0 d$、土重 γb 和黏聚力 c 引起的反力，然后将各项叠加构成反力 P_p。当假定 $\gamma=0$，$c=0$，单独考虑 $\gamma_0 d$ 时，反力 P_{pq} 取决于 γ_0、d、b、φ，因而各分量的表达式只会包含这几个量。由于这里讨论的是平面问题，所以 P_{pq} 的量纲是 [力][长度]$^{-1}$，而 $\gamma_0 d$ 的量纲是 [力][长度]$^{-2}$，b 的量纲是 [长度]，φ 的三角函数无量纲，因此，反力 P_{pq} 的表达式只能取 $\gamma_0 d \cdot bN$ 的形式，其中 N 是 φ 的函数。同理仅由黏聚力 c 和基底以下土重形成的反力 P_{pc}、$P_{p\gamma}$ 也均能写成 $c \cdot bN$、$\gamma b \cdot bN$ 的形式。最终叠加求得的反力 P_p 也必然可表示为超载 $\gamma_0 d$、土重 γb 和黏聚力 c 的线性组合，而各项系数均为 φ 的函数（因为 ψ 与 φ 有关）。

因此，结合式（9-24）就不难看出最终求解得到的地基极限承载力计算公式也必然可表示为超载 $\gamma_0 d$、土重 γb 和黏聚力 c 的线性组合，能够写成如式（9-21）所示的形式。

同样的，普朗特法、太沙基法等地基极限承载力计算方法也对脱离体进行了受力分析，然后根据莫尔 - 库仑破坏准则，将脱离体滑面上发挥的抗剪强度用黏聚力和反力分别表示，使脱离体各个面上所受分力的基本组成单元均可表示为超载 $\gamma_0 d$，土重 γb 和黏聚力 c 的线性组合。因此，任何基于脱离体受力分析和莫尔 - 库仑准则推导得到的地基极限承载力计算公式基本构型也将形如式（9-21）所示。

综上所述，限制塑性区开展法和极限分析法尽管在地基承载力计算上的立论出发点不同（如力学模型、塑性开展区及极限滑移面上的区别），但两种方法在求解承载力的过程中都依据了力的平衡原理以及莫尔 - 库仑准则（前者作为屈服准则，后者作为破坏准则），因此在最终的承载力表达形式上相似；而且限制塑性区开展法允许塑性区开展深度的取值在一定程度上参考了极限分析法滑面极限深度的变动范围，这也构成了两种方法的内在联系。读者们在学习地基承载力时如能既明白两种方法间的区别，也了解两者之间的联系，对于更好掌握并且灵活运用地基承载力计算方法应有裨益。

9.3 空气动力学之父不得闲：评典型极限分析法的里程碑意义

极限分析法是基于极限平衡和滑移场理论来计算地基发生整体剪切破坏时的承载力，具体又包含了多种计算方法（如极限平衡法、滑移线法、变分法等）。而就一般土力学的教材体系而言，可能限于课时篇幅，都比较注重单个方法的介绍，并未深入分析不同极限承载力计算方法之间的本质联系与区别。因此在本节中，笔者力图追本溯源，探究浅基础地基极限承载力计算方法中，从普朗特－瑞斯诺法到太沙基、斯开普敦、梅耶霍夫、汉森、魏锡克法等国际土力学界经典方法的建模演变思路，希望能对读者理解纷繁承载力计算模式，从中凝练各自的里程碑意义有所启发。

1920 年，德国哥廷根大学的普朗特教授（L. Prandtl）（图 9-6（a））基于塑性平衡理论，对坚硬物体压入较软、均匀、各向同性的无重量介质材料时的半无限力学模型开展研究，推导出了当介质达到破坏时的滑动面形状（形如图 9-7，滑动面由一个主动状态区Ⅰ、两个对称的被动状态区Ⅲ和中间的对数螺线过渡区Ⅱ组成）及其相应的极限压应力的计算公式。他的这一研究成果不久后就被土木工程学者们应用到地基承载力研究的课题中，为基于刚塑性理论计算承载力的方法开创了先河。

(a) 普朗特教授　　　　　　　　(b) 瑞斯诺教授

图 9-6 普朗特地基承载力方法的两位贡献人

后人利用普朗特的建模方法来求解地基承载力时，做了如下假设：基础无埋深（$d=0$），不考虑地基土重度（$\gamma=0$），且基底光滑。在此基础上参照普朗特介质破坏时的滑移线确定的地基滑面形式如图 9-7 所示，*CB* 和 *EF* 为直线段，*BE* 为对数螺线。

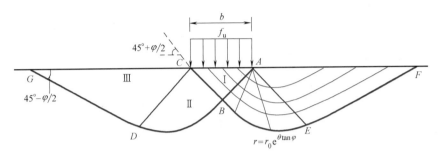

图 9-7　普朗特法地基破坏滑面形式示意图

地基极限平衡区分三个区域：Ⅰ 为朗肯主动区，Ⅱ 为过渡区，即径向剪切区，Ⅲ 为朗肯被动区。由于不考虑基础埋深和地基土重度，因此最终推导出的地基极限承载力公式仅与黏聚力有关，形如式（9-25）所示。

$$f_{\mathrm{u}} = cN_{\mathrm{c}} \tag{9-25}$$

式中：N_{c}——承载力系数，可表示为：

$$N_{\mathrm{c}} = \left[\mathrm{e}^{\pi\tan\varphi} \tan^2(45° + \varphi/2) - 1 \right]\cot\varphi \tag{9-26}$$

在 9.2 节中，我们比较了仅考虑地基土重度时限制塑性区开展法和极限分析法（以太沙基法为例）计算得到的地基载力值，从中不难发现地基土重度是地基发挥承载力的重要因素，如果忽略将大大低估地基承载能力，更何况还要忽略基础埋深，假设基底光滑。因此用普朗特法求得的地基极限承载力相比真实值往往小很多。但犹如阿姆斯特朗在月球上的一小步、却是人类一大步一样，普朗特法对于地基破坏时滑动面形式的确定却具有里程碑式的意义。普朗特法之后的许多地基极限承载力计算公式的形式以及滑面形式的确定（特别如太沙基法等无法直接确定滑移面的极限平衡法）都是在此基础上借鉴发展而来的。

采用普朗特法求解地基极限承载力时假设基础无埋深，然而一般基础都是有一定埋置深度的，并且基底面以上的土能够限制塑性区的滑动隆起，使地基极限承载力得以提高。德国柏林工业大学的瑞斯诺（H. Reissner）（图 9-6（*b*））教授认为当基础埋深较浅时，可忽略基础底面以上土的抗剪强度，用 $q=\gamma_0 d$（γ_0 为基底以上两侧土体的重度，d 为基础埋深）的均布超载代替，使计算得以简化。于是在 1924 年，瑞斯诺在普朗特法假设基础上利用极限平衡法推导出了超载 q 引起的地基极限承载力的解析解（1943 年，太沙基经过实践验证也证明了因这种代替所造成的计算误差不大且是偏于安全的，并且指出仅考虑超载 q 时地基破坏的滑动面形式仍与普朗特法推求的滑动面形式相同），并将其与普朗特法推导的地基极限承载力叠加，得到了基底光滑、不考虑地基土重度、基础埋深为 d 的地基极限承载力公式，如式（9-27）所示：

$$f_u = qN_q + cN_c \tag{9-27}$$

式中：N_q、N_c——承载力系数，可表示为：

$$N_q = e^{\pi \tan \varphi} \tan^2 (45° + \varphi / 2) \tag{9-28}$$

$$N_c = (N_q - 1) \cot \varphi \tag{9-29}$$

很多土力学教材将上式统一归结为普朗特法，而通过上述介绍可知，考虑基础埋深的影响，应是瑞斯诺对地基极限承载力计算的重要贡献，所以在有些文献中也把普朗特法完整地表述为普朗特 - 瑞斯诺法。

普朗特法出现之后的 20 年间，基底的摩擦特性和地基土重度一直没有被考虑到地基极限承载力的计算之中。要想搞清楚地基极限承载力计算公式的进步过程之所以如此缓慢的原因，我们应该知道考虑基底粗糙和地基土重度时地基极限承载力的计算难点到底在哪里？

在极限分析法中，滑动面的形式是求解地基极限承载力的关键。太沙基指出当基底粗糙程度不同时，三角形楔体两侧边界与基底面的夹角 ψ 值（图 9-4）也不同，进而导致地基破坏的滑动面位置也不相同，因此最终得到的与地基土重度、超载和黏聚力有关的地基承载力系数 N_γ、N_q 和 N_c 也不相同。但不管基底粗糙程度如何变化，当仅考虑超载 q 和黏聚力 c 时地基破坏的滑动面形式是确定的，即始终由两条直线加一条对数螺旋线构成。

而当仅考虑地基土重度 γ 时，滑动面曲线部分将不再是对数螺线，很难用精确的方程将其表示出来，即使仍沿用普朗特法确定的两条直线加一条对数螺线组成的滑动面形式（图 9-7），在计算滑动体重力及其周围应力场时也是比较困难的，无法给出仅由地基土重度引起的那部分地基承载力的精确解答。

普朗特作为空气动力学之父，其推导公式的理论体系习惯于建立在异常严谨的框架下，既然采用塑性平衡理论，在考虑材料重度时很难得到极限压应力的精确理论解，索性退一步，简化计算模型，去掉材料的重度因素，得以求得极限压应力的精确理论解。而对于将这些方法用于实际的地基极限承载力预测时可能存在的假设不合理性，以及方法的可靠性求证，就不是普朗特自己所关注的内容了。本来瑞斯诺是最有可能把这个理论继续光大的人，但他改变了自己的研究兴趣，把更多的精力投向了航空力学，于是时光的车轮继续向前走了将近 20 年，才迎来能承接这个接力棒的巨匠——1940 年，太沙基（图 9-8）开始腾出手来系统研究这个岩土界的大问题。身为哈佛大学实践教授，太沙基非常强调土力学研究领域中理论与实践的结合，且强调一切理论应该为实际应用服务。因此，在他看来，既然考虑基底粗糙和地基土重度时无法得到地基极限承载力计算的精确理论解，不如退一步，大胆假设，牺牲一定的计算精度来实现一个能考虑地基土自重的实用近似解。经反复实践验证，1943 年，太沙基终于提出了一个更为符合实际的近似理论公式来计算地基极限承载力，形如下式：

$$f_{\mathrm{u}} = \frac{1}{2}\gamma b N_{\gamma} + q N_{\mathrm{q}} + c N_{\mathrm{c}} \tag{9-30}$$

式中：N_{γ}、N_{q}、N_{c}——承载力系数，具体数值视基础底面粗糙程度不同，采用式（9-32）～式（9-37）求解。

那么太沙基是如何解决兼顾考虑基底粗糙和地基土重度时地基极限承载力计算的难题呢？

图 9-8 太沙基教授及其在实验室工作的场景

首先是对滑面形式的确定。根据太沙基的研究，基底粗糙程度不同会导致三角形楔体两侧边界与基底面的夹角 ψ 不同（图 9-9）。当基底完全光滑时，ψ 为 $45° + \varphi/2$，而当基底粗糙程度逐渐增加至完全粗糙时，ψ 逐渐减小到 φ，这个过程中滑动面具体位置会发生变化，但并不影响滑动面形式。

当基底粗糙程度一定时，若不考虑地基土重度（$\gamma = 0$），地基破坏的滑动面形式为 CBE_1F_1，其中曲线部分 BE_1 为对数螺线（图 9-9）；若仅考虑地基土重度（$c = 0$，$q = 0$）时，地基破坏的滑动面形式为 CBE_2F_2，其中 BE_2 为曲线部分；而真实的滑动面形式是 $CBEF$，其中 BE 为曲线部分，目前尚不能确定曲线 BE_2 和 BE

的解析解。

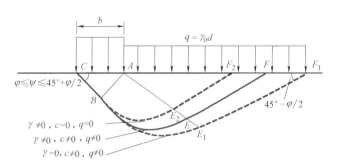

图 9-9　太沙基法基底粗糙时地基破坏的滑面形式

在 9.2 节中我们分析了太沙基地基极限承载力公式之所以能表示成式（9-21）形式的原因，从中不难发现太沙基求解地基极限承载力的关键在于三角形楔体（图 9-5）两侧边界上被动土压力 P_p 的求解。

其求解方法源于挡墙条件下太沙基被动土压力的求解方法，但有所不同，在地基极限承载力问题中，对于一个特定粗糙程度的基底而言，地基破坏时的滑动面位置是确定的，因此只需计算已确定滑动面上的被动土压力即可。并且太沙基在求解 P_p 时还在其被动土压力理论基础上做了进一步简化：即分别计算地基土重度、超载和黏聚力引起的 AB 面（图 9-4）上的被动土压力，然后叠加即得总的被动土压力 P_p。因此，滑动面形式的分析实际是围绕地基土重度、超载和黏聚力各自对 P_p 的影响来展开的。

由于太沙基法是极限平衡法，严格说此法并不能确定地基的滑移面，在基底粗糙和考虑地基土重度时，太沙基是基于普朗特滑移线理论解，假设滑动面中的曲线部分为对数螺线或圆弧，以便用对数螺线法或摩擦圆法求解三角形楔体上的被动土压力 $P_{p\gamma}$，他经过实践验证指出了这两种近似计算方法引起的误差都不大。对于一定粗糙程度的基底，若采用对数螺线法求解 $P_{p\gamma}$，建模可如图 9-10 所示。

根据 8-3 节中利用对数螺线法解得的仅地基土重度引起的被动土压力表达式（8-4），可得 $P_{p\gamma}$ 的表达式，如式（9-31）所示：

$$P_{p\gamma} = \frac{Wl_w + P_1 l_1}{l_{p\gamma}} \tag{9-31}$$

式中：W ——为 II 区和 III 区土体总重量；

　　　l_w ——W 对 A 点的力臂；

P_1——DE 面上的被动土压力；

l_1——P_1 对 A 点的力臂；

$l_{p\gamma}$——$P_{p\gamma}$ 对 A 点的力臂；

φ——地基土内摩擦角。

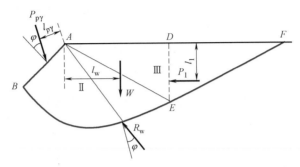

图 9-10　太沙基法中地基土重度引起的被动土压力求解示意图

　　而仅考虑超载和黏聚力时，则按图 9-9 所示的滑动面 CBE_2F_2 计算其各自引起的被动土压力。

　　在这样的滑动面假设下，关于地基土重度影响下地基极限承载力的计算要点，关键是分析脱离体的选取。太沙基在计算地基极限承载力时选用的脱离体是三角形楔体（如图 9-11（a）所示，不妨称其为太沙基楔体），这个视角不同于普朗特法选用的脱离体（如图 9-11（b）所示，不妨称其为普朗特楔体）。

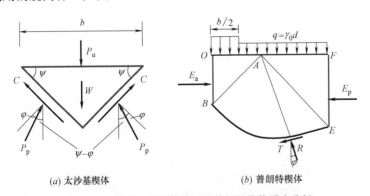

(a) 太沙基楔体　　　　　(b) 普朗特楔体

图 9-11　太沙基三角形楔体以及普朗特楔体受力分析

　　太沙基选用三角形楔体进行受力分析应是出于两方面考虑。一方面，太沙基基于自己的被动土压力理论（详见 8.3 太沙基被动土压力理论）可以计算出三角形楔体两侧边界上的被动土压力 P_p，因此只需再计算出该边界上的总黏聚力和三角形楔体自身重力，然后对三角形楔体进行受力分析（参见 9.2 节中对太沙基地基极限承载力公式表达形式的分析），根据力的平衡原理即可计算出地基极限承载力；另一方面，当仅考虑地基土重度引起的地基极限承载力时，需要计算脱离体自重进行力的平衡分析，此时采用三角形楔体明显要便利于其他脱离体。

换一个视角，普朗特法在计算地基极限承载力时之所以采用普朗特楔体也可从两方面来解释。一方面，若要采用三角形楔体进行受力分析，就必须计算其两侧边界上的反力 P_p，而不能确定如何评估该反力 P_p，毕竟 P_p 的求解是一个复杂的土力学问题，需要反复实践验证；另一方面，普朗特法在其假设条件下推得 I 区为朗肯主动区，III 区为朗肯被动区，因此普朗特楔体两侧 OB 和 EF 上的土压力 E_a 和 E_p 可直接根据朗肯土压力理论求得，而且该楔体对数螺旋滑面 BE 上受到的法向力与其形成摩擦力的合力 R 恰好通过对数螺旋线的圆心 A 点，所以其对 A 点的力矩为零，地基土重度又不考虑，这样就极大简化了对普朗特楔体的受力分析。

当基底粗糙时，太沙基认为基底与地基土间的摩擦阻力会阻止底部土体的侧向扩展（即阻止其发生主动破坏），随着基底接触面摩擦角 δ 的增大，即基底由完全光滑转变为完全粗糙过程中，三角形楔体逐渐从朗肯主动破坏状态转变为弹性平衡状态。

太沙基经过实践验证指出促使三角形楔体完全转变为弹性平衡状态时所需的基底接触面摩擦角 δ_0 相比地基土的内摩擦角要小很多，一般基底的粗糙特性足以提供这样一个 δ_0 值，使基底产生一个实质完全粗糙的条件，进而确保三角形楔体完全处于弹性平衡状态，此时三角形楔体即为弹性楔体，其深度保持不变，并在上部荷载作用下随基础一同下沉，此时三角形楔体 B 点（图 9-4）以下土将竖直向下运动，这使得对数螺线 BE 在 B 点处的切线必须沿竖直方向。根据莫尔 - 库仑破坏准则，处于破坏状态的径向剪切区（II 区）内每一点处的两个剪切破坏面交角应为 $90°-\varphi$（锐角），因此在径向剪切区边界上的两个滑动面（可视作 B 点的两个剪切破坏面）AB 与 BE 在 B 点处的夹角也应为 $90°-\varphi$（锐角）。由此，根据几何关系可得三角形楔体两侧边界与水平面的夹角应为 φ。此时地基极限承载力系数 N_γ、N_q 和 N_c（对应于太沙基地基极限承载力公式（9-30））可表示为：

$$N_\gamma = \frac{1}{2}\left(\frac{K_{p\gamma}}{\cos^2\varphi} - 1\right)\tan\varphi \qquad (9\text{-}32)$$

$$N_q = \frac{e^{\left(\frac{3\pi}{2} - \varphi\right)\tan\varphi}}{2\cos^2\left(45° + \dfrac{\varphi}{2}\right)} \tag{9-33}$$

$$N_c = (N_q - 1)\cot\varphi \tag{9-34}$$

式中，$K_{p\gamma}$ 与地基土重度引起的 AB 面上的被动土压力有关，N_γ、$K_{p\gamma}$、N_q 和 N_c 均是 φ 的函数，由于 $P_{p\gamma}$ 的表达式中 W 和 l_1 在计算时均包含了复杂的积分，因此太沙基并未给出 N_γ 的显式，而是通过试算用图解法表示 N_γ；而 N_q 则是在瑞斯诺法基础上得到的，但由于基底完全粗糙时地基破坏的滑动面位置相比基底完全光滑时有所改变，因此此时 N_q 表达式不同于基底完全光滑时的表达式；至于 N_c 则是借用了普朗特 - 瑞斯诺公式中 N_c 与 N_q 的关系式（9-29）得到的。

而当基底光滑时，根据普朗特法解答 $\psi = 45° + \varphi/2$，$\angle BAE = 90°$，虽然此时 W 和 l_1 的计算有所简化，但仍然难以给出 N_γ 的显式解答，一般土力学教材中给出的 N_γ 的表达式是太沙基和派克提出的半经验公式：

$$N_\gamma = 1.8 N_c \tan^2\varphi \tag{9-35}$$

对于与超载和黏聚力相关的承载力系数 N_q 和 N_c，太沙基法中推得的结果如下式所示：

$$N_q = e^{\pi\tan\varphi}\tan^2(45° + \varphi/2) \tag{9-36}$$

$$N_c = (N_q - 1)\cot\varphi \tag{9-37}$$

也就是说太沙基法中的 N_q、N_c 同普朗特 - 瑞斯诺法推出的结果是一致的，这是因为基底光滑时太沙基法选用的滑面形式以及对滑动体破坏区域的假设均与普朗特 - 瑞斯诺法一致，且在太沙基法中，地基土重度、黏聚力和超载对地基承载力的贡献是各自独立的，而普朗特 - 瑞斯诺法也是单独计算黏聚力和超载所引起的地基极限承载力之后叠加得来的。如果不考虑地基土重度，普朗特 - 瑞斯诺法和太沙基法的区别仅在于脱离体形状的选取，而这并不改变滑动体的受力状态，所以在两种方法下最终得到的与超载和黏聚力相关的承载力系数 N_q 和 N_c 必然相同。

通过以上分析，我们逐渐剥离出了太沙基法在地基极限承载力计算中的突破之处，主要体现在太沙基考虑了基底粗糙特性和地基土重度对地基极限承载力的影响。太沙基认为基底的粗糙程度会影响 I 区受力状态和 ψ 值（图9-4），当基底从完全光滑转变为完全粗糙时，Ⅰ区逐渐由朗肯主动区过渡到弹性平衡区，ψ 逐渐由 $45°+\varphi/2$ 减小到 φ，进而会引起滑动面位置的变化。在计算基底完全粗糙条件下、仅由地基土重度引起地基极限承载力时，太沙基假设地基破坏的滑动面曲线部分为对数螺线或摩擦圆，进而根据其被动土压力理论用相应的对数螺线法或摩擦圆法解出了 AB 面上的被动土压力 P_{py}，然后根据极限平衡法推导出了基底完全光滑和基底完全粗糙两种情况下仅地基土重度引起的地基极限承载力（基底完全光滑时是太沙基与派克共同提出的半经验公式（9-35））。而太沙基之所以能够这样处理，不仅是因为其敢于站在普朗特这一"巨人"肩膀上大胆假设通用的滑面形式，更重要的是他能够通过大量的试算与实践去检验其假设的合理性，最终才能将基底粗糙特性和地基土重度考虑到地基极限承载力的计算当中。

以上讨论的承载力计算公式都是根据平面课题中的条形基础求解得到的，太沙基试图摆脱这个约束条件，从而提高其承载力理论的适用范围。他根据试验结果，以不改 N_γ、N_q、N_c 形式，而仅增加一些前置修正系数的方式确定了圆形和方形基础下地基极限承载力的半经验计算公式：

圆形基础：

$$f_u = 0.6\gamma R N_\gamma + q N_q + 1.3 c N_c \qquad (9\text{-}38)$$

式中：R——圆形基础的半径。

方形基础：

$$f_u = 0.4\gamma b N_\gamma + q N_q + 1.3 c N_c \qquad (9\text{-}39)$$

式中：b——方形基础的宽度。

式（9-38）、式（9-39）中的 N_γ、N_q、N_c 表达同式（9-30）。

1967 年，在太沙基和派克主编的《工程实用土力学》（Soil Mechanics in Engineering Practice）（第二版）中提到，通过试验的验证，将式（9-38）、式（9-39）中 N_c 前的基础形状系数由 1.3 微调到 1.2（这与后文提到的斯开普敦承载力公式中的基础形状系数一致）。

太沙基在对承载力系数 N_γ、N_q、N_c 理论求解的基础上，还根据试验结果引入了形状修正系数的半经验值，可谓理论推导联系实际经验的又一突破，使得太沙基法推得的地基极限承载力计算公式更具实用性和适用性。我们在研究太沙基法的进步意义时，不能仅局限于地基极限承载力公式本身，更要看到其对于学科领域所作的贡献。太沙基能从实践出发，打破常规，大胆假设，为地基极限承载力的计算开辟了一条"理论联系实际"的新道路，极大开阔了后人研究地基极限承载力的视野。笔者认为，这也是太沙基法在地基极限承载力计算理论方法中所具有的另一个独特的里程碑意义。

地基的土质越差，我们愈加会对其承载力投以关注，比如含水率高、透水性差的饱和软土。1951 年，英国帝国理工学院的斯开普敦教授（图 9-12）在伦敦黏土上进行了模型基础试验，并借鉴太沙基法的成果，以及加荷较快时、饱和软黏土可近似看作在接近不固结不排水条件下受到剪切这一特点，总结得到饱和软黏土地基的极限承载力公式，表达式如下：

$$f_u = q + c_u N_c \tag{9-40}$$

式中： q ——基础两侧超载（包括埋深范围土体 $\gamma_0 d$， d 为基础埋深）；

c_u ——地基土的不排水强度，采用基底下 $2b/3$ 深度范围内的平均值。

式（9-40）好像与太沙基公式（9-30）存在较大差异，实际其只是将 $\varphi = 0$ 代入太沙基所给出的光滑基底下 N_γ、N_q、N_c 的表达式，求解得到的结果。

图 9-12 斯开普敦教授及与派克教授（右一）郊游场景

下面我们来做一简单推导：

将 $\varphi = 0$ 代入式（9-35）至式（9-37）有：

$$N_\gamma = 1.8 N_c \tan^2 \varphi = 0 \tag{9-41}$$

$$N_q = e^{\pi \tan \varphi} \tan^2(45° + \varphi/2) = 1 \tag{9-42}$$

$$N_c = \lim_{\varphi \to 0}(N_q - 1)\cot\varphi = \lim_{\varphi \to 0}[e^{\pi \tan \varphi}\tan^2(45° + \varphi/2) - 1]\cot\varphi = \pi + 2 \tag{9-43}$$

因此当 $\varphi = 0$ 时，采用太沙基光滑法的地基承载力公式，有承载力值：

$$f_u = q + (\pi + 2)c_u \tag{9-44a}$$

对于式（9-43）的 N_c 值，斯开普敦选取了近似值 5，此时承载力计算公式可表示为：

$$f_u = q + 5c_u \tag{9-44b}$$

式（9-44b）就是饱和软黏土斯开普敦地基承载力公式的基本形式，在此基础上，他又考虑了基础的形状和埋深对承载力的影响，根据试验数据对式（9-44b）作了如下修正：

$$f_u = q + S_c d_c N_c c_u \tag{9-45}$$

式中：S_c——基础形状系数；

d_c——基础埋深系数；

N_c——地基承载力系数，取值为 5。

式（9-45）中 S_c、d_c 的表达式如下：

$$S_c = 1 + 0.2\frac{b}{l} \tag{9-46}$$

$$d_c = \begin{cases} 1 + 0.2\dfrac{d}{b} & (d < 2.5b) \\ 1.5 & (d \geqslant 2.5b) \end{cases} \tag{9-47}$$

式中：b——基础宽度；

l——基础长度；

d——基础埋深。

式（9-47）表明，深宽比对承载力提升有影响，但斯开普敦通过试验发现，当深宽比较大时，对承载力的影响趋于饱和，所以建议当 $d > 2.5b$ 时，d_c 接近常数，即令 $d_c = 1.5$。

采用修正后的斯开普敦公式计算地基承载力的结果总体上与现场试验验证数据吻合度较好（偏于保守），说明了公式的合理性和适用性。

斯开普敦并未对承载力系数 N_γ、N_q、N_c 进行改进，他对于地基承载力计算的贡献主要体现在较早地提出了基础形状和埋深修正系数的表达式（当然，如前所述，太沙基更早，但仅是对圆形和方形基础提出非常简单的修正，而斯开普敦则延拓到了长宽不等的矩形基础，并对埋深的影响进行了修正），为后人发展其他影响因素的修正打开了思路（如 1961 年的汉森法）。因此，我们可以将斯开普敦法视为在太沙基地基承载力法（基底光滑）的基础上解了一道有限拓展的"应用题"，开辟了特殊土质以及其他因素对承载力影响的研究分支。

太沙基理论考虑了地基土重度和基底粗糙程度对地基承载力的影响，看似在普朗特的基础上已进行了较为"完美"的改进，但是科学就是在不断创新、不断扬弃中前行的。1950 年德裔科学家梅耶霍夫（G.G. Meyerhof）（图 9-13）获得伦敦大学博士学位，次年在他基于博士论文成果所发表的论文中提到，对于具有一定埋深的基础而言，太沙基理论假定的滑移线与实际观测到的土体滑移线有差异。他认为造成差异的原因是太沙基一方面假定滑动面与基础底面水平线相交为止，并未延伸到地面，另一方面还忽略了埋深范围内上覆土的抗剪强度的影响。

为克服上述局限性，梅耶霍夫将太沙基滑动面曲线延伸到地表（图 9-14），并试图进一步发展该理论，但由于求解存在数学上的困难，他选择进行一定程度简化，例如假定基础具有一定埋深且基础底面是光滑的。他将地基土连同基础深度内侧的侧向填土一起分为 4 个区域，滑动面 $ABCE$ 延伸到地面上，与地面相交于 E，其中 BC 是对数螺线，CE 部分是直线。A_1A 面为最大主应力面，AB 与 A_1A 的夹角为 $45° + \varphi/2$。

图 9-13 梅耶霍夫教授及其在实验室工作的场景

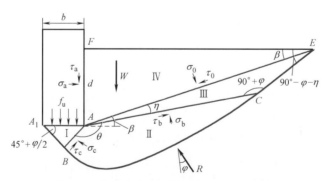

图 9-14 梅耶霍夫法滑动体分区与受力示意图

在求解过程中，梅耶霍夫把问题的关键点锁定在区域Ⅳ上。他先考察土块 AEF 中的力系平衡条件，再在滑动面 $ABCE$ 中进行分析。这样，通过一系列化解计算，梅耶霍夫最后导出的地基极限承载力公式（9-48）和太沙基公式具有相似的形式，即：

$$f_u = \frac{1}{2}\gamma b N_\gamma + \sigma_0 N_q + c N_c \tag{9-48}$$

$$\sigma_0 = \frac{1}{2}\left(K_0 \sin^2\beta + \frac{K_0}{2}\times\tan\delta\times\sin 2\beta + \cos^2\beta\right)\gamma_0 d = K_q\gamma_0 d \tag{9-49}$$

式中：σ_0 ——上覆土的抗剪强度；

K_0 ——静止土压力系数；

β ——滑动面 AE 与水平面的夹角（图 9-14）；

δ ——土与基础侧面之间的摩擦角；

γ_0 ——埋深土的重度。

与式（9-30）相比，太沙基公式中超载表示为 $\gamma_0 d$，其未考虑到上覆土的抗剪强度，仅将基础下深度为 d 的土的应力表示出来，而我们仅从 σ_0 的表达式（9-49）就会发现，梅耶霍夫已将上覆土抗剪强度的影响考虑进了超载这一分项中。

要想进一步理解梅耶霍夫法的进步之处，我们需要了解一下该法推导的核心思路与过程：

梅耶霍夫在推导承载力时考察的受力分析对象众多，彼此间又存在着"环环相扣"的力学关系，从简化考虑起见，他借鉴了太沙基法分别考虑不同情况下产生的承载力结果，再进行线性叠加的思路，即：

情况一，只考虑黏聚力和超载，而不考虑地基土重度对地基承载力的影响。此时梅耶霍夫对图 9-14 所示的上覆土块 AEF 中进行分析，将 σ_0 和 τ_0 由其他力（上覆土重量 W 以及作用在基础侧壁 AF 上的静止土压力）表示，通过一系列的求解得到了 σ_0 关于埋深 d 的关系式（9-49）。由该公式来看，求解 σ_0 的关键在于角 β 的确定。梅耶霍夫发现 β 的求解需用到滑动面中 AE 与 AC 的夹角 η，η 又与 σ_0 和 τ_0 有关，而计算 σ_0 和 τ_0 又要用到 β。因此，对于 β 的求解，他先假定一个 β_1，计算 σ_0 和 τ_0，由此求得 η，再以此 η 计算得 β_2，如此循环计算得到第 n 个 β 值 β_n。比较这 n 个 β 值，取前后两次的差值最小，且不超过规定误差范围的一对 β 值中的前次 β 值为最终 β 值。这样，β 值确定后，就可以确定点 E 的位置，对应的滑动面也就确定了。β 确定后再求解此条件下的承载力 f_{u1}：如图 9-14 所示，先考察楔体 ABC 上的力系，在莫尔圆上求出 AC 面上的应力 σ_b 和 τ_b，再根据对数螺线 BC 的性质求得 AB 上的应力 σ_c 和 τ_c，最后考察基底以下的三角形独立体 A_1AB 的力系平衡求得仅考虑黏聚力和超载影响的承载力 f_{u1}。

情况二，只考虑地基土重度，而不考虑黏聚力和超载对承载力的影响。如图 9-15，地基的临界滑动面中对数螺旋线 BC 需要通过不断试算来确定。假定一个对数螺线中心点 O，把三角形 CEF 引起的压力 P_1、AB 面上的被动土压力 $P_{p\gamma}$ 以及土体 $ABCF$ 的重力（$W_2+W'_3$）对该假定的对数螺线中心点 O 取矩，重复以上步骤，经过至少十几次试算后，得到 AB 面上最小的被动土压力 $P_{p\gamma}$（该被动土压力的方向与 AB 面的法线方向呈 φ 角），此时该最小的被动土压力所对应的滑动面中 BC 部分也就确定了。再由图 9-14 中基底以下三角形独立体 A_1AB 的力系平衡求出仅考虑地基土重度影响的地基承载力 f_{u2}。在这一过程中，假定不同的对数螺线中心点 O，就会出现多个不同的滑动面，梅耶霍夫考虑最危险的情况，即选取求得的被动土压力最小的一个滑动面带入后续计算中，不仅通过多次试算使得选取的滑动面更为精确，也使得承载力的计算更为安全。

然后，梅耶霍夫将上述两种情况下得到的承载力叠加，即得最终地基承载力 $f_u=f_{u1}+f_{u2}$。

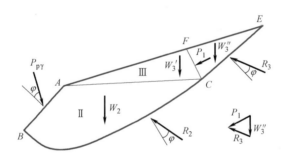

图 9-15　梅耶霍夫法中只考虑地基土重度所对应的承载力求解示意图

根据以上求解步骤，梅耶霍夫地基极限承载力的相关系数可表达为：

$$N_\gamma = \frac{4P_{p\gamma}\sin(45°+\varphi/2)}{\gamma b^2} - \frac{1}{2}\tan(45°+\varphi/2) \tag{9-50}$$

$$N_q = \frac{(1+\sin\varphi)e^{2\theta\tan\varphi}}{1-\sin\varphi \cdot \sin(2\eta+\varphi)} \tag{9-51}$$

式中：θ——图 9-14 中 AB 和 AC 面的夹角，其值为 $135°+\beta-\eta-\varphi/2$。

$$N_c = (N_q-1)\cot\varphi \tag{9-52}$$

梅耶霍夫分两种情况计算地基承载力，在情况一的计算中，通过不断试算 β 的取值来确定唯一的滑动面位置；而对情况二的计算，则是从多个对数螺线的中

心点 O 确定的不同位置的滑动面中，选取了被动土压力为最小值的那个滑动面。因此，两种情况得到的滑动面很可能不同，直接叠加两者结果计算总承载力必然会带来误差。

但相比太沙基法，因为梅耶霍夫根据实际拓展了滑动面的位置，并在求解 N_γ 时，对滑面位置进行多次试算确定，因此相应得到的 N_γ 表达式更为准确。在此过程中，地基土的内摩擦角被多处使用——不仅使用于被动土压力的求解，也存在于评估土体重度对承载力影响的程度分析，充分展现了内摩擦角在提升地基承载力方面的作用。因此特别对内摩擦角大的砂土而言，其得到的预测结果也更接近真实情况。同时，计算结果表明，当角 β 较大，即当基础埋深较大时，梅耶霍夫由于将上覆土抗剪强度的影响有效地考虑进超载影响的承载力系数 N_q，使其得到的承载力结果要比太沙基法大很多。而将两种方法的计算结果与实测值相比，当基础埋深较大时，太沙基法求得的地基承载力确实偏于保守，而梅耶霍夫法的结果更接近实际。

梅耶霍夫法选用光滑基底的假设，看似比之太沙基粗糙基底法有一定退步。但后期一些学者，如戴比尔（De Beer）和比亚尔赫兹（Biarez）等对砂土地基的承载力试验研究表明，基底的粗糙程度对承载力影响并不大，由此可见，对于砂土地基，梅耶霍夫采用基底光滑的假设并不会显著降低承载力的求解精度。笔者曾就南海钙质砂（内摩擦角较大，一般为 $40°\sim 50°$）开展模型试验，研究结果也表明，对比几种经典承载力公式，用梅耶霍夫公式预测钙质砂地基承载力的结果与实测值最接近，这也从旁印证了该法对内摩擦角较大的砂土具有较好的适用性。

1953 年，梅耶霍夫还通过试验，研究了偏心和倾斜荷载对承载力的影响，在其发表的论文中提到了当荷载偏心时，可采用有效宽度和等效基础面积的方法对承载力公式进行改进，其中对条形基础，采用荷载偏心距线性修正基础宽度后的有效宽度；对矩形基础，采用荷载偏心距分别线性修正基础长度和宽度后的有效长度和宽度。而当荷载倾斜时，他将荷载进行了水平和竖直方向的投影，仍按原来的方法计算承载力，并未给出具体的修正系数。

在众多地基承载力的确定方法中，梅耶霍夫法是整体理论上较为完善的一种，尤其是很大程度上解决了太沙基法未考虑的上覆土抗剪强度问题，可谓是地基承载力计算方法史上的又一大进步。由于上覆土抗剪强度在深埋基础中发挥的作用更为明显，使得该法在桩基础的承载力计算中尤受青睐，如不少学者在确定桩端极限承载力以及桩的临界深度时，常基于梅耶霍夫理论提出相关经验公式。

1961 年，丹麦理工大学的汉森教授（J. B. Hansen）（图 9-16）针对太沙基基底光滑时承载力理论另一个方面的局限性开展了系统改进。

 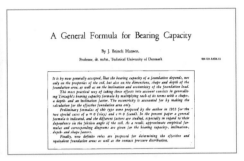

图 9-16 汉森教授和其承载力论文首页书影

太沙基法的计算公式（9-30）及承载力系数是由竖直荷载作用下的条形基础推导而来，汉森认为地基承载力不仅取决于地基土的性质，还取决于地基荷载的倾斜度与偏心率、基础的尺寸、形状和深度，而将这些影响因素考虑在内的最实际方法就是将太沙基的承载力公式（9-30）中的每一项乘以不同修正系数。

虽然如前所述，太沙基、斯开普敦、梅耶霍夫均做过一些有关基础和荷载形式对地基承载力影响的修正尝试，但理论性和完备性不足。因此，汉森花费大量精力，系统完善了系数修正上的体系性，得到了如式（9-53）所示的新一代地基极限承载力计算公式：

$$f_u = \frac{1}{2}\gamma b N_\gamma S_\gamma d_\gamma i_\gamma + q N_q S_q d_q i_q + c N_c S_c d_c i_c \tag{9-53}$$

式中：S_γ、S_q、S_c——基础的形状系数，S_γ、S_c 均与内摩擦角以及基础宽长比有关，S_q 值为 1；

d_γ、d_q、d_c——考虑超载土抗剪强度影响时的深度系数，d_γ 值为 1，d_q 与 N_q、d_c 有关，d_c 与内摩擦角以及基础深宽比有关；

i_γ、i_q、i_c——荷载倾斜系数，i_γ、i_q 与水平力与竖向力、等效基础面积、黏聚力以及内摩擦角有关，i_c 与水平力、等效基础面积以及黏聚力有关。

对于承载力系数 N_γ、N_q、N_c，汉森仍直接沿用太沙基光滑时的表达式：

$$N_\gamma = 1.8 N_c \tan^2 \varphi \tag{9-54}$$

$$N_q = e^{\pi \tan \varphi} \tan^2(45° + \varphi/2) \tag{9-55}$$

$$N_c = (N_q - 1)\cot \varphi \tag{9-56}$$

汉森意识到由于直接沿用普朗特 - 瑞斯诺法的 N_q 表达式未考虑上覆土的抗剪强度，会给承载力的计算结果带来一定误差（并影响到线性相关的 N_γ 和 N_c），但他并未像梅耶霍夫那样去做繁琐的推导，而是折中地在式（9-53）中引入了考虑超载土抗剪强度影响的三个深度系数 d_γ、d_q、d_c，以弥补上述缺陷。

1970 年，汉森又在自己 1961 年承载力公式（9-53）的基础上进行了改进，特别是补充了地面和基底的倾斜度对承载力的影响，完善后的承载力计算公式如下：

$$f_u = \frac{1}{2}\gamma b N_\gamma S_\gamma d_\gamma i_\gamma g_\gamma b_\gamma + q N_q S_q d_q i_q g_q b_q + c N_c S_c d_c i_c g_c b_c \tag{9-57}$$

式中：S_γ、S_q、S_c——基础的形状系数，均在 1961 年汉森法上做了改进；

$\quad\quad d_\gamma$、d_q、d_c——考虑超载土抗剪强度影响时的深度系数，d_q、d_c 在 1961 年汉森法上做了改进，d_γ 未改进；

$\quad\quad i_\gamma$、i_q、i_c——荷载倾斜系数，均在 1961 年汉森法上做了改进；

$\quad\quad g_\gamma$、g_q、g_c——地面倾斜系数，新增参数；

$\quad\quad b_\gamma$、b_q、b_c——基底倾斜系数，新增参数。

对于承载力系数，N_q、N_c 的表达式未做变化，而对 N_γ，汉森认为奥德嘉（Odgaard）、龙格尔 - 莫特森（Lundgren-Mortensen）和克里斯坦森（Christensen）计算的经验公式与实际更为符合，因此替换为如下表达式：

$$N_\gamma = 1.5(N_q - 1)\tan\varphi \tag{9-58}$$

由此看来，1970 年成熟版本的汉森公式，相较于太沙基公式最主要的进化点是考虑了上覆土的抗剪强度、基础形式、荷载作用角度与位置等因素的影响，但对承载力系数 N_γ、N_q、N_c 仍无明显理论突破。

由于考虑的外部影响因素较多，汉森公式的适用范围较广，在世界很多国家的设计规范中被推荐。在我国，虽然早期受苏联规范体系的影响，一直采用限制塑性区开展法来计算地基承载力，但近二、三十年，通过将各种理论计算结果与各地积累的实测数据对比分析，亦有不少设计单位开始借鉴西欧、北美常用的地基承载力极限分析法。例如《天津市岩土工程技术规范》（DB 29—20—2000）就明确采用了汉森公式作为计算地基极限承载力的公式。此外，上海的一些工程也曾将汉森公式用于计算浅层土的地基承载力，取得了良好预测效果。一些学者所做的试验研究表明，汉森公式适用于黏性土，而对砂土的预测结果则偏小很多。天津、上海等地载荷试验结果与汉森公式预测结果吻合度较高，恰是因为这些地区的地基中黏土分布广泛。而汉森公式预测砂土地基承载力不够理想的一个重要原因是汉森沿用前人的半经验表达式不够准确，特别是低估了地基土内摩擦角的影响，尤其在内摩擦角大的砂土地基中，这种低估更被放大到了无法忽略的程度。

很多教科书还提到了 1973 年由美国杜克大学魏锡克教授（A. S. Vesic）（图 9-17）在普朗特 - 瑞斯诺公式基础上所提出的考虑地基土重度、但基底仍为光滑的地基极限承载力计算公式，如式（9-59）所示：

$$f_u = \frac{1}{2}\gamma b N_\gamma + q N_q + c N_c \tag{9-59}$$

式中 N_γ、N_q、N_c 的具体表达式为：

$$N_\gamma = 2(N_q + 1)\tan\varphi \tag{9-60}$$

$$N_q = e^{\pi\tan\varphi}\tan^2(45° + \varphi/2) \tag{9-61}$$

$$N_c = (N_q - 1)\cot\varphi \tag{9-62}$$

9480　　　　　　　　JANUARY 1973　　　　　　　　SM 1

JOURNAL OF THE SOIL MECHANICS AND FOUNDATIONS DIVISION

Analysis of Ultimate Loads of Shallow Foundations

By Aleksandar S. Vesić,[1] F. ASCE

图 9-17　魏锡克教授和其承载力论文首页书影

在求解承载力系数 N_γ、N_q、N_c 的过程中，魏锡克作了以下简化：（1）假定基础为条形基础；（2）忽略上覆土的抗剪强度；（3）忽略上覆土与基础侧壁之间的摩擦力以及上覆土和地基土之间的摩擦力（即基础底面光滑）。这里魏锡克坚持选用了挑战前人（梅耶霍夫）的观点：他认为通过开挖回填而形成的基础上部覆土是软弱、有裂缝的，所以求解相关系数时不必考虑上覆土的抗剪强度❶。

---

❶ 不过通过对比相关学者的研究发现，忽略上覆土的抗剪强度确实使得求解的承载力相比试验结果要小；而采用考虑上覆土抗剪强度的梅耶霍夫法算承载力，求解值又比试验结果要大。由此可见，对开挖回填形成的上覆土，其抗剪强度仍会对承载力产生影响，虽在实际中还未发挥到梅耶霍夫所算得的理想程度，但不应该完全舍弃。

　　具体的，对于 N_γ，在假设 $\psi=45°+\varphi/2$（ψ 为普朗特滑动面中三角形楔体两侧边界与基底面的夹角，参见图 9-7），亦即基础底面光滑的情况下，魏锡克从 Caquot 和 Kérisel 所做的数据分析中近似求解出公式（9-60），并证实该式引起的误差较为安全（$15°<\varphi<45°$ 时，不超过 10%；$20°<\varphi<40°$ 时，不超过 5%）。而在确定承载力系数 N_q、N_c 时，由于滑动面的解析解无法得到，魏锡克选择直接沿用普朗特—瑞斯诺法给出的式（9-28）、式（9-29）。可以说，在相当长的一段时期中，承载力系数都是研究者的关注热点，但是对 N_q、N_c，像汉森、魏锡克这样沿用普朗特 - 瑞斯诺法表达式的最多（由此也可见，虽然普朗特 - 瑞斯诺法很简化，却是地基极限承载力计算发展过程中的"定海神针"）；而对 N_γ 值的表达却莫衷一是，其对应值的变化幅度可从魏锡克提出半经验公式（9-60）值的三分之一升至两倍，不过单就魏锡克法的 N_γ 而言，其也仅属于基于前人试验数据的半经验公式，尚不能表明较之太沙基法有明显进步。

　　比之先前研究者的成果都只基于刚塑性理论，在确定地基承载力时，仅限于相对不可压缩的地基土或一般的破坏模式的局限，魏锡克还试图将地基土压缩性的影响考虑进承载力的计算之中。他根据孔扩张理论，建议用土的刚度指标 I_r 和土的临界刚度指标 $I_{r(cr)}$ 来进行比较。如果 $I_r>I_{r(cr)}$，认为地基土是相对不可压缩的，将发生整体剪切破坏，可采用式（9-59）计算；如果 $I_r<I_{r(cr)}$，则认为地基土不可压缩的假定是不正确的，将发生局部剪切破坏或冲剪破坏，此时应考虑地基土压缩性的影响，需引入压缩性影响系数进行修正。此外，魏锡克也引入了基础形状、埋深强度等修正系数，从而得到如式（9-63）所示的综合表达式：

$$f_u = \frac{1}{2}\gamma b N_\gamma S_\gamma d_\gamma \xi_\gamma + q N_q S_q d_q \xi_q + c N_c S_c d_c \xi_c \qquad (9\text{-}63)$$

式中：S_γ、S_q、S_c——基础形状系数，根据 De Beer 的试验结果给出；

$\quad\quad d_\gamma$、d_q、d_c——考虑超载土抗剪强度影响的深度系数，同 1970 年汉森法。这点比较有意思，虽如前文所述魏锡克在计算 N_γ、N_q、N_c 时认为上覆土强度对承载力的作用影响在多数情况下可以忽略，但他又不排除会发挥作用的"少数"情况，所以在这里他还是"妥协"借鉴了汉森公式的深度修正系数；

$\quad\quad \xi_\gamma$、ξ_q、ξ_c——土的压缩性影响系数，属于魏锡克的原创贡献。

　　1975 年，魏锡克对其 1973 年的理论又进行了改进，考虑了荷载、基础和地面倾斜对承载力的影响，得到新表达式如下：

$$f_u = \frac{1}{2}\gamma b N_\gamma S_\gamma d_\gamma i_\gamma g_\gamma \xi_\gamma b_\gamma + q N_q S_q d_q i_q g_q \xi_q b_q + c N_c S_c d_c i_c g_c \xi_c b_c \tag{9-64}$$

式中：S_γ、S_q、S_c——基础形状系数，同 1973 年魏锡克法；

      d_γ、d_q、d_c——考虑超载土抗剪强度影响的深度系数，同 1973 年魏锡克法；

      i_γ、i_q、i_c——荷载倾斜系数，在 1970 年汉森法上做了改进；

      g_γ、g_q、g_c——基础倾斜系数，在 1970 年汉森法上做了改进；

      ξ_γ、ξ_q、ξ_c——土的压缩性影响系数，同 1973 年魏锡克法；

      b_γ、b_q、b_c——地面倾斜系数，在 1970 年汉森法上做了改进。

通过这些附着于原始承载力系数 N_γ、N_q、N_c 上的修正系数的使用，魏锡克进一步扩大了所提出的地基极限承载力公式的适用范围，尤其是他所揭示的地基土压缩性对承载力影响的量化规律，成为最应被肯定的突破式成果。

目前国外工程规范中应用魏锡克法也较多，如德国规范中利用魏锡克公式引入极限状态下的表达式，然后采用总安全系数的设计原则得到地基允许承载力值。不过，国内外学者通过大量静载荷试验验证发现，一如汉森法，对黏性土地基，魏锡克公式的承载力计算值与试验结果吻合较好，而对砂土，预测值则要比实测结果明显偏小。分析其中原因，一方面，还是由于魏锡克所采用的地基土重度影响参数 N_γ 的半经验公式未能充分考虑地基土内摩擦角对承载力的影响。对内摩擦角较小的黏土来说，其产生的误差对承载力结果的影响并不大；但对砂土，随着内摩擦角增大，这种不准确程度就被放大到不能忽略的程度。另一方面，魏锡克采用的 N_q 忽略了上覆土的抗剪强度，降低了预测精度，而他所构建的 N_γ 又与 N_q 线性相关，导致连锁 N_γ 的误差程度被扩大。以上的双重偏差成为此类方法预测砂土地基承载能力的天生短板，即使引入了诸多影响因素的修正仍无法弥补。这么看来，作为前浪的梅耶霍夫法还不会轻易地被后浪们拍翻在沙滩上。

从本节介绍的地基承载力计算方法的演变历程可见，岩土先贤们在构建理论的过程中，对前人的成果既有肯定又有质疑，既有继承又有发展，使得承载力公式的构建呈现迂回循环、螺旋式的上升，这才让各类方法更有针对性的应用空间。为了使读者能够更好地记住经典地基极限承载力方法的特征、优势，笔者在本记结尾列出表 9-2，以展现各种方法的承接演变关系、相关系数的发展历程，以及各自的贡献程度评价。

表 9-2 经典地基极限承载力公式的承载力系数演变比较表

极限分析法	承载力系数 N_γ	承载力系数 N_q	承载力系数 N_c	其他修正
普朗特—瑞斯诺法（简称普朗特法）（光滑、忽略自重）	贡献度：0 0	贡献度：★★ $e^{\pi\tan\varphi}\tan^2(45°+\varphi/2)$	贡献度：★★ $(N_q-1)\cot\varphi$	贡献度：0 —
太沙基法（光滑、考虑自重）	贡献度：★★ $1.8N_c\tan^2\varphi$	贡献度：0 同普朗特法	贡献度：0 同普朗特法	贡献度：★ 基础形状的半经验值修正
太沙基法（粗糙、考虑自重）	贡献度：★★ $\frac{1}{2}\left(\frac{K_{p\gamma}}{\cos^2\varphi}-1\right)\tan\varphi$ （可采用图解法）	贡献度：★ $\dfrac{e^{\left(\frac{3\pi}{2}-\varphi\right)\tan\varphi}}{2\cos^2\left(45°+\dfrac{\varphi}{2}\right)}$	贡献度：0 同普朗特法	贡献度：★ 基础形状的半经验值修正
斯开普敦法（光滑、忽略自重）	贡献度：0 同太沙基光滑法 （$\varphi=0$） 0	贡献度：0 同太沙基光滑法 （$\varphi=0$） 1	贡献度：0 同太沙基光滑法 （$\varphi=0$） $\pi+2$（近似取 5）	贡献度：★ 基础埋深和形状修正
梅耶霍夫法（光滑、考虑自重）	贡献度：★★ $\dfrac{4P_{p\gamma}\sin(45°+\varphi/2)}{\gamma b^2}$ $-\dfrac{1}{2}\tan(45°+\varphi/2)$	贡献度：★★ $\dfrac{(1+\sin\varphi)e^{2\theta\tan\varphi}}{1-\sin\varphi\cdot\sin(2\eta+\varphi)}$ （N_q 前还有 K_q，综合反映埋深土强度影响）	贡献度：0 同普朗特法	贡献度：★ 埋深土强度、荷载偏心以及倾斜修正
汉森法（光滑、考虑自重）	贡献度：0 1961 年 同太沙基光滑法 1970 年 改为式（9-58）	贡献度：0 同普朗特法	贡献度：0 同普朗特法	贡献度：★★ 荷载偏心和倾斜、基础形状、埋深土强度、地面和基底倾斜，侧重于荷载倾斜修正
魏锡克法（光滑、考虑自重）	贡献度：★ $2(N_q+1)\tan\varphi$	贡献度：0 同普朗特法	贡献度：0 同普朗特法	贡献度：★★ 基础形状、埋深土强度、荷载偏心和倾斜、地面和基底倾斜以及土的压缩性，侧重于土的压缩性修正

9.4 结论结语

　　本章介绍了涉及地基承载力计算方法的两大"派系"——限制塑性区开展法和极限分析法的相关理论知识，旨在剖析这两类计算方法在分析问题和最终表示形式上的区别与联系，并探究了几种典型的地基承载力极限分析法的建模演变思路及其各自的里程碑意义，希望帮助读者看到一些有别于传统地基承载力教学内容中的别样风景。

　　1998 年为了阻止长江入海口两侧泥沙冲入航道内，加大航道深度，提升上海港的吞吐能力，国家开始了历时 13 年的长江口深水航道治理工程，打造出了一条长达 92.2km，底宽 350 ~ 400m 的双向水上高速通道。它不仅是迄今为止中国最大的水运工程，也是世界上最大的河口治理工程，这项工程的实施，打破了长江口通航的瓶颈，让长江航运网络与国际海运网路对接，真正实现了江海直达。

　　然而工程的实施却并不顺利，2002 年 12 月，二期工程中第一批总长 320m 的 16 个半圆形沉箱安装完毕，不料在一场寒潮大风过后，第一批 16 个重达 1200t 的沉箱全被冲散破坏（图 9-18），造成了严重的经济损失。2002 年 12 月 24 日，二期工程 N2B 标段被迫全面停工。

图 9-18　施工中（左）和地基失稳而导致破坏（右）的长江口二期北导堤图片

　　经事故分析，发现北导堤的破坏主要是由于地基土的失稳导致的。长江口地基土十分软弱，主要是新近沉积的淤泥土，其具有很强的结构性，灵敏度较高。虽然在大潮来临之前，导堤地基已基本完成固结沉降，但当大潮真正来临后，在反复的大波浪动荷载作用下，海相沉积的淤泥土地基结构性逐渐遭到破坏，承载力急剧下滑，最终导致结构失稳。事后对地基淤泥土进行动三轴试验，发现其各项强度指标明显下降，所得结果验证了上述分析。后来该工程在地基淤泥土中采用塑料排水板固结排水，降低了土的灵敏度，提高了土的固结度和固结速率，增大了地基淤泥土的有效应力和内摩擦角，从而提高淤泥土地基的承载力，最终工程按计划完成。

地基承载力的影响因素有很多，既包括地基土因土性不同，导致在重度、黏聚力、内摩擦角等方面的差异，还包括周边环境对这些承载力关键参数的影响，忽略任何一项因素都有可能造成事故的发生。例如上述工程因为忽略了淤泥土地基的高灵敏度，以致在寒流大潮风浪的作用下，淤泥土的结构遭到破坏、强度降低最终导致地基失稳破坏。

一个好的地基承载力设计，绝不仅仅能确保地基不破坏，还要使地基的承载力、稳定性与变形协调相平衡，以求最大程度地实现工程建造安全性、经济性与舒适性共赢，为此具备丰富的土力学知识和活学活用、举一反三的能力均是不可缺少的。《朱子全书·学三》中有云："举一而三反，闻一而知十，乃学者用功之深，穷理之熟，然后能融会贯通，以至於此。"阅读本记后，若对读者关于地基承载力相关知识的融会贯通有些许帮助，即如为习武之人打通"任督二脉"助上一臂之力，将是本书的无上荣光。

本记主要参考文献

[1] 钱家欢，殷宗泽. 土工原理与计算（第二版）[M]. 北京：水利电力出版社，1994.

[2] K. Terzaghi，R. Peck. Soil Mechanics in Engineering Practice [M]. New York：A Wiley-Interscience Publication，1948.

[3] K. Terzaghi，R. Peck. Soil Mechanics in Engineering Practice（2nd Edition）[M]. New York：John Wiley & Sons，1967.

[4] K. Terzaghi. Theoretical Soil Mechanics [M]. New York：John Wiley & Sons，1943.

[5] W. F. Chen. Limit Analysis and Soil Plasticity [M]. Amsterdan：Elsevier Scientific Publishing Company，1975.

[6] British Standards Institution. British Standard Code of Practice for Foundations：BS 8004[S]. London：BSI Standards Publication，2004.

[7] A. S. Vesic. Analysis of Ultimate Loads of Shallow Foundations [J]. Journal of Soil Mechanics and Foundation Division，1973，99（1）：45-73.

[8] A. S. Vesic. Bearing Capacity of Shallow Foundations [J]. New York：Foundation Engineering Handbook，1975，3：121-145.

[9] A. W. Skempton. The Bearing Capacity of Clays [J]. London：Proceedings of Building Research Congress，1951，（1）：180-189.

[10] G. G. Meyerhof. The Bearing Capacity of Foundations under Eccentric and Inclined Loads [J].

Switzerland: Proceedings of 3rd International Conference on Soil Mechanics Foundation, 1953, (1): 440-445.

[11] G. G. Meyerhof. The Ultimate Bearing Capacity of Foundations [J]. Geotechnique, 1951, (2): 301-332.

[12] J. B. Hansen. A General Formula for Bearing Capacity [J]. Bulletin, 1961, 5 (11): 38-46.

[13] J. B. Hansen. A Resived and Extended Formula for Bearing Capacity [J]. Bulletin, 1970, (28): 5-11.

[14] 高大钊. 实用土力学 - 岩土工程疑难问题答疑笔记整理之三 [M]. 北京：人民交通出版社，2014.

[15] 高大钊. 土力学与岩土工程师 - 岩土工程疑难问题答疑笔记整理之一 [M]. 北京：人民交通出版社，2008.

[16] 顾晓鲁，钱鸿缙，刘惠珊等. 地基与基础（第三版）[M]. 北京：中国建筑工业出版社，2003.

[17] 河海大学土力学教材编写组. 土力学（第三版）[M]. 高等教育出版社，2019.

[18] 李广信. 岩土工程 50 讲：岩谈漫话 [M]. 北京：人民交通出版社，2010.

[19] 殷宗泽. 土工原理 [M]. 北京：中国水利水电出版社，2007.

[20] 郑大同. 地基极限承载力的计算 [M]. 北京：中国建筑工业出版社，1979.

[21] 郑颖人，孔亮. 岩土塑性力学 [M]. 北京：中国建筑工业出版社，2010.

[22] 中华人民共和国住房和城乡建设部. 建筑地基基础设计规范 GB 50007—2011 [S]. 北京：中国建筑工业出版社，2012.

[23] 冯照雁. 南海吹填钙质砂地基承载力模型试验研究 [D]. 南京：河海大学，2020.

第十记　边坡记——寻找圆弧滑动条分法计算的命门

10.1　圆弧滑动边坡稳定分析的关键之匙：条分法

边坡变形破坏是各种地质灾害中分布最广、发生最频繁、对人类危害最大的灾害类型之一。确保边坡稳定是边坡工程中的首要问题，过去要解决这类问题，很大程度上依赖人的经验。

1869 年 5 月第一条横贯北美大陆的铁路——太平洋铁路正式通车。这条铁路被称为自工业革命以来世界七大工业奇迹之一。修建之初，面对内华达山脉区域遍布的悬崖峭壁及终年积雪，美国当地工人不断罢工，爱尔兰劳工纷纷逃跑。眼看这项工程即将夭折，铁路总承包人克罗克（C. Crocker）提出雇用华工（图 10-1（a））——这些从清政府治下的广东、福建等省被骗往美国的中国苦力来解决工程难题。在他眼里，能修建万里长城的民族，当然也能修铁路。

(a) 修筑铁路的华工们　　　　　　　　　(b) 布鲁默深槽

图 10-1　华工修建美国太平洋铁路图景

华工一登场的确表现出了卓越能力。在距离奥本（Auburn）1.6km 的布鲁默牧场（Bloomer Ranch）有一条又长又高的山脊。由于该山脊过陡，铁路无法爬过，工程师们设计了一个穿过约 200m 长山脊的铁路路基，并计划钻一个能让铁路穿过的隧洞来予以实现。然而由于地质条件复杂和施工工艺局限，华工们最终建议改从山顶直接挖一条 20 多米深的深槽来代替原始钻洞方案。不过由于山脊是由悬在黏土中的岩石构成的，山体松散极易崩塌，施工仍然非常困难。于是华工们借鉴了中国古代工程施工中的开山方式，硬是将山从中开出一个倒梯形的深槽。这个被后世称作布鲁默深槽（图 10-1（b））的通道，两边断壁与槽底呈 75°向天空伸展，每次火车驶过，深槽两侧还会不时滚下鹅卵石。在那个年代，尽管没有系统的边坡稳定性分析理论及先进的支护手段，但华工们以中国人特有的吃苦耐劳精神和出众的聪明才智，完成了这一奇迹般的边坡工程。

随着 20 世纪的到来，岩土工程加快了前进的步伐，极限平衡法、滑移线法、有限元法、数学规划法以及智能方法等一系列理论方法的提出为边坡稳定分析相关问题的解决提供了支撑。当然，由于边坡工程的复杂性、不确定性以及宏大性，时至今日，边坡问题仍是工程界十分关注和不能小觑的关键问题。第二记中，我们曾把阿基米德浮力定律用于有效应力原理的解析，从而使分析饱和条件下土中有效应力减小的概念变得轻松。这种联系给我们带来了重要启示，正如欧文（R. Owen）所说"真理唯一可靠的标准就是永远自相符合"，当我们分析土力学问题时，有时完全可从传统物理学视角入手，一旦认准土力学与物理公理间不应自相矛盾，便应努力通过物理视角，化繁为简、更透彻和直接地解决困扰。本记作为全书最后一篇，亦将请出"物理思想"这个如来佛祖，帮助大家克服对边坡问题的畏惧感，降服"安全系数"这只孙猴子。

土力学传统理论中，边坡的稳定性计算，是以整体极限平衡为前提的（即不涉及滑动土体内部的变形，也就是前述的极限平衡法），如对象是黏土滑动楔体，就一般设定滑动面为圆弧面。在此基础上，具体求解边坡安全系数时，我们将楔体切割为一块块的土条来计算，这就是所谓的条分法。

如果我们买了一个蛋糕，不是为了吃，仅仅是称重，肯定没有必要把蛋糕给切开，那么对于土坡，既然已达到整体极限平衡状态，为什么又要退一步用到条分法呢？本节就对其目的作一个原理性的解释，以使我们求解边坡稳定的思路更为清晰。由于这个问题与土中水分无关，因此让我们先把土坡中的水挤干，只看干坡问题。

边坡的滑动，从其根源分析是因为滑动面上的"滑动力" T 突破了滑动面上的抗剪强度 T_f 值，从而进入极限平衡状态，导致坡体失稳。因此确保安全的前提，是抗剪强度大于滑动力，亦即由式（10-1）定义的安全系数 F_s 要大于 1。

$$F_s = T_f / T \qquad (10\text{-}1)$$

然而所谓的"滑动力"更多的是出自唯象的表述和数学上的含义，它是土坡受力沿着滑动面滑动方向的分力所组合而成的概念力，因此整体的滑动力并不好求解，同时既然是概念力，就可以从实际计算中，变换安全系数的表述，寻找既符合含义又更具数学操作性的组合方式。

由此，人们会想到将抗剪强度与滑动力的比值，变换为客观存在的抗剪（滑）力矩和滑动力矩之比来重新表述安全系数。

对黏性土坡滑动常用分析的假设对象圆弧体而言，其只受三种力——圆弧体的重力、滑动面上的剪应力以及法向应力。法向应力恒过圆心，不会产生力矩；而剪应力就是抗剪强度的发挥，其应作为抗滑力矩体现在安全系数式子的分子中；剩下能够引起滑动的，只有圆弧体的重力，而相对应的滑动力矩，只要以滑弧圆心为旋转中心，计算圆弧体的重力对此转点的力臂就可以得到了。

因此安全系数基本表达式就由式（10-1）变为了式（10-2）。

$$F_s = \frac{\tau_f \hat{L} R}{Wd} \qquad (10\text{-}2)$$

式中：W——滑动土体的重量；

$\quad \tau_f$——滑面上的抗剪强度；

$\quad \hat{L}$——滑弧弧长；

$\quad R$——滑弧半径；

$\quad d$——滑动土体重力对滑弧圆心的力臂。

整体滑弧分析时，一般以滑动面上各点的滑力都达到抗剪强度作为达到临界状态的界定标准，即认定滑面上各点的安全系数发挥程度是相同的。如果我们基于最为常用的莫尔-库仑强度定律来求解抗剪强度，则可将式（10-2）具化为式（10-3）的形式。

$$F_s = \frac{\sum (c_i l_i + N_i \tan \varphi_i)}{\sum W_i \sin \alpha_i} \qquad (10\text{-}3)$$

式中：c_i，φ_i——土条 i 的黏聚力和内摩擦角；

$\quad W_i$，N_i——分别为土条 i 所受自重和底面上的法向反力；

$\quad \alpha_i$——土条 i 的底部坡角；

$\quad l_i$——土条 i 底面的弧长。

　　倘若是一个均质土坡，黏聚力可以当作已知条件，**然而点面上的法向应力却没有办法直接求解（连各点上的法向方向都不一致）。**由此式可见，在已知滑动圆弧样式的前提下，安全系数计算最大的难度在于求解各个点面上的法向力（或法向应力）。说到这里，读者可能会叹一口气，在计算力矩的时候，原以为法向应力穿越圆心，得以巧妙地回避了一次，没想到它在计算抗剪强度的时候又出来捣乱了。如果真想再次回避法向力，只有一种条件：即针对不排水条件下的黏质土坡，采用 UU 强度，即不排水抗剪强度 c_u 来表示滑动面上的抗剪强度（这样仍存在显著应用局限，例如此时土坡必须具有与三轴试验条件相似的固结条件，具体见第七记表述）；而对于绝大多数情况，都必须求解滑动面上的法向应力，以大量的计算作为代价求得安全系数。

　　先别想着偷懒，既然矛盾已归结到法向应力的求解，而每个点面上的法向应力又都不相同，我们还是想想是否可以分别求解各个点面上的应力，再进行叠加吧。正是基于这样的想法，"条分法"应运而生。

　　为了求解每个土条上的法向力 N_i，根据物理常识，就要求助于土条的受力平衡，其受力如图 10-2 所示。

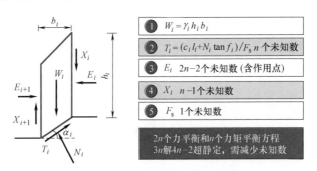

1　$W_i = \gamma_i h_i b_i$

2　$T_i = (c_i l_i + N_i \tan f_i)/F_s$　n 个未知数

3　E_i　$2n-2$ 个未知数（含作用点）

4　X_i　$n-1$ 个未知数

5　F_s　1 个未知数

$2n$ 个力平衡和 n 个力矩平衡方程
$3n$ 解 $4n-2$ 超静定，需减少未知数

图 10-2　单个土条受力分析示意图

　　作为假设内部并不变形的"刚性"土条，其平衡将受到侧面上的竖向力 X_i、水平力 E_i 以及作用点、自重 W_i、滑动面上的法向力 N_i 和摩阻力 T_i 的共同影响。在这里，任意面上的法向力仅指土条各面与相邻或底部土体中土骨架间的接触力，而水压力对于条分法的原理建模并无影响，暂且不提，留待 10.2 节解释。

　　如果把土坡分割为 n 个土条，最外两侧土条的外侧边力算作已知，而土条重量是能够通过几何尺寸较为便利求得的，那仍会有 $4n-2$ 个未知数不能一眼洞穿（图 10-2）。而能够建立的方程个数呢？对于 n 个土条而言，沿着两个正交方向建立力系平衡得到 $2n$ 个，再加上力矩平衡得到 n 个，一共只有 $3n$ 个，只要

n 大于 2，那么未知数的个数总是多于方程的个数，这样就无疑出现了超静定问题，我们还能用中学物理的知识来解决么？

大家且宽心，既然前面已经把土条认定为刚体，就一定信守诺言，不会通过类似结构力学的方法，用变形协调去增加方程数来求解未知量，土力学要做的是基于一些大胆的假设来减少未知数的个数，进而实现方程与未知数的平衡，让中学知识能和求解边坡稳定问题一起愉快地玩耍。当然这些假设可能会带来不小的负效应，有待人们在使用时进行评估（本记 10.3 和 10.4 节也进行了一定的介绍）。那么具体如何来删减未知数和建立方程呢？这便引入了我们下面要探讨的问题——条分法求解的命门该如何破解。

$3n$ 个方程求解 $4n-2$ 个方程，求解不出，但也未必需要补充 $n-2$ 个方程，因为有些未知数我们并不关心。从式（10-3）可知，我们最关心的仅是 $n+1$ 个未知数（n 个未知的法向应力和 1 个最终要求解的安全系数），而土条之间的作用力对于我们最终求解无用，不仅如此，土条竖向面上的力对于相邻的两个土条而言，是作用力和反作用力，在建立力矩平衡的时候可互相抵消，并不干扰计算结果，因此我们只要恰到好处地建立 $n+1$ 个有关法向力和安全系数的独立方程就行。

既然土条两侧未知力只能对 N_i 产生影响，进而影响到抗滑力矩的评估，那么求解条分法的命门，就是究竟怎么取舍相关的平衡方程，只留下 $n+1$ 个方程来求解滑动面上各点的法向应力，以及评估舍弃方程后必然存在的副作用程度。

文到此处，我们已经把什么是条分法和为什么要使用条分法梳理了出来，尽管非常宏观，并不涉及具体方法的操作性，但为后文各类条分法的解析策略提供了主心骨。至于条分法的具体计算方法说明，则是后面几节的任务。

不过在讲各类条分法以前，笔者需要补充一些解决湿坡问题的特有基本思路，为有水条件下边坡稳定分析所用。

10.2　求解湿坡稳定问题的物理学思路：局部水压法和整体水压法

首先声明，本节中的某些表述，并不因循传统土力学教材的讲法，而是基于高中物理学思想所展开的分析，虽是偏方，但挺管用，读者在看这部分时，不妨暂时忘记以前学过的土力学知识，顺着笔者思路另辟蹊径。

类似于第三记中的解题思路，在边坡分析中，我们分析的受力对象可以是土条中的土骨架（简称土骨架分析），也可以是土条这个整体（简称土条分析）。不同的分析对象，其施力分量就会不同。

当一个土条完全浸没在水中时（其实半干半湿的土条也可以，只是本小节先从简单问题入手，去掉一些次要枝节，以便凸显核心问题），若以土骨架为研究对象，土骨架在土条内部只受土骨架自身重力、水对土骨架的浮力和渗流力三者作用；而土骨架在土条外侧，即土条两侧和底部滑动面上的受力，则是来自该土条以外的土骨架作用在土条内土骨架上的法向有效应力和切向剪应力（图 10-2）。

若以土条为研究对象，则土条应受自身重量（取饱和重量）、外部土骨架对土条的作用力（与土骨架分析时相同，在土条两个侧面和底面上的法向有效应力和切向剪应力）以及外部水对土条的作用力。无疑，土条与土骨架作为受力对象分析的最大差别，在于水所起作用的表征方法：当以土条（块）为对象时，参照渗流记中所提到的固液同相接触前提，水的作用是以施加在土条四个面上的水压力来体现（如果浸没的话，顶部也有水压力，很多教材在建模时容易忽视这点）；而以土骨架为对象时，则变为土条内部的土骨架所受浮力和渗流力。

在描述了土条和土骨架分析法在边坡分析中的基本建模规则后，我们再强

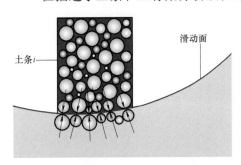

土条*i*

滑动面

图 10-3　滑动面上土条颗粒接触示意图

调一个在第二记有效应力记中已提过的概念：既然饱和黏土或粉砂土中有效应力原理均适用，因此在如图 10-3 所示的土条 *i* 中，不论是坡底亦或土条两侧，土条中土骨架与相邻土条中土颗粒间接触面积非常小，故可近似认为土条周围水压作用在土条整个包围面上，因此土条所受浮力即等于水的重度与地下水位线下土条体积的乘积。这个简单的中学常识将为后面所提湿坡问题的建模计算提供数学基础和极大便利。

接下来，笔者将推出本节关于涉水边坡分析的两类基本方法——**局部水压法和整体水压法**，尽管历来有关地下水对边坡影响的考虑方法有多种表述，但笔者认为总体上只需分为这两类。读者千万放轻松，这只是笔者所想方法的一个命名而已，对应的研究方法理解起来并不困难。

·所谓的局部水压法就是在条分思路下对土条所受水压分部考虑，即分别计算土条四个边界上水压作用，受力对象应是土条整体。

假设土条完全浸没于水中，水压力作用在土条的四个面上。不过对土条两侧的水压而言，其在计算滑体整体的滑动或抗滑力矩时会互相抵消，并不在安全

系数的公式中显现，而土条底部的水压指向滑弧圆心（图 10-4），不产生力矩，亦不会在安全系数的基本公式中显现（土条两侧和底面上水压力对滑弧面上有效法向力 N_i' 的影响在这里尚未显露真容），唯独土条顶部的水压力采用叠加的方法可以产生一个力矩 M_{top}（即浸没在水中的各部分土条的坡面孔隙水压力对滑动面圆心形成的合力矩，

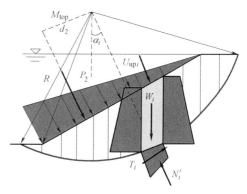

图 10-4　静水条件下土条受水压图

合力和合力臂分别为 P_2 和 d_2），由于 M_{top} 和重力力矩方向相反，因此形成的是一个抗滑力矩。

　　另外，因为水压力并没有类似抗剪强度那样的安全储备，故将 M_{top} 作为滑动力矩的减小量放在分母上（而不作为抗滑力矩的增大量放在分子上），从而将干坡下的安全系数式（10-3）修改为湿坡下的安全系数表达式（10-4）：

$$F_s = \frac{\sum(c_i'l_i + N_i'\tan\varphi_i')}{\sum W_{sati}\sin\alpha_i - M_{top}/R} \quad (10\text{-}4)$$

式中：c_i'，φ_i'——土条 i 的有效黏聚力和有效内摩擦角；

　　　　R——滑弧半径；

　　　　M_{top}——浸没在水中部分各土条的坡面孔隙水压力对滑动面圆心形成的合力矩。

　　需要说明的是，即使此时不是静水而是渗流情况，安全系数的表达式依旧相同，因为此时水只是外部作用，水压（或称孔压）的数值变化已然体现了渗流引起的受力环境改变。

　　•所谓的整体水压法是在分析水压作用时考虑其整体合力作用，受力对象可以是土条整体也可以是土条中的土骨架。

　　采用整体水压法时，若以土条为研究对象，则水所产生的合力应兼具竖向和水平向两个分量。设定滑动方向为正，并假设水压力合力的作用点与重力的作用点一致，则产生式（10-5a）的安全系数表达式：

$$F_s = \frac{\sum(c_i'l_i + N_i'\tan\varphi_i')}{\sum[(W_{sati} - U_{vi})\sin\alpha_i + U_{hi}\cos\alpha_i]} \quad (10\text{-}5a)$$

式中：W_{sati}——土条 i 的饱和重量；

U_{vi}，U_{hi}——分别为水压力合力沿竖向和水平向的分力，这样表述是考虑到渗流条件下，水压力应为静水与渗流影响的总效应，而如果仅在静水条件下，水平向的分力 $U_{hi}=0$。

若以土条中的土骨架为研究对象，则水对土骨架所产生的力综合表现为浮力和渗流力。浮力与重力作用线重合，在安全系数表达公式上叠合为浮重量。而如以合力 F_i 表示土条中各点土骨架所受到的渗流力，则其沿着土条滑动面方向的分量 $F_{\tau i}$，将产生滑动力矩，故放入分母；而 F_i 沿着滑动面法向的分量，不产生力矩，并不直接表示出来（但其对 N_i' 有影响，将在后文分析），因此在渗流条件下以土骨架为研究对象的整体水压法表示为式（10-5b）：

$$F_s = \frac{\sum (c_i'l_i + N_i'\tan\varphi_i')}{\sum \left(W_i'\sin\alpha_i + F_{\tau i}\dfrac{r_i}{R} \right)} \qquad (10\text{-}5b)$$

式中：W_i'——土条 i 的浮重量；

$F_{\tau i}$——土条 i 上各点土骨架所受渗流力合力沿滑动面方向的分力；

r_i——土条 i 上各点土骨架所受渗流力合力作用点到滑动面圆心的力臂长度。

若取静水条件，水对于土条或者土骨架的合力应是土条或土骨架所受到的浮力，在有效应力原理适用的条件下即等于水的重度与浸没土条或土骨架体积的乘积，此时土条和土骨架分析时的安全系数公式完全一样，均可用式（10-6）表述。之所以一样，是因为土条比土骨架多了土条孔隙中的水，而土中水所受浮力等于其自身的重力，因此土骨架和土条的重力与浮力的合力在数学上完全相等。

$$F_s = \frac{\sum (c_i'l_i + N_i'\tan\varphi_i')}{\sum (W_{sati} - F_{floati})\sin\alpha_i} = \frac{\sum (c_i'l_i + N_i'\tan\varphi_i')}{\sum W_i'\sin\alpha_i} = \frac{\sum (c_i'l_i + N_i'\tan\varphi_i')}{\sum \gamma_i'h_ib_i\sin\alpha_i} \qquad (10\text{-}6)$$

式中：F_{floati}——土条 i 所受的浮力；

γ_i'——土条 i 的浮重度（有效重度）；

b_i，h_i——分别为土条 i 的宽度，高度。

如果读者对局部水压法和整体水压法的文字定义还有点懵懂的话，相信通过图 10-5 这样形象化的表现，应该能够感知到两者的区别所在了吧。

应该说，**局部水压法和整体水压法对以土条为对象 时都可以使用，但对土**

骨架而言，只能采用整体水压法，两种方法的理论解答结果应是一样，只是具体求解的难度会随外部应力条件的变化而改变。

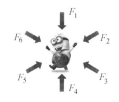

所谓局部水压法，就是计算中，分别计算每个方向上水压力对于研究对象的作用

所谓整体水压法，就是计算中，将每个方向上水压力对于研究对象的作用以合力考虑。实际问题中，能求解合力，当然是此法简单，但有时候很难求解合力

图 10-5　局部水压法与整体水压法示意图

以上只是把基于两种水压法下的安全系数表达式列出，还未涉及圆弧滑面上各点有效法向力 N_i' 的具体求解方法。不论是整体水压法还是局部水压法，除了要考虑水对滑动或抗滑力矩的直接影响以外，其对 N_i' 的影响也是不可忽略的。在建立的有关 N_i' 的平衡方程中，凡是不与 N_i' 正交的水提供的作用力（例如作用在土条分界面上的水压力，或以浮力或渗流力形式出现）都要参与 N_i' 的计算。不过实际操作中，不同水的作用力在用于计算 N_i' 的准确性以及难易程度上会随具体条分方法的改变而有显著差别，因此我们还不能让局部水压法或者整体水压法来"垄断"有水边坡的安全系数计算。

接下来，笔者就将以圆弧滑动法中最常见的瑞典条分法和毕肖普条分法为研究对象，辨析局部和整体水压法的使用准则和难易程度，并从中揭示瑞典法和毕肖普法的得与失。

10.3　超静定解除的代价与弥补：瑞典条分法

瑞典条分法是条分法中最简单但也是假设最多的方法，直到现在很多规范中仍然使用该法。本节想通过对瑞典条分法的剖析，说明以下几个问题。

（1）条分法计算问题的基本简化思路，即当未知数多于方程，无法求解土条底部法向应力 N_i' 时未知数取舍和方程建立过程的演示。

（2）以静水条件为例，展示以土条和土骨架为研究对象时，整体水压法、局部水压法指导瑞典条分求解的异同，并以之展示瑞典条分法的误差所在和调控方法，同时也据此比较不同分析思路的计算成本。

（3）展示渗流条件下，求解安全系数的基本思路，不仅揭示瑞典条分法在渗流问题下的局限性，还为 10.4 节介绍毕肖普条分法埋下伏笔。

1. 三拳打死老师傅——超静定的解除

10.2 节说道，极限平衡分析法中，由于土条刚性的假设，无法采用变形协调的方法来解除约束，只能求助于假设。所谓"假设"实际上就是忽略掉部分的条间力，这种看起来有些类似亚历山大大帝斩断格尔迪奥斯绳结的快刀斩乱麻法其实会带来不小的问题，分析说明如下：

由于只要求解滑动面上的法向应力以及安全系数，瑞典条分法的创始人费伦纽斯教授（W. Fellenius）在 1927 年"大胆"除去了图 10-2 所示土条侧面上所有看上去没必要的未知数（水平力、竖向力以及作用点），因此这时的土条受力被解除了许多，光秃秃的如图 10-6 所示。

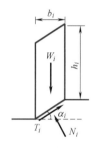

图 10-6   费伦纽斯教授和其假设的条分法下单个土条受力分析示意图

从 n 个土条来看一下少了 $3(n-1)$ 个未知数（只研究 n 个土条的内表面），于是力的未知个数变成 $n+1$ 个，对于 n 个土条而言，两个正交方向的力平衡和一个力矩平衡，在没有变形协调条件下（本来就是建立刚体，无法变形协调），可以建立 $3n$ 个方程。这样就由原来（$4n-2$）vs $3n$ 的超静定问题一下子变成了（$n+1$）vs $3n$ 的条件过剩问题。条件不足解不出答案，条件过剩解得的答案很可能彼此矛盾，于是当务之急变成了要从 $3n$ 个方程中挑选 $n+1$ 个方程去映射余下的 $n+1$ 个未知数。

这里有两个问题：其一，选出的方程中，必须只能有互不相干的 $n+1$ 个未知数（即 n 个法向力和 1 个安全系数）；其二，由于条间力客观存在，如果建立的方程中需要用到这些力，而在计算中却又被假设忽略，必然会导致安全系数计算误差明显增加。对于前者，我们要有深刻的洞察力，纵览全局地捕获所需要的方程；而对于后者，属于一个没有办法避免的问题，只能学会抓住主要矛盾，但同时也要会从一定程度上了解误差程度。

先说第一个问题：方程遴选的方法。既然要求解的是土条底面的法向应力，何不针对每个土条都保留一个沿着滑面法向方向的平衡方程？没错！当初费伦纽斯创立瑞典条分法的时候，也是这么想的，于是我们在这个最基本的指导思想下，针对 n 个土条建立了 n 个方程，而基于整体平衡的类似式（10-3）一样的安全系数表达式，则又提供了第 $n+1$ 个方程，方程数与未知数匹配，求解适宜。

再说第二个问题：瑞典条分法在除去水平力、竖向力及作用点时感觉有些随性，不讲章法，但凭直觉，找到了一种途径来建立方程，正所谓三拳打死老师傅，"误打误撞"中把超静定问题给解除了。不过这样乱打的后遗症也是严重的——尽管忽略条间力作用（包括土骨架作用和水压力的作用）不会直接对整体的力矩平衡计算产生影响（土条上一侧的条间力对相邻土条而言，互为作用力和反作用力），但在计算 N_i 时，由于所建平衡方程指向法向方向，一切土条侧面上的力，只要有沿着该法向方向的分量，理论上都应对 N_i 的计算做贡献。也就是说，在瑞典条分法中，$3n$ 个方程减少为 $n+1$ 个方程，造成的最大问题，就是忽略土条侧向力后带来的计算 N_i 的偏差，从而对安全系数的计算产生显著影响。

2. 李逵还是李鬼——静水条件下瑞典条分法的原生式和改进式

当我们通过瑞典条分法得到土坡稳定安全系数时，千万不要沾沾自喜，以为边坡问题就这么简单，要知道，这可是花了很大的精度代价，留下了好多后遗症的！反过来若能采用一些修正的方法，适当将土条侧面上的力予以考虑，显然对提高瑞典条分法的计算精度大有裨益。

土条侧边有土骨架之间的接触力，也有水压力作用，那么在这里，笔者想借助 10.2 节所述的方法，将水压力的作用先考虑进来。

假设土条在静水条件之下完全浸没于水中（图 10-7）。此时土条四周均有水压力的作用。瑞典条分法本身，并没有忽略土条顶部和底部的水压力（很多土力学教材中不绘制顶部水压力，会造成学生的误解），关键看如何把土条两侧的水压力考虑进来，这样做**主要是为了提高土条底面有效法向力 N_i' 的计算精度**。

我们首先以土条整体为分析对象，则土条四周受到水压力的作用，既可分开考虑，也可以一个合力来考虑。分开来考虑，即所谓的局部水压法，需计算四个面上的水压力——对静水条件而言，用中学的物理学知识即可求解，然后再计算这四个水压力各自沿着 N_i' 方向的分量，以体现对 N_i' 的影响。基于式（10-4），此时的安全系数表达可写成通式（10-7a）：

$$F_{s} = \frac{\sum\{c_i'l_i + [W_{\text{sat}i}\cos\alpha_i + U_{\text{left}i}\sin\alpha_i + U_{\text{up}i}\cos(\theta-\alpha_i) - U_{\text{down}i} - U_{\text{right}i}\sin\alpha_i]\tan\varphi_i'\}}{\sum W_{\text{sat}i}\sin\alpha_i - M_{\text{top}}/R}$$

（10-7a）

式中： θ ——土条顶面与水平面的夹角，也就是土坡坡面倾角；

$U_{\text{up}i}$ ——渗流情况下土条 i 的顶面上孔隙水压力合力的绝对值；

$U_{\text{down}i}$ ——渗流情况下土条 i 的底面上孔隙水压力合力的绝对值；

$U_{\text{left}i}$ ——渗流情况下土条 i 的左侧面上孔隙水压力合力的绝对值；

$U_{\text{right}i}$ ——渗流情况下土条 i 的右侧面上孔隙水压力合力的绝对值；

M_{top} ——浸没在水中部分各土条的坡面孔隙水压力对滑动面圆心形成的合力矩，即等于 $P_2 d_2$。

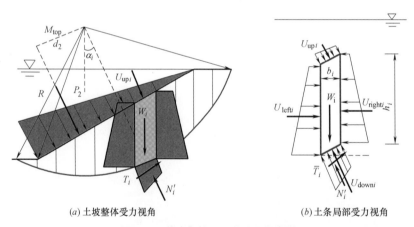

(a) 土坡整体受力视角　　　　(b) 土条局部受力视角

图 10-7　静水条件下土条受力示意图

　　显然这样做不难，但挺烦琐。特别是对于顶部的这个水压力的作用，读者们千万不要遗漏。由于顶面的水压力方向不与坡底的法向力方向相同（所以也不指向滑弧圆心），而是始终固定在坡面的法线方向。因此在计算安全系数时，虽然土条顶面水压力直接产生的抗滑力矩，可采用静水压力线性分布来当作一个整体的三角形合力计算，从而在分母上表现为抗滑合力矩 M_{top}（图 10-8），但在用于 N_i' 计算时，其沿着坡底法向方向建立分量求解（如式（10-7a）所示，一个都不能少），计算量还是不小的。

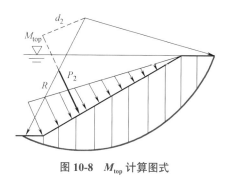

图 10-8 M_{top} 计算图式

而在一些教材和研究文献中，针对静水条件下以土条为研究对象的土坡安全系数表达式主要有以下两种不同的形式：

$$F_s = \frac{\sum \{c_i'l_i + [W_{sati} + U_{upi}\cos\theta - U_{downi}\cos\alpha_i]\cos\alpha_i\tan\varphi_i'\}}{\sum W_{sati}\sin\alpha_i - M_{top}/R} \quad （10\text{-}7b）$$

$$F_s = \frac{\sum \{c_i'l_i + [W_{sati}\cos\alpha_i + U_{upi}\cos(\theta-\alpha_i) - U_{downi}]\tan\varphi_i'\}}{\sum W_{sati}\sin\alpha_i - M_{top}/R} \quad （10\text{-}7c）$$

式（10-7b）与式（10-7c）长得很像，看起来都应该源于式（10-7a），但仔细比对，两式的分子不同。

式（10-7b）先把 U_{upi} 和 U_{downi} 这两个水压力沿着竖直方向做分解后，再向滑面的法向方向分解，为求解 N_i' 做贡献；而式（10-7c）则是直接将 U_{upi} 和 U_{downi} 两个水压力沿着滑动面的法向分解，以求解 N_i'。那么到底谁是李逵，谁是李鬼呢？笔者说，名义上，式（10-7b）是李鬼，而从精度上说，式（10-7c）才是李鬼，这是为什么呢？

我们分别将式（10-7b）、式（10-7c）与式（10-7a）比较，明显少了土条两侧的水压力，他们去哪里了呢？依据物理常识，静水条件下土条所受水压力的合力应该竖直向上，即水平方向上的水压力合力为零，但请注意，这个合力不仅包括了土条两侧的水压力，还有土条顶部、底部水压力沿着水平方向的分量，这四个力的合力才为零。因此既然要让公式中不出现土条侧面的水压力，则土条顶部与底部两个面上水压力沿着水平方向的力也不能出现。式（10-7b）的做法恰恰是保证了这点，其仅仅提取了顶面和底面水压力沿着竖向的分量来建立平衡。而式（10-7c）的做法，仅忽略侧面上的水压力，却把顶面和底面两个面上的水压力沿着水平方向的力保留了，说起来它是严格遵循了瑞典条分法不考虑土条侧边力的假设，但是显然安全系数计算有偏差，而且偏低，所以我们才说名义上的李逵（符合瑞典条分法的条件假定）是实际上的李鬼（精度偏低）。

而之所以判定式（10-7c）得到的安全系数比之式（10-7b）偏低，大家可从图 10-7 土条两侧的水压力受力知，静水条件下土条两侧水压力的合力向右，沿着 N_i' 方向分解的分力背离滑弧圆心，因此会增加有效法向应力 N_i'，从而提高极限摩阻力，最终有利于安全系数的提升。

那么是否有既把土条侧边两个水压力考虑进去，又比较便捷的办法呢？我想，细心的读者从上文李逵和李鬼式子的辨析过程应该可以找到端倪了。没错，只要采用整体水压法就可以了！

对土条而言，静水条件下整体水压法考虑的是土条四面水压力所构成的合力，亦是浮力。此时，瑞典条分法就应该从式（10-6）衍生而来，分母上，计算量明显简化，只要由干坡的天然重量，换为饱和土坡下的有效重量即可，而分子上，要计算 N_i'，因为浮力竖直向上，与重力在同一方向，因此同样只要对重力分量做一个小小的改动，以有效重量来替代天然重量便可（饱和重量与浮力之差）。因此最终依据整体水压法得到的安全系数如式（10-8）所示，比之式（10-7b），精度不降，计算量真是大大减少。

$$F_\text{s} = \frac{\sum (c_i'l_i + W_i'\cos\alpha_i\tan\varphi_i')}{\sum W_i'\sin\alpha_i} \tag{10-8}$$

由此，读者还可见，重力构成一个滑动力矩，则与之反向的浮力必然要形成一个抗滑力矩，因此若未考虑好水压力作用，很容易低估安全系数。

另外，式（10-8）也可以看成是基于土骨架为对象的受力分析结果。这是因为，N_i' 表述的是土条与土条外土骨架间的接触力，自然也可以看成是土骨架之间的受力，而分母上土条的有效重量，实际也就等于土骨架的有效重量。

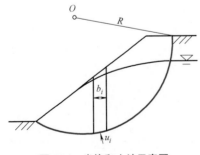

图 10-9 半饱和土坡示意图

综上可见，从瑞典条分法的视角出发，局部水压法和整体水压法均可以计算静水条件下的安全系数，其精度相同，但在计算复杂程度方面，前者要大许多，因此就没有必要采用。

能够采用整体水压法的关键是我们是否可以很方便地将土条四面上水压力的合力一鼓作气地求解出来。如果是在渗流条件下，合力不仅涵盖了浮力，还有渗流的影响，此时局部水压法的便利性反而会体现出来，这点让我们在本节的第三部分剖析。

此外，有些文献中，提出形如式（10-9）所示的静水条件下瑞典条分法安全系数式：

$$F_{\mathrm{s}} = \frac{\sum[c_i'l_i + (W_i - u_i b_i)\cos\alpha_i\tan\varphi_i']}{\sum W_i\sin\alpha_i} \qquad (10\text{-}9)$$

这个式子，看起来好像是有别于式（10-7）和式（10-8）的第三类表达式。实际上，该式是基于局部水压法得到的不饱和土条的安全系数式等价于式（10-7b），而且此时坡内所有的土条上都是半饱和的（图10-9）。若非此条件，式子的分子中就应该有顶部的水压力出现，或者分母中就要用浮重量来表示了。如果不理解这个式子的出处，我们真会以为有一只四不像大摇大摆地走在土力学的"马路"上了。

3. 差强人意——渗流条件下瑞典条分法对土坡安全系数的艰难表述

静水条件下，基于整体水压法的瑞典条分法非常便捷，那么到了渗流条件下，优先度又花落谁家呢？

我们还是先来看看局部水压法。对此法而言，要分别求解土条四个面上的水压力，除了土条顶面可采用同静水条件下的水压计算方法以外，另外三侧的水压力与静水条件不同，为求得这三侧的水压力，一般需通过流网法计算各点的水压值，然后予以积分或叠加计算。如果严格按照瑞典条分法忽略左右两侧作用力的假设，水压作用只剩土条顶面和底面的水压力，计算量虽然减少，但由于左右水压力不等，在基于土条底面法向方向建立平衡方程来求解 N_i' 的过程中，需要土条左右水压力合力参与计算，一旦忽略该值必然导致误差。

因此，如采用局部水压法，四个面上的水压力都应考虑，安全系数写成同静水条件下式（10-7a）所示的通式表达：

$$F_{\mathrm{s}} = \frac{\sum\left\{c_i'l_i + [W_{\mathrm{sat}i}\cos\alpha_i + U_{\mathrm{left}i}\sin\alpha_i + U_{\mathrm{up}i}\cos(\theta-\alpha_i) - U_{\mathrm{down}i} - U_{\mathrm{right}i}\sin\alpha_i]\tan\varphi_i'\right\}}{\sum W_{\mathrm{sat}i}\sin\alpha_i - M_{\mathrm{top}}/R}$$

$$(10\text{-}7\mathrm{a})$$

比之静水下的简化公式（10-7c），这种方法增加的计算量体现在分子上，主要增加计算土条左右两侧水平方向上的水压力，因为渗流时土条四面上水压力合力不在竖直方向，无法只考虑土条顶面和底面水压力沿着竖直方向的分力。

正因为此，在渗流条件下，若想对土条应用整体水压法，真有点无能为力了，因为很难甚至没有办法从概念上一下子将土条四面上的水压力用一个合力来表述，真要写出一个概念式的话，可以形如式（10-10a）所示：

$$F_s = \frac{\sum\{c_i'l_i + [(W_{sati} - U_{vi})\cos\alpha_i - U_{hi}\sin\alpha_i]\tan\varphi_i'\}}{\sum[(W_{sati} - U_{vi})\sin\alpha_i + U_{hi}\cos\alpha_i]} \quad (10\text{-}10a)$$

式中：U_{vi}，U_{hi}——分别为水压力合力沿竖向和水平向的分力，这样表述是考虑在渗流条件下，水压力应为静水与渗流影响的总效应。

而如果是针对土骨架分析呢？我们在第三记中说过，渗流时水对土骨架的作用只能表示为浮力和渗流力的组合，浮力可以与土骨架重力合并构成浮重力，而要求解渗流力，则应对土条进行网格剖分，由流网法求解每个节点上的渗流力，这就是通常所说的渗流边坡稳定分析的流网法。其基本表达应从式（10-5b）演化而来，如式（10-10b）所示：

$$F_s = \frac{\sum\{c_i'l_i + [(\gamma_i h_{1i} + \gamma_i'h_{2i} + \gamma_i'h_{3i})b\cos\alpha_i + J_i\sin(\alpha_i - \beta_i)]\tan\varphi'\}}{\sum\left[(\gamma_i h_{1i} + \gamma_i'h_{2i} + \gamma_i'h_{3i})b\sin\alpha_i + J_i\dfrac{r_i}{R_i}\right]} \quad (10\text{-}10b)$$

式中：　　　　J_i——单个土条 i 内土骨架所受的渗流力；

　　　　　　　β_i——单个土条 i 所受渗流力 J_i 与水平面之间的夹角；

h_{1i}、h_{2i}、h_{3i}——土条 i 中的长度参数，具体含义如图 10-10 所示。

图 10-10　渗流条件下土条高度划分

要注意的是，渗流力的指向是水力坡降方向，绝大多数情况下**不与土条底面的法向应力正交**，因此不仅要利用渗流力沿着土条底面切向方向的分量去建立滑动力矩（表现在安全系数的分母），还要利用渗流力沿着土条底面法向的分量去计算法向有效力 N_i'（表现在分子）。故而流网法的计算量是很大的，且比之土条的局部水压法基于流网法求得孔压就可以使用，土骨架的流网法还要用孔压和渗流路径再进一步求解渗流力，显然多了一道工序。

目前不少文献在针对渗流情况下瑞典条分法的介绍中，往往对于渗流力与滑动面切向方向不一致的问题没有予以充分的交代，易使读者低估相应计算的复杂性。

且慢，有读者可能会打断笔者的描述，工程界不是还有一种"替代法"，可以便利地用于渗流条件下边坡稳定安全系数的求解吗？

好，那就让我们来看看什么是替代法。简单地说，这种方法就是在安全系数的计算公式中，将坡内浸润面与坡外静水面之间所包围的土体重量由原来的浮重量改用饱和重量来计算。即以等此区域面积的水体所产生的力矩，来替代因渗流力所引起的滑动力矩，以此考虑渗流的影响。从类型划分看，也可以算作整体水压法的一种。

其基本公式为：

$$F_s = \frac{\sum[c_i'l_i + (\gamma_i h_{1i} + \gamma_i'h_{2i} + \gamma_i'h_{3i})b_i \cos\alpha_i \tan\varphi_i]}{\sum(\gamma_i h_{1i} + \gamma_i'h_{2i} + \gamma_i'h_{3i})b_i \sin\alpha_i + \sum\gamma_w h_{2i}b_i \sin\alpha_i} \qquad (10\text{-}11\text{a})$$

式中：$\sum\gamma_w h_{2i}b_i\sin\alpha_i$——渗流力引起的滑动力，即 $R\sum\gamma_w h_{2i}b_i\sin\alpha_i = J_i \cdot r_i$，将分母合并后，式（10-11b）就是替代法的最终表达式。

$$F_s = \frac{\sum[c_i'l_i + (\gamma_i h_{1i} + \gamma_i'h_{2i} + \gamma_i'h_{3i})b_i \cos\alpha_i \tan\varphi_i]}{\sum(\gamma_i h_{1i} + \gamma_{sati}h_{2i} + \gamma_i'h_{3i})b_i \sin\alpha_i} \qquad (10\text{-}11\text{b})$$

式中：γ_{sati}——土条的饱和重度。

之所以可以采用替代法，其原始思路如下。如图 10-11（a）所示，以滑动面以上、浸润面以下的孔隙水作为脱离体，其上的作用力包括滑动面孔隙水应力 P_w，坡面外水压力 P_2，静水面以下、滑动面以上这部分区域中水的重力与土骨架所受浮力反作用力的合力 G_{W1}（数值上等于该区域面积内水体的总重量）；坡外静水面以上、浸润面以下滑弧范围内水的重力与土骨架所受浮力反作用力的合力 G_{W2}（数值上等于该区域面积内水体的总重量）以及土骨架对渗流的阻力 T_J（渗流力的反作用力）。在稳定渗流条件下，这些力组成一个平衡力系。已知 P_w 通过滑弧圆心，力矩为零，而依据图 10-11（b）中静水条件下的判断，P_2 与 G_{W1} 对圆心取矩后相互抵消，并认为该情况普适于渗流条件，因此为保证整体水的力矩平衡，在图 10-11（a）所示的渗流条件下，剩余两个水体所受的力系应形成力矩平衡，即 $T_J d_J = G_{W2} d_W$，也就是说渗流力对滑动圆心的矩可用浸润面以下、坡外水位以上滑弧范围内同体积水重对滑动圆心的矩来替代。

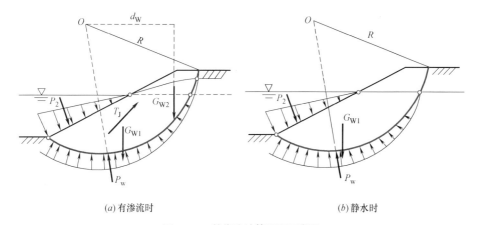

（a）有渗流时　　　　　　　　　　　　（b）静水时

图 10-11　替代法计算原理示意图

尽管上述解释看起来合情合理，但是必须指出"替代法"实际存在着不可小觑的误差，而误差在分子、分母两部分中都有体现。分母上，浸润面与静水面所夹区域中水体重力形成的力矩等效计算土条中渗流力直接产生的滑动力矩，严格说只适用于静水状态下。渗流情况下，用以替代渗流滑动力矩的真实水体重力面积是无法确定的，因此这种等效只能作为近似处理。而分子出现的误差更为明显，通过比较式（10-10b）与式（10-11b）可知，替代法中忽视了渗流力沿着滑面法线方向的分量对计算土条法向应力的影响，也就是说，分析渗流力产生的弯矩时，一般只考虑了渗流力沿着滑面切向直接产生的滑动力矩，而容易忽略渗流力对滑面有效法向应力的变化而间接产生的抗滑力矩。因此只有在安全系数公式的分子中出现因渗流力引起抗滑力矩变化的分量才是精确的，而这个是完全无法用替代法来实现的。

10.4 退一进二的大师智慧：毕肖普条分法

瑞典条分法虽然假设很多，但目前仍作为一个主流方法在工程界应用，个中原因除了使用便捷，还有就是其低估了安全系数，偏安全，不过随着工程项目规模的扩大，从经济性而言却成了个大问题。对于工程设计者，希望算得精确，留一个充分的安全系数，而不是稀里糊涂的不知道把安全储备到底留在了哪里。因此从瑞典条分法提出以后的几十年间，研究者为提高安全系数的计算精度，不断衍生新的方法，其中英国帝国理工学院的毕肖普教授（A. Bishop）（图 10-12）率先走出了划时代的一步。

图 10-12　毕肖普教授及毕肖普条分法论文封面

如果对毕肖普法做一个简单的评价，那就是"退一小步，进两大步"，它带给我们的福音，不仅是一个更逼近事实的结果，更是一个重要思路的启迪。因此，笔者将综合比较瑞典条分法和毕肖普条分法，并藉此对局部水压法和整体水压法在静水和渗流条件下分析边坡稳定问题的能力做更为全面的审视。

本节中，笔者所要强调的重点有二：

（1）毕肖普条分法精进于瑞典条分法的关键所在；

（2）静水和渗流条件下，整体和局部水压法在毕肖普方法中的适用性和优先性评价。

1. 退一步，进两步——毕肖普的基本战略

10.3 节已经提到，瑞典条分法在构建 $n+1$ 个方程时，舍去土条侧边的分力后会出现各种"捣乱"，即使是采用整体水压法或者局部水压法，最多只能考虑水的作用，侧边上土骨架间的相互作用力无从计算，从而导致在求解土条底面有效法向力 N_i' 的过程中，产生了显著的计算精度损失。

而毕肖普教授在瑞典条分法使用将近半个世纪后的 1955 年，提出了一个开创性的土条分析方法，确实令人惊艳。

毕肖普采用的力矩平衡方程思想与瑞典条分法并无差别，也是用抗滑力矩除以滑动力矩，而分母上滑动力矩的计算方法与瑞典条分法如出一辙，分子上抗滑力矩的计算形式也是毫无二致，**关键不同在于涉及求解抗滑力矩的法向应力的计算上。**

为了求解土条底部的法向应力 N_i（或有效法向力 N_i'），毕肖普沿着土条的竖直方向建立平衡方程。有读者会很疑惑，为什么这么做？法向应力不是沿着法线方向的么？的确，这么做，从计算繁琐程度上看似走了退步，需要计算的 N_i 就不能直接表达，而是拿出 N_i 沿着竖向的分量来参与竖向方程的平衡计算，换言之，最终求解 N_i 的时候需要再绕一个弯子。这样真的是有点舍近求远，多此一举，何谈惊艳呢？

不忙不忙，请读者换个视角来看问题。如果我们建立的是竖向平衡方程，此时什么力不存在呢？对了，水平力！也就是说，如果在竖直方向建立平衡，则在求解 N_i 时，水平力发挥不出作用，它想怎么捣乱都无机可乘。**因此，这种合理回避（注意不是忽略）土条侧面上水平力的技巧，使得毕肖普法在计算精度上要比瑞典条分法提高一大步。**即使是不考虑土条侧边竖向作用力的简化毕肖普法，虽然精度有所下降，但是比之精确解，损失也就在 10% 以内（而瑞典条分法比之精确解，误差程度可以高达 30% 以上），且计算的便利程度显著提高，故在工程、特别是一些重大工程中更得到广泛使用。

式（10-12）是毕肖普法在不考虑地下水作用时的安全系数表达公式：

$$F_s = \frac{\sum \frac{1}{m_i}[c_i b_i + (W_i + \Delta X_i)\tan\varphi_i]}{\sum W_i \sin\alpha_i}$$ （10-12）

式中： $m_i = \cos\alpha_i + \frac{\tan\varphi_i}{F_s}\sin\alpha_i$；

ΔX_i——土条间左右两侧竖向切向作用力的差值，$\Delta X_i = X_{i+1} - X_i$。

由于式中的 m_i 也涵盖了 F_s，因此安全系数 F_s 的求解需用迭代法逼近实现，不过这对于当今无比发达的计算机技术而言，已不算什么问题。而如果有地下水，在静水亦或是渗流条件下，毕肖普法公式的变化形式，则在下一小节阐述。

2. 静水时简化毕肖普法下不同水压分析法的说明

接下来，我们以不考虑土条侧边竖向土骨架间作用力的简化毕肖普法为例，剖析有水情况下毕肖普法该如何采用整体水压法和局部水压法。

也许有读者会说，既然毕肖普法已经可以把一切水平条间力回避，自然也回避了土条间的水压力，还有必要去分析这些区别么？

诚然，我们可以不计算水平侧面上的水压力，但土条顶面和底面的水压力还要计算。那么究竟是分开计算准确，还是将几个水压力合在一起计算合适，这对于工程应用是很有指导意义的；而且整体和局部水压法在计算便捷程度上会有较大差别，与瑞典条分法亦有明显不同，请读者尤其要予以关注。

我们先从静水问题说起，笔者要表述的基本命题是：**静水时，毕肖普条分法下整体水压法和局部水压法完全等价，在计算便捷程度上，以整体水压法为优。**

图 10-13 所示为静水条件下土坡示意图及浸没水中的某个土条 i 的受力分析图。

根据局部和整体水压法的求解思路式（10-4）和式（10-5a），对简化毕肖普法基本公式（10-12）做改进，可得土坡安全系数表达式分别为：

局部水压法：

$$F_s = \frac{\sum \frac{1}{m_i}\{c_i' b_i + [W_{sati} - (u_{downi} - u_{upi})b_i]\tan\varphi_i'\}}{\sum W_{sati}\sin\alpha_i - M_{top}/R}$$ （10-13）

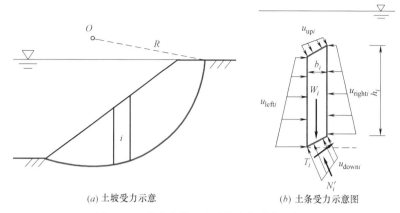

(a) 土坡受力示意　　　　　(b) 土条受力示意图

图 10-13　静水条件下土坡及土条受力示意图

整体水压法：

$$F_s = \frac{\sum \dfrac{1}{m_i}[c_i'b_i + (W_{\text{sat}i} - F_{\text{v}i})\tan\varphi_i']}{\sum\left[(W_{\text{sat}i} - F_{\text{v}i})\sin\alpha_i + F_{\text{h}i}\cos\alpha_i\dfrac{r_i}{R_i}\right]} \tag{10-14}$$

式中：$m_i = \cos\alpha_i + \dfrac{\tan\varphi_i}{F_s}\sin\alpha_i$；

$u_{\text{up}i}$，$u_{\text{down}i}$——土条 i 的上、下面中心处的孔隙水压力绝对值（即不存在超静孔隙水压力与静孔隙水压力之分，下文所涉及渗流情况亦同）；

$F_{\text{v}i}$、$F_{\text{h}i}$——土条 i 在静水作用下所受水压沿竖向、水平向所受的分力，而从浮力概念上可知 $F_{\text{v}i} = (u_{\text{down}i} - u_{\text{up}i})b_i$，$F_{\text{h}i} = 0$。

两种水压法表示分子的相关公式与瑞典条分法有一定差异，这是因为毕肖普法中求解 N_i' 利用的是竖向平衡，因此分子中所增加的水的作用力应是沿竖直向的分量，若是局部水压法，不论水平方向两个水压力是否相等，都不会在公式中出现，只需求解土条顶部与底部水压力沿着竖直方向的合力即可。

而分母上，计算的是重力产生的滑动力矩和水压力可能引起的滑动或抗滑力矩，与瑞典条分法毫无差别（可对比式（10-13）与式（10-7b））。如果按局部水压法考虑，只有土条顶部水压会产生抗滑力矩 M_{top}。如果采用整体水压法，则应该计算合力水压对滑动或者抗滑力矩的影响，如式（10-14）所示。

可以说这两种水压法在分母中求解的都是水压产生的合力矩，只是局部水压法在表述时，已把实际不产生力矩的底部水压和叠加而抵消的水平向水压的表达式都省略了，因此局部水压法式（10-13）和整体水压法式（10-14）理论上的计算结果等价。

而在静水条件下，水压力合力只表现为竖向的浮力，可直接与土条饱和重量合并为浮重量，即可将式（10-14）简化为式（10-15）所示。

$$F_s = \frac{\sum \frac{1}{m_i}[c_i'b_i + (W_{\text{sat}i} - F_{\text{f}i})\tan\varphi_i']}{\sum (W_{\text{sat}i} - F_{\text{f}i})\sin\alpha_i} \tag{10-15}$$

式中：$F_{\text{f}i} = \gamma_w V_i$，$V_i$ 为土条 i 浸没在水中的体积。

亦或改写为：

$$F_s = \frac{\sum \frac{1}{m_i}(c_i'b_i + \gamma_i'h_ib_i\tan\varphi_i')}{\sum \gamma_i'h_ib_i\sin\alpha_i} \tag{10-16}$$

无论以土条还是土骨架为研究对象式（10-16）均适用，之所以在这里特别强调土条和土骨架两种视角，不仅是为静水时安全系数的求解提供更多方式，更为下文渗流条件时不同安全系数的计算思路做一铺垫。

很多的文献中，对于局部水压法的表述式，没有 M_{top} 一项，因此读者会认为式（10-13）和式（10-15）并不等价，这实在是一个遗憾。

从计算便利度上比较，基于局部水压法的式（10-13），其分子上的上下水压力的合力，就是土条受到的浮力，计算方便；分母上，则要多算一次坡外水压所产生的抗滑合力矩；而基于整体水压法的式（10-15）或者式（10-16），分子分母都只需计算土条的有效重力即可，因此相对更加便捷。

3. 简化毕肖普法下不同水压分析法的说明——渗流条件

图 10-14 为渗流条件下土坡示意图及浸没水中的某个土条 i 的受力分析图。

土条侧间的水平力在抗滑或滑动力矩计算中可两两抵消，对计算精度不产生影响，且其在毕肖普法中计算法向应力时又不作贡献（竖直方向的受力平衡），因而从理论上可知，渗流条件下若采用局部水压法，其安全系数公式在形式上应与静水条件下安全系数公式完全一致，只是水压由于渗流作用沿深度可能出现曲线分布，需要根据流网等方法求得上、下面水压 $U_{\text{up}i}$、$U_{\text{down}i}$。而上顶面水压形成

的抗滑力矩 M'_{top} 与静水条件下的值应该不同（但求解方法还是可以根据静水面来做一个合力求解），故可表示为式（10-17）：

$$F_s = \frac{\sum \dfrac{1}{m_i}\{c_i'b_i + [W_{sati} - (U_{downi} - U_{upi})]\tan\varphi_i'\}}{\sum W_{sati}\sin\alpha_i - M_{top}'/R} \qquad (10\text{-}17)$$

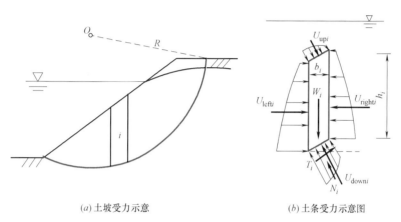

(a) 土坡受力示意　　　　　　　(b) 土条受力示意图

图 10-14　渗流条件下土坡及土条受力示意图

而如果采用整体水压法，即从式（10-14）出发，渗流的存在，将对水压合力产生影响。当以土条为研究对象时，同样利用流网算出渗流影响下土条各面上的水压力，并求得合力。为特别强调渗流条件，写为式（10-18），实际与式（10-14）近乎完全一致：

$$F_s = \frac{\sum \dfrac{1}{m}[c_i'b + (W_{sati} - F_{vi}')\tan\varphi_i']}{\sum\left[(W_{sati} - F_{vi}')\sin\alpha_i + F_{hi}'\cos\alpha_i\dfrac{r_i'}{R_i}\right]} \qquad (10\text{-}18)$$

式中：F_{vi}'、F_{hi}'——通过流网法折算后土条 i 所受静水与渗流耦合效应作用下沿竖向、水平向的分力；

　　　r_i'——F_{hi}' 等效作用点到滑弧圆心距离。

式（10-17）和式（10-18）形式不同，但解答应该一致。另外，在渗流条件下，针对那些土条顶部没有水压力的半饱和土条，对于局部水压法而言，其安全系数计算公式（10-17）中就少了 M_{top}'，但在整体水压法的式（10-18），F_{hi}' 和 F_{vi}' 也少了土条中不饱和部分在饱和时所可能提供的分量，所以解答仍然是相同的。

若以土骨架为研究对象，由于渗流时土骨架受力比静水情况下增加了一个渗流力，故可采用有效重力密度先分离出浮力影响，再利用流网法计算土条中土骨架所受渗流力，所以在式（10-16）基础上将安全系数表达式修正为：

$$
\begin{aligned}
F_s &= \frac{\sum \dfrac{1}{m_i}\{c_i'b_i + [(\gamma_{\text{sati}} - \gamma_{\text{w}})h_ib_i + J_{\text{V}i}]\tan\varphi_i'\}}{\sum[(\gamma_{\text{sati}} - \gamma_{\text{w}})h_ib_i + J_{\text{v}i}]\sin\alpha_i + \sum J_{\text{L}i}\cos\alpha_i H_i'/R} \\
&= \frac{\sum \dfrac{1}{m_i}[c_i'b_i + (\gamma_i'h_ib_i + J_{\text{v}i})\tan\varphi_i']}{\sum[(\gamma_i'h_ib_i + J_{\text{v}i})\sin\alpha_i + J_{\text{h}i}\cos\alpha_i H_i'/R_i]}
\end{aligned}
\tag{10-19}
$$

式中：$J_{\text{v}i}$，$J_{\text{h}i}$——通过流网法测算出的总渗流力竖向分量、水平向分量（假设顺着滑动的时针方向为正）；

H_i'——$J_{\text{h}i}$ 等效作用点与圆弧圆心距离。

渗流条件下，整体水压法中土条分析和土骨架分析两种方法虽然思路不同，但考虑的影响因素一致，最终计算结果也应等效。

以上分别阐述了渗流条件下，毕肖普法中整体水压法和局部水压法的表述原理，论证两者从理论上说应是计算等价的。但就计算便利程度而言，两种方法存在差异。

渗流条件下，局部水压法的公式（10-17）形式与静水条件的公式（10-13）相比，没有发生任何变化，而整体水压法公式（10-18）则将单独的浮力作用改为受静水与渗流合效应作用，进而拆分成 $F_{\text{V}i}'$、$F_{\text{L}i}'$ 两个影响因素，亦或是针对土骨架分析时加入了渗流力的影响。

局部水压法计算各点水压力实际只需要算顶部和底部的水压（毕肖普法决定了土条两侧土压力可以袖手旁观），且顶部可以根据自由水面计算，真正用流网法计算的水压力只有底面一项，且只在分子上出现一次。

针对土条的整体水压法，不能像在静水条件下一样，从概念上直接用浮力的思想把合力给分析出来。所谓的合力求解，要先计算各面上的水压力，再算合力，实在是多此一举。

而针对土骨架的整体水压法，要计算渗流力，必须首先求得各点的水压力，然后再求水力坡降，最后得到渗流力。这等于比局部水压法多计算了两步，且在分子和分母上都要计算一遍，计算成本就更大了。

因此虽然在静水条件下，以土骨架或土条为对象的整体水压法的计算要比局部水压法稍微便利一些，但在渗流条件下，局部水压法要便捷许多。

另外，对应瑞典条分法，毕肖普法也可以采用"替代法"计算渗流条件下的边坡稳定问题，以土骨架为分析对象，表达式如式（10-20）所示。

$$F_s = \frac{\sum \dfrac{1}{m_i}[c_i'b_i + (\gamma_i h_{1i} + \gamma_i' h_{2i} + \gamma_i' h_{3i})b_i \cos \alpha_i \tan \varphi_i]}{\sum (\gamma_i h_{1i} + \gamma_{sati} h_{2i} + \gamma_i' h_{3i})b_i \sin \alpha_i} \tag{10-20}$$

式中参数释义见图 10-10。此时因替代法引起的误差来源，与在瑞典条分法下是近似的，即在安全系数计算式的分子中忽略了渗流力对抗滑力矩的影响，而在分母中渗流力引起的滑动力矩也是一种近似的求解。

前人大量的计算结果都表明毕肖普法得到的安全系数比瑞典条分法要大，究其本质原因是因为土条侧边的土骨架作用力或水压力总体是抗滑的，而瑞典条分法总是忽略条间力，从而导致安全系数显著降低。

4. 目前工程界常用简化毕肖普法公式的问题及局限性说明

目前工程界所使用的简化毕肖普法表达式中，除了本记之前所列的公式，还有一类表达方法，如式（10-21）所示。

$$F_s = \frac{\sum \dfrac{1}{m_i}[c_i'b_i + (W_{sati} - u_i b_i)\tan \varphi_i']}{\sum W_{sati} \sin \alpha} \tag{10-21}$$

将此式与笔者提出的局部水压法公式（10-17）比较，差异主要表现在缺少分母部分的 M_{top}'，即忽略土条顶部水压部分形成的等效抗滑力矩增量。这将使得计算得出的安全系数值明显偏小。这样的公式只有在分析浸润线在坡内、而坡外无水的坡体稳定性时是合理的（与本章式（10-9）所提到的情况类似，如图 10-9 所示），但此时土条的重度只有在浸润线下可用饱和重度，浸润线以上则用天然重度，故式（10-21）的表述至少是不严谨的。

5. 边坡分析各方法精度与便捷度小结

表 10-1 是笔者整理归纳的有地下水时，采用不同圆弧滑动条分法进行黏性土坡稳定分析的相关公式的精度与便捷度评价，供读者参考。各法的星级是以静水或渗流条件下，表中便捷度和计算精度最高的方法赋予★★★★★来定标的。

表 10-1   有地下水情况时黏性土坡稳定分析典型条分法效果对比表

条件	总法	分法	公式	计算精度	计算便捷度
静水条件下	简化毕肖普条分法	土条分析法（整体水压法）	10-15	★★★★★	★★★★
		土条分析法（局部水压法）	10-13	★★★★★	★★★☆
		土骨架分析法（浮力分析法）	10-16	★★★★★	★★★★
	瑞典条分法	土条分析法（整体水压法）	10-8	★★★☆	★★★★★
		土条分析法（局部水压法）	10-7a 10-7b	★★★☆	★★★☆
		土骨架分析法（浮力分析法）	10-8	★★★☆	★★★★★
渗流条件下	简化毕肖普条分法	土条分析法（整体水压法）	10-18	★★★★★	★★☆
		土条分析法（局部水压法）	10-17	★★★★★	★★★★
		土骨架分析法（流网法）	10-19	★★★★★	★★★☆
		土骨架分析法（替代法）	10-20	★★★★☆	★★★★☆
	瑞典条分法	土条分析法（整体水压法）	10-10a	★★★☆	★★★
		土条分析法（局部水压法）	10-7a	★★★☆	★★★★☆
		土骨架分析法（流网法）	10-10b	★★★☆	★★★★
		土骨架分析法（替代法）	10-11b	★★★	★★★★★

　　土力学在很多问题上的解法都不是基于数学上的巧合，而是源于物理，是循理而析的必然结果。例如本记中所提出的整体、局部水压法都是笔者从物理的角度出发而创的"偏方"，虽是民间土法，一样药到病除，大家不妨一试。

10.5 不考虑孔隙水压力会好么：小议总应力边坡稳定分析法

　　读者不难发现，前文中，我们无论采用局部水压法还是整体水压法求解边坡安全系数，工作的重点都是将（孔隙）水压力的影响摘出来单独分析。归根结底，局部和整体水压法同属有效应力边坡分析法。而在工程设计中与之平行的，还有一种总应力边坡分析法。

有效应力和总应力边坡分析法的差异主要体现在公式的表达以及抗剪强度指标的选用上。在公式的表述中，两者的区别在于对土条周身进行受力分析时是否需要测算孔隙水压力来进行力的平衡建模。而在指标的选用上，当采用有效应力法分析时，使用有效应力强度指标，采用总应力法进行分析时，使用总应力强度指标或总应力强度。

下面，我们就来看看这两种方法在安全系数求解公式表达上的区别。式（10-22）为假设坡体完全浸没在水下（包括地下水和地表水）时安全系数求解的基本公式（不论静水还是渗流）：

$$F_s = \frac{\sum(c_i + \overline{\sigma_i}\tan\varphi_i)l_i}{\sum W_{sati}\sin\alpha_i - M_{top}/R} \tag{10-22}$$

式中：$\overline{\sigma_i}$——土条 i 底面上的平均法向应力，视有效或总应力法不同而取不同值；

c_i，φ_i——土条 i 的强度指标，视有效或总应力法不同而取不同值；

其他符号释义参照式（10-4）。

当采用有效应力法时，式（10-22）演变为：

$$F_s = \frac{\sum(c_i' + \sigma_i'\tan\varphi_i')l_i}{\sum W_{sati}\sin\alpha_i - M_{top}/R} = \frac{\sum[c_i' + (\sigma_i - u_i)\tan\varphi_i']l_i}{\sum W_{sati}\sin\alpha_i - M_{top}/R} \tag{10-23}$$

式中：σ_i'——土条 i 底面上的平均有效法向应力；

c_i'，φ_i'——土条 i 底面上的有效应力强度指标。

运用总应力法时，式（10-22）可改写为式（10-24）或式（10-25）的形式：

$$F_s = \frac{\sum(c_{icu} + \sigma_i\tan\varphi_{icu})l_i}{\sum W_{sati}\sin\alpha_i - M_{top}/R} \tag{10-24}$$

式中：σ_i——土条 i 底面上的平均总法向应力；

c_{icu}，φ_{icu}——土条 i 底面上的固结不排水剪总应力强度指标，也可用固结快剪强度指标 c_{iR}，φ_{iR} 代替。

或：

$$F_s = \frac{\sum c_{iu}l_i}{\sum W_{sati}\sin\alpha_i - M_{top}/R} \tag{10-25}$$

式中：c_{iu}——土条 i 底面上的不排水剪强度。

单从式（10-23）～式（10-25）的公式形式来看，无论是采用有效应力法还是总应力法，式中分母始终相同，且无论是静水还是渗流条件，都可以采用如此表达方式（当然在静水条件下，还可以将上几式的分母改写为 $\sum W' \sin \alpha_i$ 的简便形式）。

因此，有效应力法和总应力法的区别只在分子上。即在分子上计算抗滑力矩时，求解滑面上的潜在抗剪强度是采用有效法向应力还是总法向应力。当采用有效应力法分析时，需要求解总应力和孔隙水应力两个变量。而当采用总应力法分析时，仅需求解滑动面上的总法向应力这一个变量，孔隙水压力则不用考虑了。**当然，如果采用总应力法，由于孔隙水应力不单独计算，无法明确有效应力条件，不论是静水还是渗流条件下，都只能采用针对土体中某一土条的土条分析法而非针对某一土条中土骨架的土骨架分析法。**

接下来我们首先以式（10-23）和式（10-24）来分析总应力法与有效应力法相比存在的优缺点。

对于渗流条件下，特别是施工期的饱和黏土地基，土中流网难以确定，孔隙水压力也就无从知晓，此时总应力法似乎是一种比较好的选择。然而孔隙水压力不考虑，看起来倒是简单了，但实施起来却不能令人放心，这种隐患的关键症结在于：根据总应力分析法算得的土条底部平均总应力 σ，并不一定能直接代入式（10-24）的分子中，利用 $\tau_f = c_{cu} + \sigma \tan \varphi_{cu}$ 中来求土体的抗剪强度。

具体原因来自两个方面。其一是真实破坏面上抗剪强度的确定（这个问题同样也存在于有效应力边坡分析法中）。正如在第七记 7.4.1 开头所讨论的，当采用固结不排水剪强度指标时，总应力强度包线与总应力破坏莫尔圆的切点所对应的面并不是土体真正的破坏面，我们需要进行相应的修正才能得到真实破坏面上的强度，但这个修正过程未免有些烦琐。

当然，我们也可以采用固结快剪试验强度指标，来较好地避免这个问题，但是仍然解决不了另一个更为棘手的难题，即加载环境的匹配性。

在第八记 8.4 的第 2 节中，我们讨论过，使用固结不排水剪的强度包线确定土体抗剪强度时，必须确保用于计算的"剪切前"的实际工况小主应力为有效应力。换而言之，虽然此时采用的是总应力法，但 CU 三轴试验强度指标必须与该试验的加载环境相适应，即公式中的法向应力必须与剪切前的有效法向应力相等。如果该问题是在静水条件下发生，则比较简单，可以近似用算得的滑面上总法向应力减去静水孔隙水压力作为 $\tau_f = c_{cu} + \sigma \tan \varphi_{cu}$ 中的 σ。而如果实际问题处于渗流条件下，渗流所产生的超孔压在偏压剪切之前就已经存在了，**所以不能认为外界产生的总应力全部都可带入 $\tau_f = c_{cu} + \sigma\tan\varphi_{cu}$ 的 σ，即理论上在计算法向面上的主应力时要减去"剪切前"渗流所产生的孔压。**

但遗憾的是，我们不知道"剪切前"的有效应力具体有多少，也就是说没有什么好的办法去准确地确定出渗流条件下"剪切前"的超孔压值。而如果我们不考虑这样一个超孔压，将算得的总应力直接当作 $\tau_f = c_{cu} + \sigma\tan\varphi_{cu}$ 中的 σ 来计算强度，这样意味着 σ 这个剪切前的固结应力中多包含了渗流所产生的孔压增量，因此求得的土体抗剪强度也偏大，致使安全系数计算偏大。因此，在渗流条件下，采用 CU 试验总应力强度指标进行总应力法的边坡稳定分析，是存在明显隐患的。退一步说，如果我们能够知道"剪切前"的流网情况，近似确定"剪切前"的实际工况小主应力，那么，就可以使用 CU 试验总应力强度指标进行总应力法的边坡稳定分析，但此时有效应力法同样适用。

接下来再说说式（10-25），这种总应力法连滑动面上的总法向应力都不用求解了，看起来比式（10-24）还要简便。然而过于简便，留下的后遗症更多。

我们不妨参照前文思路，谈谈采用不固结不排水强度 c_u 的问题。使用式（10-25）即利用所谓的三轴不固结不排水强度 c_u 计算边坡安全系数，也是工程中所常说的"$\varphi = 0$"法。然而我们知道，对于同一组 UU 试验，只要初始的固结应力相同，即使做再多的样，理论上只能得到同一个不排水强度 c_u。换句话说，一方面，我们在使用 c_u 值之前，必须确保现实中被计算土条中的不排水剪前的有效应力条件，与试验室相应组 UU 试验的初始固结应力状态完全相同，但如果存在渗流，我们就没有办法去确保这样的条件（CU 总应力法存在这个缺陷，UU 总应力法更有这个问题）。另一个方面，一个萝卜一个坑，滑面上每个点位处的固结应力状态都不同，即使不存在渗流的问题，为了确定整个滑面上的 c_u，理论上也要做基于不同土条下对应每个土条底面应力状态的 n 组 UU 试验，工作量之大可想而知。相比较而言，当我们采用 CU 强度指标借用条分法求解法向应力时，只需利用所得的一套 CU 总应力强度指标，就可以根据任意一处的固结应力水平推测出其相应的抗剪强度，即从使用的便捷度上来说，CU 指标会更好一些。

当然测定土的不排水强度不一定要依靠 UU 试验，也可以利用现场原位十字板和静力触探试验。这两种现场试验可以直接确定地基、边坡中潜在滑动面上某点在破坏时破坏面上的不排水抗剪强度 c_u，也就类似于快剪强度。

例如当采用十字板试验时，c_u 可由下式确定：

$$c_u = S_u = \frac{2T}{\pi D^3 \left(\dfrac{\alpha}{2} + \dfrac{H}{D} \right)} \tag{10-26}$$

式中：　　T——推矩力；

　　　　H，D——十字板的高度和直径；

　　　　α——修正系数。

而采用静力触探时，工程上往往也积累有不少经验，可以统计出诸如式（10-27）所展现的不排水强度与锥端阻力 P_s 和上覆荷重 γh 相关的经验关系：

$$c_u = f(\gamma h, P_s) \tag{10-27}$$

式（10-27）的具象表达，对于各类土的研究成果众多，感兴趣的读者可参考有关文献，本章不再展开列举。

因此，与室内 UU 试验相比，采用现场试验一定程度避免了上文中所提到的破坏面的确定以及加载环境的匹配性这两个问题。不过由式（10-26）和式（10-27）不难看出，无论是十字板试验中的推矩力 T 还是静力触探中的锥端阻力 P_s 都不是一个定量，而与每个测点处的固结应力状态等条件有关。因此，理论上仍然必须对潜在滑面上的大量离散点进行试验，才能较准确地确定条分法中各土条上的不排水抗剪强度，从而将其运用于式（10-25）（特别是渗流条件下，利用经验公式通过某一点的原位测试资料推测其他深度点的方法并不适用）。因此，与室内 CU 或 UU 试验相比，现场试验能对渗流的实际环境进行测定，结果相对准确，但工作量依然还是很大。

总的来说，鱼和熊掌不可兼得，总应力法看起来比有效应力法简便，但精度上会有损失。要保证计算的精度，就要增加测点，就点论点。而当我们采用室内或现场试验将每个测点的应力状态都测出来时，孔压也就随之确定了，此时总应力法与有效应力法从操作性上而言也就并无二致了。

10.6　结论结语

国内规范有关土坡稳定圆弧滑动计算方法的使用并不统一，主要采用瑞典条分法和简化毕肖普法。如《港口及航道护岸工程设计与施工规范》（JTJ 300—2000）、《水利水电工程边坡设计规范》（SL 386—2007）只采用简化毕肖普法计算稳定系数，且前者将式（10-12）中 m_i 中的 F_s 赋值为 1，从而使安全系数计算变为显式，而后者完全按照式（10-12），迭代计算安全系数。《堤防工程设计规范》（GB 50286—2013）中土坡抗滑稳定计算选用了瑞典条分法和简化毕肖普法，《碾压式土石坝设计规范》（DL/T 5395—2007）除了采用瑞典法、简化毕肖普法，还给出了其他计算方法。

安全系数的计算，并不是大了就好，小了就不好，例如采用瑞典条分法算得的安全系数是 0.9，会滑坡，而毕肖普法算得的是 1.3，连加固措施都不要，这时候我们该取哪个呢？工程中希望得到一个充足的安全系数，应该是在明理的基础上，而不是眼睁睁看到有不明事理，或者明理而不循章地去求解一个莫名其妙的安全系数，再来稀里糊涂地放大或折减。正在建设的两河口心墙堆石坝（图 10-15）位于四川省雅砻江流域，最大坝高达 295m，是世界上最高的土石坝之一。研究人员曾对其周边坝坡的稳定性分别采用瑞典法和简化毕肖普条分法进行分析，算得竣工期上游坝坡稳定安全系数分别为 2.17 和 2.44。虽然两法所得都是安全的，但是换一种算法，能帮这个坡体带来 10% 以上的安全富裕度，这说明如果我们对问题的原理概念拥有充分认知，确实可能在此基础上得到一个更经济又安心的安全系数，知识创造财富，知识也能节约成本，这不正是我们所期望的吗？

(a) 坝坡护坡施工图　　　　　　　　(b) 坝体建成效果图

图 10-15　两河口心墙堆石坝图景

当然，要确保边坡拥有充足安全系数，本质上讲不是"计算"出来的，而是通过设计分析，对周边坝坡采取一系列复杂的治理措施"加固"得到的。两河口水电站坝址为高山峡谷地形，边坡陡峻，300m 级及以上的工程高边坡达到 7 个，最高边坡 606m，次高边坡 585m，为目前世界第三、第四高边坡。且边坡地形地质条件复杂，包括倾倒变形体、沟谷堆积体和深厚覆盖层，岩体多为强卸荷、强风化、碎裂结构。为护住这样一个世界级高边坡，建设者把 15000 根锚索用人工的方式固定在 200 层楼高且几乎垂直的岩壁中，其钢材用量大概在 5 万 t 左右，相当于把鸟巢所有的钢结构抬到一座 3000m 海拔的山上，来抵御高达 8 度的地震灾害，其支护技术的设计和施工水平均达到了令世人惊叹的程度。

两河口水电站工程预计 2023 年竣工，届时将成为一项震撼世界的超级工程。"工程建设"是一座伟岸的大山，国家想要发展，就必须攀越这座大山，事实证明，中国人做到了。从 150 年前华工赴美被迫修建太平洋铁路到今天中国工程人员为民族福祉自主建造一项项超级工程，科学取代经验、技术不断革新的同时，更见证了中国人脊梁挺起来、腰杆硬起来的不屈奋斗历程。如今，"一带一路"倡议的提出，更让世界重新认识了中国，在大批海外援助工程的修建中（图 10-16），中国人凭借先进的科学技术和高度的责任意识，积极解决各类问题，为构建人类命运共同体贡献出了自己的力量。

(a) 埃塞俄比亚特克泽水电站　　　　　　　(b) 斯里兰卡莫勒格哈坎达水库

图 10-16　中国援建的部分代表性海外基建工程

落笔至此，全书已到尾声，衷心希望读者在阅读本书后，体味到掌握土力学之要首先不是学会如何做，而是了解为何去做。若大家能从基本原理出发，庖丁解牛般地解决好相关工程问题，那真是幸甚至哉、善莫大焉！

本记主要参考文献

[1]　钱家欢. 土力学（第二版）[M]. 南京：河海大学出版社，1995.

[2]　G. Mesri. Undrained Shear Strength of Soft Clays from Push Cone Penetration Test [J]. Geotechnique. 2001, 51（2）: 167-168.

[3]　河海大学土力学教材编写组. 土力学（第三版）[M]. 北京：高等教育出版社，2019.

[4]　中华人民共和国国家发展和改革委员会. 碾压式土石坝设计规范 DL/T 5395—2007. [S]. 北京：中国电力出版社，2007.

[5]　中华人民共和国交通部. 港口及航道护岸工程设计与施工规范 JTJ 300—2000. [S]. 北

京：人民交通出版社，2000.

[6]　中华人民共和国水利部. 水利水电工程边坡设计规范 SL 386—2007. [S]. 北京：中国水利水电出版社，2007.

[7]　中华人民共和国住房和城乡建设部. 堤防工程设计规范 GB 50286—2013 [S]. 北京：中国计划出版社，2013.

[8]　沈扬，王鑫. 局部与整体水压法在水下饱和边坡稳定分析中的应用 [J]. 力学与实践，2015，37（3）：321-325.